热带水果活性成分提取、纯化与分析

——复果篇及其他类别

主编◎吴　琼　吴晓鹏　刘春华

图书在版编目（CIP）数据

热带水果活性成分提取、纯化与分析. 复果篇及其他类别 / 吴琼， 吴晓鹏， 刘春华主编. — 天津 ： 天津大学出版社， 2022.8
ISBN 978-7-5618-7274-1

Ⅰ. ①热… Ⅱ. ①吴… ②吴… ③刘… Ⅲ. ①热带及亚热带果—生物活性—化学成分—研究 Ⅳ. ①S667

中国版本图书馆CIP数据核字（2022）第147680号

REDAI SHUIGUO HUOXING CHENGFEN TIQU， CHUNHUA YU FENXI — FUGUO PIAN JI QITA LEIBIE

出版发行 天津大学出版社
地　　址 天津市卫津路92号天津大学内（邮编：300072）
电　　话 发行部：022-27403647
网　　址 www.tjupress.com.cn
印　　刷 北京盛通商印快线网络科技有限公司
经　　销 全国各地新华书店
开　　本 787 mm×1092 mm　1/16
印　　张 15.75
字　　数 336千
版　　次 2022年8月第1版
印　　次 2022年8月第1次
定　　价 78.00元

热带水果活性成分提取、纯化与分析

EDITORIAL BOARD

复果篇及其他类别

编委会

序言

FOREWORD

水果中的营养素对维持人体的正常生命活动有着无可替代的作用,而热带水果由于风味独特,深受消费者喜爱。热带水果种类繁多,仅在海南岛栽培和野生的果树就有 29 个科 53 个属 400 余个品种,主要品种有龙眼、荔枝、香蕉、桃金娘、锥栗、橄榄、杨梅、酸豆、杨桃等,从南洋群岛等地引进的品种有榴梿、人心果、腰果、牛油果(鳄梨)、番石榴、甜蒲桃、波罗蜜、杧果、山竹、柑橘、红毛丹等。香蕉、荔枝、龙眼、杧果、菠萝等热带水果在市场上较常见,这些品种的种植面积达到热带水果总种植面积的 60% 以上。还有一些品种的种植面积和产量较小,如莲雾、火龙果、波罗蜜、番木瓜、番石榴、黄皮等。我国作为热带水果生产大国,种植面积和产量都超过世界总量的四分之一,荔枝、龙眼等热带水果的种植面积和产量都位居世界前列。同时,我国也是热带水果进口大国,香蕉多年来占我国进口水果的第一位。

为了维持健康,人们需要从膳食中摄入碳水化合物、蛋白质、脂肪酸等主要营养成分,以及微量的特殊营养成分,如维生素 C、多酚、黄酮、矿物质元素、活性多糖和不饱和脂肪酸等活性成分。随着生活水平的不断提高,人们对食物的要求不仅包括色、香、味等,还包括保健功能,而食物的保健功能大多与植物中的活性成分有着密切的关系。因此,植物中的活性成分已成为营养学和作物育种领域的研究热点。热带水果生长于高温多雨、全年长夏无冬、水热资源丰富、植物生长繁茂的热带地区,特殊的气候与地理环境造就了一些特别的植物代谢产物,因此热带水果普遍具有生长周期短、活性成分种类繁多、营养价值高等特点。如香蕉除了富含碳水化合物、蛋白质、脂肪等营养物质外,还含有多种矿物质元素(如钾、磷、钙等),以及维生素 A、维生素 C,具有较高的营养价值和较好的保健作用。欧洲人认为它能缓解忧郁而称它为“快乐水果”,香蕉还是女性钟爱的减肥佳果。据中医典籍记载,杧果果实、叶、核等均可入药。例如:《本草纲目拾遗》记载杧果有止呕、治晕船等功效;《岭南采药录》记载食用杧果可益胃生津,止渴降逆;《食性本草》记载杧果具有主妇人经脉不通、丈夫营卫中血脉不行之功效;杧果叶作为中药记载于《中药大辞典》中。此外,《中国药植图鉴》《南宁市药物志》等药典记载杧果核具有消食滞、治疝痛、驱虫的作用,杧果皮可入药制成利尿峻下剂。现代医学也开始关注杧果中具有抗氧化、抗肿瘤、降血糖等作用的药学活性成分。

世界热带水果主要集中分布于东南亚、南美洲的亚马孙河流域、非洲的刚果河流域和几内亚湾沿岸等地。因受社会经济、历史条件影响,上述区域除少数地区发展商品性热带种植园经济外,绝大部分地区仍以传统农业为主，部分地区尚处于原始农业形态，因此对热带水果中活性成分的研究起步较晚，未成系统。我国热带水果资源十分丰富，有效、合理地利用天然资源，对其进行快速、有效的提取、纯化、检测和评价，是热带水果营养物质利用和改良的关键步骤之一。热带水果中功能性营养物质的改良对人体健康意义重大，热带水果活性成分研究对热带水果中功能性营养物质的改良具有重要的指导意义，研究热带水果中的活性成分并进行提纯、利用可以进一步发展热带水果传统加工技术，促进热带水果产业升级，有利于公众身体健康，还可以带动农业和农村经济发展。

本丛书的编写旨在为热带水果研究相关专业的本科生、研究生和相关的科技工作者提供有关热带水果活性成分的基本信息，帮助其了解热带水果活性成分提取、纯化、分析的基本途径、方法、步骤。本丛书共分为三册，分别介绍了热带浆果、热带核果、热带复果及其他类型的热带水果中活性成分的种类、提取方法、纯化方法、分析手段和步骤等。

本丛书在编写过程中参考并引用了一些专著中的相关内容，在此向这些专著的作者致以诚挚的谢意。本丛书的编写工作还获得了财政部和农业农村部国家现代农业产业技术体系（CARS-31）、中国热带农业科学院基本科研业务费（GJFP201701503）的资助和中国热带农业科学院大型仪器设备共享中心的支持，在此一并表示感谢。热带水果活性成分研究涉及众多学科的交叉领域，诸多的理论和观点尚在探讨之中，而本丛书的篇幅有限，可参考的文献资料较少，虽然本丛书力求反映本领域的研究进展，但限于编者的能力和水平，书中难免存在错漏之处，恳请各方专家不吝指正。

编者

2022年1月

目　录
CONTENTS

第一章
热带复果中活性成分提取、纯化与分析

第二章 其他作物中活性成分提取、纯化与分析

第一章　热带复果中活性成分提取、纯化与分析

复果(compound fruit)由生长在一个花序上的许多花的成熟子房和其他花器官联合发育而成,花序中的每一朵花形成一个独立的小果,聚集在花序轴上,外形似一个果实。其花序的发育方式是,每一朵花发育成一个小果后,各小果互相聚合。由于它们本就生在一个花序轴上,故看上去类似于一个果实。如桑葚就是由一个雌花序发育而成的聚花果,其花序上的每一朵花发育成一个小瘦果,小瘦果包藏于由花被发育成的肥厚肉质物中,肉质物再互相聚合。又如凤梨(菠萝)是由多数不孕的花与肉质的花序轴共同发育而成的聚花果。再如无花果是由多数小单性花与凹陷成囊状的花序轴共同发育而成的聚花果。常见的复果有波罗蜜、桑葚等,其中的黄酮类、酚类、挥发性成分的研究得到广泛关注。

本章对热带复果菠萝、榴梿、释迦、波罗蜜、无花果、桑葚,从植物性状、产地与品种、营养与活性成分,以及活性成分提取、纯化与分析等方面进行介绍,可供从事农产品检测、教学、科研等工作的人员阅读参考。

第一节　菠萝

一、菠萝概述

菠萝(*Ananas comosus*)又叫凤梨、黄梨,属凤梨科凤梨属,原产于南美洲巴西、巴拉圭的亚马孙河流域一带,16 世纪从巴西传入中国,现在有 70 多个品种,主要集中于广东、海南、云南、广西、福建、台湾,是世界主要热带水果之一,在热带地区广泛种植,为多年生草本植物。

菠萝性喜温暖,最适宜生长的年均气温为 24~27 ℃,在 15 ℃以下时生长缓慢, 5 ℃是受冻的临界温度,在 43 ℃以上时停止生长。性耐旱,需一定量的水分,年降雨量需保持在 1 000~1 500 mm 且以分布均匀为宜。对土壤适应性好,喜疏松、排水良好、富含有机质、pH 值为 5 的沙质壤土。菠萝株高 0.7~1.5 m,茎短粗,叶子紧密丛生在一个肥厚的肉质茎上,呈莲花座状,形似龙舌兰或某些丝兰属植物。种植 15~20 个月后,在花序轴上长出一个有限花序,长 10~15 cm,花呈淡紫色,最初离生,每一朵花均有苞片,着生于中央果轴上,肉质化后聚合成果,始花后 5~6 个月成熟,果实呈肉质,似松果状复果,呈圆筒形。

二、菠萝的营养成分和活性成分

菠萝是维生素 A、B 的重要来源水果之一,也富含维生素 C、钙元素,且含磷、铁元素和一种菠萝蛋白酶。其叶片是叶绿素的重要来源;果实含水分、糖、蛋白质、矿物质、纤维、钙、磷、铁、酸类物质、维生素 A(胡萝卜素/100 g)60 个国际单位、维生素 B_2 120 mg/100 g、维生素 C 63 mg/100 g;残料经提汁后成干渣,可做牲畜的良好饲料;其他副产品有酒精、柠檬酸钙、柠檬酸、醋等,还可以加工制成草酸、松脂、香精等。

菠萝制品主要有切片罐头、果汁饮料、果酱及复合果酱等。果心还可以加工制成糖果。叶片经加工可制造出长度达 38 cm、质地强韧的白色丝状纤维,出品率为 2%~3%。菲律宾和我国台湾都利用这种纤维制造高级织物,还可用它制造绳索。

菠萝的成分如表 1.1.1 所示。

表 1.1.1 菠萝成分表

食品中文名	菠萝(凤梨、地菠萝)	食品英文名	pineapple
食品分类	水果类及其制品	可食部	68.00%
来源	食物成分表 2009	产地	中国
营养素含量(100 g 可食部食品中的含量)			
能量/kJ	182	蛋白质/g	0.5
脂肪/g	0.1	不溶性膳食纤维/g	1.3
碳水化合物/g	10.8	维生素 A/μg(视黄醇当量)	3
钠/mg	1	维生素 B_1(硫胺素)/mg	0.04
维生素 B_2(核黄素)/mg	0.02	维生素 C(抗坏血酸)/mg	18
烟酸(烟酰胺)/mg	0.2	磷/mg	9
钾/mg	113	镁/mg	8
钙/mg	12	铁/mg	0.6
锌/mg	0.14	铜/mg	0.07
硒/μg	0.2	锰/mg	1.04

三、菠萝中活性成分的提取、纯化与分析

(一)菠萝中蛋白酶的分析

1. 酶的纯化

1)供试酶液的制备

将清洗后的菠萝茎在 4 ℃的冷室中预冷 12 h,用组织捣碎机捣碎,加相同体积的 0.05 mol/L、pH 值为 6.0 的磷酸缓冲液[含 5 mmol/L 的 EDTA(乙二胺四乙酸)溶液]浸

提，缓慢搅拌，浸提 10 min，用 4 层纱布过滤，离心（4 000 r/min，15 min），上清液即为供试酶液，蛋白质含量为 1.62 mg/mL。菠萝果、皮供试酶液的制备方法同上。

操作要点：选取干净的菠萝茎，除杂，在清水中漂洗 3 次，沥干，放入 4 ℃的冷室中预冷备用；预冷后将菠萝茎用高速组织捣碎机打浆，加 0.05 mol/L、pH 值为 6.0 的磷酸缓冲液浸提 10 min，用 4 层纱布过滤，滤液在 4 000 r/min 的条件下离心 15 min，取上清液，放入 4 ℃的冷室中备用。

2）纳米 TiO_2 吸附法

向供试酶液中加纳米 TiO_2 搅拌均匀→离心（4 000 r/min，15 min）→取沉淀用柠檬酸缓冲液洗脱→搅拌（30 min）→离心（4 000 r/min，15 min）→取上清液→超滤浓缩→冷冻干燥→酶制品。

操作要点如下。

（1）吸附、洗脱：将供试酶液置于玻璃或不锈钢容器中，加入纳米 TiO_2 搅拌均匀，吸附 20~30 min，离心弃上清液；沉淀用柠檬酸缓冲液洗脱，离心取上清液。

（2）超滤：洗脱液先用截留分子质量为 40 kD 的超滤膜除去分子质量较大的杂蛋白，再用截留分子质量为 20 kD 的超滤膜除去分子质量较小的杂蛋白及其他小分子杂质，然后加去离子水多次超滤。

（3）冷冻干燥：根据共晶点确定干燥参数。

（4）纳米 TiO_2 吸附能力再生：纳米 TiO_2 吸附、洗脱后，采用 0.1 mol/L 的 NaOH 溶液浸泡，再用去离子水洗涤至中性，干燥后进行重吸附实验，吸附效果可恢复 90% 以上。

3）高岭土吸附法

供试酶液→加 4% 高岭土，搅拌 20 min，在 10 ℃下吸附 30~60 min →静置→吸出上清液→沉淀用 16% NaOH 溶液调至 pH 值为 6.5~7.0 →加 7%~9% NaCl 溶液，搅拌 30 min →压滤，滤液用 1∶3（体积比）盐酸调至 pH 值为 5.0 →搅拌→加滤液质量 25% 的 $(NH_4)_2SO_4$ →溶解→在 4 ℃下静置过夜→离心→沉淀→干燥。

操作要点如下。

（1）吸附：将供试酶液加入吸附槽中搅拌，同时加入 4% 的高岭土，搅拌约 20 min，在 10 ℃下吸附 30~60 min，通过虹吸排掉上清液，收集高岭土吸附物。

（2）洗脱：用 16% 的 NaOH 溶液调节吸附物的 pH 值至 6.5~7.0，再加入吸附质量为 7%~9% 的工业食盐，搅拌 30 min 进行洗脱，然后迅速压滤，收集滤液。

（3）盐析：将滤液收集在盐析槽中，用 1∶3 的盐酸调节 pH 值至 5.0 左右，搅拌加入滤液质量 25% 的 $(NH_4)_2SO_4$，待完全溶解后，在 4 ℃下过夜，然后离心，收集沉淀盐析物，干燥即为粗酶。

4）超滤浓缩有机溶剂沉淀提取

供试酶液→超滤浓缩→有机溶剂沉淀→干燥→酶制品。

操作要点如下。

（1）超滤：供试酶液先用截留分子质量为 40 kD 的超滤膜除去分子质量较大的杂蛋白，再用截留分子质量为 20 kD 的超滤膜除去分子质量较小的杂蛋白及其他小分子杂质。

（2）有机溶剂沉淀：将浓缩液降温至 0~4 ℃，边搅拌边加入 −20 ℃的 95% 乙醇溶液，直至混合液中乙醇浓度为 50%，静置使酶沉淀，移出上清液，即得湿酶。

（3）干燥：将湿酶在 0 ℃下减压干燥即得菠萝蛋白酶制品。

5）离子交换层析条件的确定

缓冲液：分别配制 pH 值为 5.0、5.5、6.0、6.5、7.0、7.5、8.0 的 0.01 mol/L 的 Tris- 磷酸盐缓冲液（含 0.01 mol/L 的 NaCl 溶液、1 mmol/L 的 EDTA 溶液）；量取离子交换树脂 1 mL，用蒸馏水充分冲洗，定量到 10 mL 悬浆；取 7 支 2 mL 离心管，各加入 1 mL 离子交换树脂悬浆，分别用上述缓冲液平衡；弃去多余的缓冲液；按纳米 TiO_2 吸附法的最佳条件制得供试酶样品，配成一定浓度的酶液；取 1 mL 样品与等量相应的缓冲液加入离子交换树脂中，混匀，离心取上清液，测酶活力。

离子强度：取 4 支 2 mL 离心管，各加入 1 mL 离子交换树脂悬浆，分别用含 0.1、0.5、1.0、1.5 mol/L 的 NaCl 溶液，初始 pH 值为 6.0 的 0.01 mol/L 的 Tris- 磷酸盐缓冲液充分润洗离心管，使离子交换树脂与缓冲液平衡；弃去多余的缓冲液，向各管中加入 1 mL 样品和等量的缓冲液；混匀，静置 10 min，离心取上清液，测酶活力。

吸附容量：取 4 支 2 mL 离心管，各加入与初始缓冲液平衡后的离子交换树脂 0.2 mL；用离心管处理样品，各管分别加入 1 mL、2 mL、3 mL、4 mL 样品；混匀，离心取上清液，测酶活力。

6）离子交换层析实验

用按上述方法确定的初始条件进行离子交换层析，柱尺寸为 ϕ1 cm × 30 cm，流速为 0.75 mL/min，4 min 收集 1 管。

2. 溶液的制备

1）酪蛋白溶液的配制

称取酪蛋白 0.60 g，加 0.05 mol/L 的 NaH_2PO_4 溶液 80 mL，搅拌溶解后加 0.1 mol/L 的盐酸调节 pH 值至 7.0，加水至 100 mL 即得。

2）酶稀释液的配制

称取 *L*- 半胱氨酸 0.26 g、EDTA 0.22 g，加适量水溶解后，调节 pH 值至 6.0，加水定容至 100 mL 即得，现配现用。

3）三氯乙酸溶液的配制

称取三氯乙酸 17.99 g，加醋酸钠 29.94 g、冰醋酸 18.9 mL，加适量水溶解后，加水至 1 000 mL，摇匀。

4)磷酸缓冲液的配制

量取 0.2 mol/L 的 Na_2HPO_4 溶液 12.3 mL 与 87.7 mL 0.2 mol/L 的 NaH_2PO_4 溶液混合,定容至 500 mL 即得 0.05 mol/L、pH 值为 6.0 的磷酸缓冲液。

5)层析缓冲液的配制

称取 1.21 g Tris 碱、0.58 g NaCl,量取 1 mol/L 的 EDTA 溶液 1 mL,加蒸馏水稀释到 1 L,用磷酸盐调至 pH 值为 5.0~8.0。梯度洗脱时高浓度氯化钠洗脱液的配制方法为加氯化钠 87.66 g 至溶液浓度为 1.5 mol/L,其余数据同上。

6)SDS- 聚丙烯酰胺凝胶电泳所用溶液的配制

(1)储存液的种类和制备方法如下。

① 2 mol/L Tris-HCl(pH=8.8),100 mL:称取 24.2 g Tris 碱,加 50 mL 蒸馏水,缓慢加浓盐酸至 pH 值为 8.8,再加蒸馏水至 100 mL。

② 1 mol/L Tris-HCl(pH=6.8),100 mL:称取 12.1 g Tris 碱,加 50 mL 蒸馏水,缓慢加浓盐酸至 pH 值为 8.8,再加蒸馏水至 100 mL。

③ 10% SDS(十二烷基硫酸钠),100 mL:称取 10 g SDS,加蒸馏水至 100 mL,在室温下保存。

④ 50% 甘油,100 mL:倒取甘油(100%)50 mL,加入 50 mL 蒸馏水。

⑤ 1% 溴酚蓝,10 mL:称取 100 mg 溴酚蓝,加蒸馏水至 100 mL,搅拌至完全溶解,过滤除去聚合的染料。

(2)工作液的种类和制备方法如下。

① A 液(丙烯酰胺储存液),10 mL:30% 丙烯酰胺,0.8% 双丙烯酰胺。

② B 液(4*X* 分离胶缓冲液,*X* 表示工作液浓度),100 mL(在 4 ℃下保存):75 mL 2 mol/L Tris-HCl(pH=8.8),4 mL 10% SDS,21 mL 蒸馏水。

③ C 液(4*X* 堆积胶缓冲液),100 mL(在 4 ℃下保存):50 mL 1 mol/L Tris-HCl(pH=6.8),4 mL 10% SDS,46 mL 蒸馏水。

④ 10% 过硫酸铵,5 mL:0.5 g 过硫酸铵,5 mL 蒸馏水,密封于磨口试管中,在 4 ℃下保存。

⑤电泳缓冲液,1 L:3 g Tris 碱,14.4 g 甘氨酸,1 g SDS,加蒸馏水配成 1 L 溶液,在室温下保存。

⑥ 2*X* 样品缓冲液,100 mL:0.25 mol/L Tris-HCl(pH=6.8),4% SDS,20% 甘油,痕量溴酚蓝,浓缩胶缓冲液(4*X*)5 mL,SDS(干粉)0.4 g,甘油(50%)4 mL,溴酚蓝(1%)20 μL,加水至 100 mL。

⑦含 2- 巯基乙醇的样品缓冲液(1*X*):现用现配,稀释 2*X* 样品缓冲液,加入 2- 巯基乙醇至终浓度为 5%。

⑧灌制 *X* 分离胶的计算:A 液 *X*/3 mL,B 液 2.5 mL,蒸馏水(7.5~*X*/3)mL,10% 过硫

酸铵 50 μL，TEMED（四甲基乙二胺）50 μL（$X>8\%$ 时用 10 μL），总量 10 mL。

3. 酶活力的测定

量取 5 mL 供试酶液（称取 0.015 g 酶制品，置于研钵中，加适量酶稀释液研磨 10 min），移至 100 mL 量瓶中，加水至刻度，摇匀；取 5 mL 稀释后的供试酶液至 10 mL 量瓶中，加酶稀释液至刻度，摇匀，放置 15 min 后，准确量取 1 mL，置于具塞试管中于（37 ± 0.2）℃的水浴中保温 10 min，精确量取在（37 ± 0.2）℃下保温的酪蛋白溶液 5 mL，迅速加入混匀，反应 10 min，立即加入三氯乙酸溶液 5 mL，摇匀，过滤。另取样品溶液 1 mL 置于具塞试管中于（37 ± 0.2）℃下保温 10 min，加入 37 ℃的三氯乙酸溶液 5 mL，反应 10 min，立即加入酪蛋白溶液 5 mL，摇匀，过滤；以滤液做空白参比，采用分光光度法在 275 nm 波长处测定吸光度。

准确称取酪氨酸标准品 50 mg，置于 100 mL 量瓶中，加 0.1 mol/L 的盐酸至刻度，摇匀，准确量取 1 mL 置于 10 mL 量瓶中，加 0.1 mol/L 的盐酸至刻度，摇匀（1 mL 含酪氨酸 50 μg），以水做空白参比，在 275 nm 波长处测定吸光度。在 pH 值为 7.0、37 ℃的条件下，每分钟水解酪蛋白生成 1 μg/L 的酪氨酸所需的酶量为一个活力单位。

$$菠萝蛋白酶活力 = \frac{A}{A_s} \times 50 \times \frac{11}{10} \times \frac{稀释倍数}{样品体积（质量）}$$

式中 A——样品吸光度；

A_s——酪氨酸吸光度；

11——反应完毕后的样品体积，mL；

10——反应时间，min；

50——1 mL 溶液含有的酪氨酸量，μg。

（二）菠萝中抗氧化成分和多酚的分析

1. 抗氧化成分的提取

1）沸水浴法

将菠萝皮自然晾干，于 60 ℃下干燥 8 h，粉碎过 60 目筛，称取菠萝皮粉末 1.000 g，于沸水浴中提取 1.5 h，减压抽滤，静置，移取上清液测定吸光度，计算清除率。

2）回流法

称取上述菠萝皮粉末 1.000 g，加入 50 mL 80% 的乙醇溶液回流 1.5 h，减压抽滤，静置，移取上清液测定吸光度，计算清除率。

3）超声波法

称取上述菠萝皮粉末 1.000 g，加入 50 mL 60% 的乙醇溶液，在超声波清洗仪中以 80 ℃的功率提取 21 min，减压抽滤，静置，移取上清液测定吸光度，计算清除率。

4）微波法

称取上述菠萝皮粉末 1.000 g，加入 40 mL 75% 的乙醇溶液，在微波炉中以 80 W 的功率提取 2 min，减压抽滤，静置，移取上清液测定吸光度，计算清除率。

2. 多酚含量的测定

准确称取菠萝皮粉末 2.000 g，在 540 nm 处测定吸光度，对照没食子酸的标准曲线计算多酚含量。配制不同浓度的没食子酸标准溶液，在相同条件下测定其吸光度，以浓度为横坐标、吸光度为纵坐标绘制标准曲线。根据不同提取条件下的吸光度，对照标准曲线得到提取物中的多酚含量。吸光度越大，提取物中的多酚含量越高。

（三）菠萝中酯类等挥发性成分的分析

1. 仪器、材料与试剂

安捷伦 5975N 气质联用仪；DB-5MS 弹性石英毛细管柱，30 m × 0.25 mm，膜厚 0.25 μm；Supelco（默克）固相微萃取装置；100 μm PDMS（聚二甲基硅氧烷）萃取头。

供试菠萝品种为无刺卡因、台农 19 号、巴厘的夏季正造果。在菠萝果实小果 1/3 转黄时采收，每个品种随机选 5 个果。

2. 实验方法

取样前先将固相微萃取头在气相色谱仪进样口老化 1 h，老化温度为 250 ℃。用打浆机把菠萝果肉打成匀浆，从中取 8 g 左右样品迅速装入 20 mL 的钳口样品瓶中，上部留 2.5 cm 左右的空间，用封盖器封好。将老化好的萃取头插入样品瓶的顶空部分，在室温下萃取 40 min，然后将萃取头抽出插入气相色谱仪进样口，于 240 ℃下解吸 2 min，采用 GC-MS（气相色谱 - 质谱）检测分析。气相色谱条件：采用高纯氦气作为载气，流速为 1 mL/min；程序升温，起始温度为 40 ℃，以 5 ℃/min 的速率升温到 150 ℃，保持 3 min，再以 5 ℃/min 的速率升温到 200 ℃，进样口温度为 250 ℃。质谱条件：EI（电子轰击）离子源，电子能量为 70 eV，采用全扫描采集模式，质量扫描范围为 35 ~ 350 amu。未知化合物的质谱图采用 NIST（美国国家标准与技术研究院）2005 谱库搜索，并结合人工谱图解析和保留指数资料查询，对 3 个菠萝品种的香气成分进行鉴定、分析。

3. 实验结果

3 个菠萝品种的香气成分经上机分析得到的 GC-MC 总离子流图如图 1.1.1 所示。从图中可以看出，无刺卡因香气成分中相对含量最高的丰度为 650 000，最低；而台农 19 号为 2 800 000；巴厘的值最高，为 38 000 000。

3 个菠萝品种共检测到 53 种化合物，主要为酯类和烯烃类（其中大部分为萜烯类），酯类含量均在 60% 以上，这说明酯类在菠萝的香味中发挥重要作用。

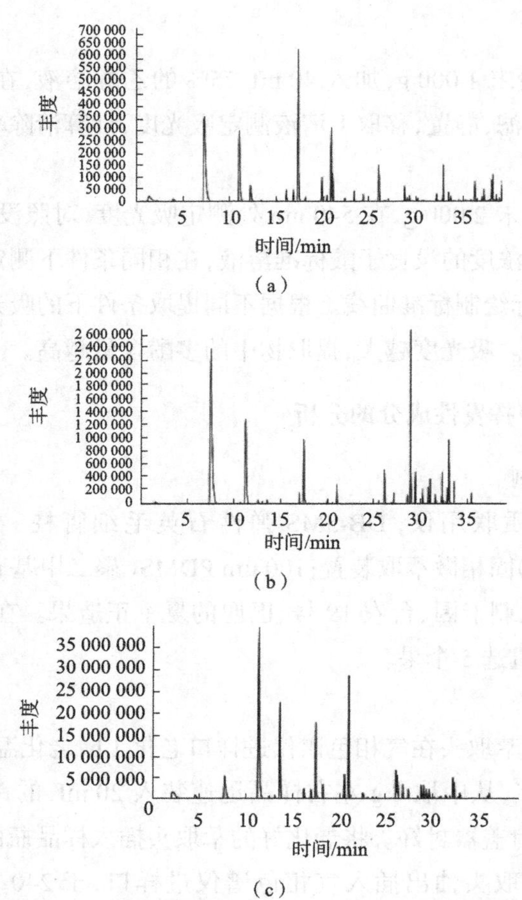

图 1.1.1 3 个菠萝品种香气成分的 GC-MS 总离子流图

(a)无刺卡因 (b)台农 19 号 (c)巴厘

3 个品种共有的挥发性成分有 23 种，分别是丁酯甲酯、2- 甲基丁酸甲酯、2- 甲基丁酸乙酯、戊酸乙酯、乙酸异戊酯、3- 甲硫基丙酸甲酯、3- 甲硫基丙酸乙酯、己酸甲酯、2，5- 二甲基 -4- 羟基 -3(2H)- 呋喃酮、4- 甲氧基 -2，5- 二甲基 -3(2H)- 呋喃酮、己酸乙酯、辛酸甲酯、壬酸甲酯、4- 辛酸甲酯、1，3，5，8- 十一碳四烯、辛酸乙酯、香橙烯、丁香烯、反式 β- 罗勒烯、顺式 β- 罗勒烯、古柏烯、γ- 依兰油烯、α- 依兰油烯。

无刺卡因、台农 19 号、巴厘 3 种菠萝的挥发性成分及其含量存在差异。3 个品种中以巴厘香气最浓郁，香型最复杂，其次为台农 19 号，无刺卡因香气种类最少，香味最淡。

参考文献

[1] 刘传和，贺涵，何秀古，等. 我国菠萝品种结构与新品种自主选育推广 [J]. 中国热带农业，2021(4)：13-15，76.

[2] 刘传和，贺涵，邵雪花，等. 菠萝品种选育与栽培技术研究进展 [J]. 农学学报，2021，

11（8）：53-59.
[3] 朱珊，田迎新. 中国菠萝产业标准化现状及发展对策 [J]. 中国标准化，2019（20）：245-246.
[4] 谢睿萍，林燕君，钟其星，等. 徐闻县菠萝产业深加工发展现状及对策 [J]. 南方农业，2019，13（28）：60-62.
[5] 刘传和，贺涵，邵雪花，等. 两种菠萝鲜果及其酿造果酒酯类风味物质差异性分析 [J]. 保鲜与加工，2021，21（7）：109-115.
[6] 吕润，邹海平，陈小敏，等. 台农系列菠萝品种在海南地区的引种表现 [J]. 热带农业科学，2021，41（2）：66-70.
[7] YANG JINMING，REN XIANGYU，LIU MANYI，et al. Suppressing soil-borne *Fusarium* pathogens of bananas by planting different cultivars of pineapples，with comparisons of the resulting bacterial and fungal communities[J]. Applied soil ecology，2022，169.
[8] 金琰. 东盟菠萝产业发展情况分析 [J]. 热带农业科学，2019，39（11）：122-126.
[9] 刘欣然，康家伟，王天星，等. 菠萝蜜低聚肽对 db/db 小鼠炎症反应、血糖及血脂的影响 [J]. 中国食物与营养，2020，26（4）：61-65.
[10] 成宏斌，李晓波，贾笑英，等. 野菠萝果中多糖、黄酮与多酚的含量测定及抗氧化研究 [J]. 现代食品，2021（1）：83-89.
[11] 唐霄，孙杨赢，潘道东，等. 酶法优化菠萝皮多酚提取工艺及其稳定性研究 [J]. 核农学报，2018，32（2）：335-343.
[12] 文攀，裴志胜，朱婷婷，等. 四种热带水果中膳食纤维的结构表征及单糖组成和理化性质分析 [J]. 食品工业科技，2021，42（5）：60-65，71.
[13] 赵娟娟，吴军梅，李维娜，等. 响应面法优化菠萝皮黄酮的超声－微波协同萃取工艺研究 [J]. 现代农村科技，2020（6）：82-84.
[14] 刘胜辉，魏长宾，孙光明，等. 三个菠萝品种成熟果实的香气成分分析 [J]. 食品科学，2008，29（12）：614-617.
[15] 马超. 菠萝蛋白酶提取、分离纯化及稳定性研究 [D]. 泰安：山东农业大学，2009.
[16] 陈辉，黄惠华. 改性菠萝皮渣纤维素固定化菠萝蛋白酶研究 [J]. 食品科学技术学报，2020，38（2）：59-65.
[17] KELLY SIMON D，ABRAHIM AIMAN，RINKE PETER，et al. Detection of exogenous sugars in pineapple juice using compound-specific stable hydrogen isotope analysis[J]. NPJ science of food，2021.
[18] 谢正林，庄炜杰，许俊齐，等. 木瓜蛋白酶和菠萝蛋白酶对牛肉的嫩化效果研究 [J]. 天津农业科学，2019，25（10）：64-67.
[19] 宋力，薛灵芬，李森，等. 回流法提取菠萝皮中多酚及其含量的测定 [J]. 信阳师范学院

学报（自然科学版），2016，29（4）：592-595.

[20] 胡会刚，赵巧丽. 菠萝皮渣多酚的提取分离及其抗氧化活性评价 [J]. 食品科技，2020，45（1）：286-293.

[21] 武嫱，章程辉，梁振义，等. GC-MS 分析野菠萝中不同萃取物成分比较 [J]. 粮油加工，2010（9）：143-146.

[22] 熊曾恒，邹亚男，张玉霞，等. 微波法快速合成菠萝叶纤维素高吸水树脂及其性能表征 [J]. 当代化工研究，2021（13）：1-5.

[23] WU WANLIN，XIAO GENGSHENG，YU YUANSHAN，et al. Effects of high pressure and thermal processing on quality properties and volatile compounds of pineapple fruit juice[J]. Food control，2021，130.

[24] 薛忠，陈如约，张秀梅. 菠萝机械化种植与收获研究现状 [J]. 山西农业大学学报（自然科学版），2021，41（3）：110-120.

[25] 徐赛，陆华忠，梁鑫，等. 催熟对采后菠萝品质的影响与光谱识别 [J]. 食品科学，2021，42（9）：192-198.

[26] 杨婷婷，金鑫，王禹童，等. 不同施肥处理下菠萝生长及经济效益分析 [J]. 中国土壤与肥料，2021（2）：170-177.

[27] MURAI KANA，CHEN NANCY JUNG，PAULL ROBERT E. Pineapple crown and slip removal on fruit quality and translucency[J]. Scientia horticulturae，2021，283.

[28] JULIAN HELEN，KHOIRUDDIN K，JULIES NIA，et al. Pineapple juice acidity removal using electrodeionization（EDI）[J]. Journal of food engineering，2021（304）.

[29] HERNÁNDEZ MARÍA FERNANDA AGUDELO，ROJAS MARISOL FERNÁNDEZ，BERNARD FRANCIELE，et al. Mixtures of cellulose fibers from pineapple leaves，ionic liquid，and alkanolamines for CO_2 capture[J]. Fibers and polymers，2020，21（12）：2861-2872.

[30] 行云逸，黄惠华. 菠萝果肉纤维素水凝胶的制备及对益生菌的包埋与缓释分析 [J]. 食品科学，2021，42（1）：8-14.

[31] 刘士蒙，李嘉倩，吕昌银，等. 菠萝蛋白酶金纳米簇模拟酶活性比色法检测 Hg^{2+}[J]. 应用化工，2020，49（5）：1319-1324.

[32] 赵娟娟. 菠萝皮总黄酮的体外抗氧化活性研究 [J]. 农业科技与装备，2020（4）：47-48，50.

[33] 杭瑜瑜，秦紫琼，杨波. 响应曲面法优化菠萝皮渣多糖的提取及其抗氧化活性研究 [J]. 农产品加工，2018（21）：20-23.

第二节 榴梿

一、榴梿概述

榴梿（*Durio zibethinus* Murr.）又名韶子、麝香猫果，锦葵目木棉科巨型热带常绿乔木。榴梿树高 15~20 m，叶片长圆，顶端较尖，聚伞花序，花色淡黄，果实足球大小，果皮坚实，密生三角形刺，果肉是种子的附属物（假种皮），为卵圆球形，肉色淡黄，呈黏性，多汁，是一种极具经济价值的水果。榴梿一般重约 2 kg，外面是木质硬壳，内分数房，每房有三四粒蛋黄大小的种子，共有 10 ~ 15 粒，种子外面裹着一层软膏果肉，为乳黄色，味道甜而喷香。

二、榴梿的产地与品种

（一）榴梿的产地

榴梿是热带著名水果之一，原产于马来西亚，后传入菲律宾、斯里兰卡、泰国、越南和缅甸等东南亚国家，其中以泰国最多，我国广东、海南也有种植。榴梿在泰国最负盛名，被誉为“水果之王”。文学家郁达夫在《南洋游记》中写道：“榴莲有如臭乳酪与洋葱混合的臭气，又有类似松节油的香味，真是又臭又香又好吃。”它的气味浓烈，爱之者赞其香，厌之者怨其臭，避之唯恐不及。传说明朝我国航海舰队到达今东南亚，品尝当地特产水果时，郑和对这种水果大为赞赏，然而其只能一年一熟，故命名为留恋，后人取其谐音，称作榴梿。

（二）榴梿的品种

榴梿为马来语“duri”（意思是“尖刺”）的音译，还曾经被译为留连、流连，据说是取嗜此物者嗅其味则流连不去之意。目前已知榴梿属有 30 多个种，其中有 9 个种是可食用的。

1. 泰国金枕榴梿

金枕榴梿的形态特征为：果体大，果壳黄，核小，有尾尖，刺较尖，果肉中常有一瓣比较大，称为“主肉”。金枕榴梿果肉多且甜，呈金黄色，初尝有异味，续食清凉甜蜜，回味甚佳。其因气味不太浓，很适合初尝者“入门”。目前我国市面上的榴梿以该品种为主。5—6 月泰国东部产区的金枕榴梿口感最佳，且产量大，价格低，满足了我国 80% 以上的需求。

2. 泰国青尼榴梿

青尼榴梿呈蒸笼形，即果实中间肥大，头细底平，瓣槽较深，果蒂大而短，肉质细腻，呈深黄近杏黄色，口感甜润，核小且少，果肉以深黄色为佳。青尼榴梿因个头小、肉多、核小而受到欢迎，价格也较金枕榴梿便宜，与金枕榴梿相比，青尼榴梿的气味和口感更加浓郁、厚重，吃榴梿偏爱味道重的人会更青睐青尼榴梿。

3. 泰国长柄榴梿

长柄榴梿因其果柄比其他品种长而得名。此品种果柄长且圆，整颗榴梿也以圆形为主，果肉、果核亦呈圆形，皮为青绿色，刺多而密，果核大，果肉少但细腻而味浓。长柄榴梿口感无与伦比，且产量极少，泰国皇室多将其作为馈赠之品。

4. 泰国甲仑榴梿

甲仑榴梿是泰国初代榴梿之一，没有经过太多现代化的改良，被誉为“初代榴梿王”，是泰国最原始的榴梿品种。甲仑榴梿个头相对于金枕榴梿小，果肉也比较少，但是相对于其他品种味道更加浓郁、香甜，肉质软糯。由于甲仑榴梿全为老树结果，没有进行转基因，因此成熟期极短暂，产量较低，每年只上市 2 个月。

5. 泰国托曼尼榴梿

托曼尼榴梿又名玲珑榴梿，因为产量有限，每年仅有少量出口，所以在市场上比较少见。其个头比金枕榴梿小得多，但是成熟之后榴梿香味更浓郁，纤维少，特别香甜、软糯。这种榴梿被誉为“榴梿中的爱马仕”，其特点是个头小、皮厚、籽大，无须开裂即可食用，甜、苦、香醇各种丰富的滋味融于一体。

6. 泰国谷夜套榴梿

谷夜套榴梿果肉特别细腻，其甜如蜜，核尖小。谷夜套榴梿一般在 5 月底至 6 月上市，在其他品种的榴梿上市盛季过后，便物以稀为贵。

7. 马来西亚猫山王榴梿

猫山王榴梿是马来西亚家喻户晓的榴梿品种之一。为了保证猫山王榴梿具有最好的品质和味道，当地人遵循瓜熟蒂落的自然规律，让榴梿在树上自然成熟后掉下来，所以又称之为树上熟。猫山王榴梿果肉香味浓郁，口感绵柔，味道馥郁，果肉甜中带甘，果核非常小。对爱吃榴梿的人来说，猫山王榴梿绝对是极品。它肉厚核小，色泽金黄艳丽，一开盖，一股浓郁的香味扑鼻而来，果肉更是甘香清甜，细腻嫩滑，实在让人回味无穷、欲罢不能。由于树上熟的榴梿一般在掉落后一两天就会裂开，能存放的时间自然非常短，在马来西亚之外的地方通常只有冷冻的，完整的树上熟榴梿很少见到。

8. 马来西亚金凤榴梿

金凤榴梿也被称为东甲王，其果实比较小，果肉为白黄色，接近牛奶的颜色。其果肉甜中有些微苦，吃起来苦中带甜，让人在苦与甜的奇妙味觉经历中享受着榴梿的独特口味。其特点在于口感很湿润，甜中微涩，带酒香，不过气味强烈，而且后味有淡淡的花香。

9. 马来西亚 D24 苏丹王榴梿

D24 苏丹王榴梿味道浓郁，果肉色泽较浅，嫩滑细腻，质地软绵绵，甜中带浓郁的奶油味，美中不足是果核较大，有些甚至达果肉质量的一半。D24 苏丹王榴梿是比较大众的马来西亚榴梿品种，产量大，亦是目前马来西亚最畅销的榴梿品种，在新加坡也一度非常受欢迎。

10. 马来西亚 XO 榴梿

XO 榴梿是 D24 苏丹王榴梿的一个亚种，有棕色的外壳，果肉呈淡黄色，口感细腻、柔软，微涩，有酒精香气，味道有点苦，口感如白兰地，因此而得名，在新加坡常见。挑食 XO 榴梿的时候应当选择更成熟、水分更多的，这样的 XO 榴梿更香。

11. 马来西亚 D101 红肉榴梿

D101 红肉榴梿果肉呈橙色，个头小，味道较淡，但尤为香、滑、甜，易让人接受。其原产于柔佛地区，受到喜欢温和味道的顾客青睐，且口感如奶油般润滑，故被人称为"柔佛的特殊奶油味"。

12. 亚 D175 红虾榴梿

亚 D175 红虾榴梿在马来西亚广泛受人追捧，是仅次于猫山王的榴梿品种。其果壳呈棕黄色，果刺稀疏，果肉呈橙色偏红，润滑可口，奶油味重，因果肉呈橙红色而得名。

13. 亚 D163 葫芦榴梿

该品种因外形似葫芦而得名，果体小，果壳偏黄，刺密而尖锐，果核偏小，果肉呈黄色且厚实，口感绵密顺滑，甜中略微带苦。颇有意思的是，树龄在 40 岁以上的亚 163 葫芦榴梿树所结的果皆有一种类似于巧克力的味道。

14. 甘榜榴梿

甘榜榴梿又称亚乡村榴梿。甘榜在马来语里是乡村的意思，顾名思义，甘榜榴梿就是乡村榴梿，也可以理解为没有品种名称的榴梿。这类榴梿味道形形色色，果肉味道从偏苦到苦甜都有，但是普遍口感比较干。甘榜榴梿是目前马来西亚市场上最常见的榴梿品种，其因价格低廉，在马来西亚乡村随处可见。

15. 红壳榴梿（durio dulcis）

红壳榴梿产于婆罗洲，外壳是红色的，长满长长的毛刺，乍一看宛如一颗巨大的红毛丹。durio dulcis 在拉丁语中的意思是"甜蜜的榴梿"，它是植物学家奥多阿尔多·贝卡利（Odoardo Beccari）在 1865—1868 年探索婆罗洲时发现的。据说这种榴梿的臭味非常浓烈，几乎可飘荡 1 km 穿越丛林。

红壳榴梿绝对是"闻起来像地狱但尝起来像天堂"。它是最甜蜜的榴梿，肉质很软，味道像搅拌了糖粉的酸奶，吃完后嘴里还有薄荷的余味。尽管其优秀的味道受到榴梿爱好者毫不掩饰的追捧，但红壳榴梿只是偶有种植，在产地外很少能够见到，更别提能够一尝其美味了。

16. 大花榴梿(durio grandiflorus)

大花榴梿产于婆罗洲,果肉呈深红色。有一种说法是榴梿开什么颜色的花就有什么颜色的果肉,这是错的,大花榴梿开的是白花。

17. 臭榴梿(durio graveolens)

臭榴梿是婆罗洲最受欢迎的榴梿品种,在婆罗洲市场上广泛销售。尽管名字叫臭榴梿,但其味道没有那么浓烈,反而比较清淡,果肉呈很漂亮的桃红色或者橘黄色,肉质很厚,几乎没有什么特殊的味道,许多人把它比作牛油果。

18. 龟榴梿(durio testudinarum)

龟榴梿生长于婆罗洲的丛林中,特点是果子攒成堆长在树干的基部,外观似迷你版的常见栽培榴梿。据说由于其独特的生长方式,果实离地面极近,甚至乌龟都能咬上一口,因此得名龟榴梿。另一种说法是该品种因果肉的强烈气味像乌龟的麝香而得名。由于龟榴梿味道强烈,许多人认为它不可食用,其实它是一种难能可贵的食用榴梿。龟榴梿的果肉呈焦糖黄色,咀嚼时味道清淡而甜美,像带有菠萝味的焦糖奶油糖果,让人非常愉悦。

19. 奥氏榴梿(durio oxleyanus)

奥氏榴梿果型娇小,浑身长满绿色毛刺,看起来像一个绿色的海胆。其质量很少超过 500 g,果肉呈乳白色或灰黄色,甜蜜如香草奶油,几乎没有榴梿的特殊臭味,在不喜欢榴梿臭味的人群中也很受欢迎。

20. 古泰榴梿(durio kutejensis)

古泰榴梿分布于婆罗洲中部山区,是文莱地区最受欢迎的榴梿品种。其艳丽的橙色果肉口感有如菠萝味的奶油,难怪是唯一被广泛种植的野生榴梿品种。有人认为,它可能是最适合初尝榴梿的人的品种了。

其中第 1~14 种为常见品种,第 15~20 种为非常见品种。

三、榴梿的营养成分和营养价值

(一)榴梿的营养成分

榴梿含有丰富的蛋白质、脂肪、碳水化合物和纤维素,还含有维生素 A、维生素 B、维生素 C、维生素 E、叶酸、烟酸,以及钙、铁、磷、钾、钠、镁、硒等众多无机元素,是一种营养密度高且均衡的热带水果。现代医学实验表明榴梿的汁液和果皮中含有一种蛋白水解酶,可以促进药物对病灶的渗透,具有消炎、抗水肿、改善血液循环的作用。

榴梿的成分如表 1.2.1 所示。

表 1.2.1 榴梿成分表

食品中文名	榴梿(生的或冷冻的)	食品英文名	durian(raw or frozen)
食品分类	水果类及其制品	可食部	100.00%
来源	美国营养素实验室	产地	美国
营养素含量(100 g 可食部食品中的含量)			
能量/kJ	615	蛋白质/g	1.5
脂肪/g	5.3	胆固醇/mg	0
碳水化合物/g	27.1	膳食纤维/g	3.8
钠/mg	2	维生素 A/μg(视黄醇当量)	2
维生素 B_2(核黄素)/mg	0.2	维生素 B_1(硫胺素)/mg	0.37
维生素 B_{12}/μg	0	维生素 B_6/mg	0.32
烟酸(烟酰胺)/mg	1.07	维生素 C(抗坏血酸)/mg	19.7
钾/mg	436	磷/mg	39
钙/mg	6	镁/mg	30
锌/mg	0.28	铁/mg	0.4

(二)榴梿的营养价值

榴梿中维生素的生理功能和对某些疾病的疗效是不可忽视的。大量研究证明,维生素 A 是人体必需的重要微量营养素,具有维持正常生长、生殖、视觉和抗感染的生理功能。维生素 A 可维持人体上皮细胞组织健康、视力正常,促进生长发育,增强对传染病的抵抗力。此外,维生素 A 还能抑制促进肿瘤形成的启动基因的活性,具有抑癌抗癌作用。维生素 B 是人体内多种氧化酶系统不可缺少的辅基部分,参与人体的氧化还原反应和能量代谢等生理活动。维生素 C 在机体中具有广泛的生理功能,能增强人体免疫功能,预防和治疗缺铁性贫血、恶性贫血、坏血病,促进胶原形成和类固醇代谢,有利于维持骨骼和牙齿的正常功能,抗衰老,抑制亚硝酸盐与胺合成亚硝胺,具有防癌功效等。榴梿中还含有人体必需的矿物质元素。其中,钾和钙的含量特别高。钾参与蛋白质、碳水化合物、能量代谢和物质转运,有助于预防和治疗高血压。钙是人体骨骼中的重要物质,钙摄入量不足可能妨碍骨骼正常发育。锌、铁和镁等元素参与人体内多种酶的形成,当体内缺乏这些酶时,可能导致免疫功能减弱和紊乱。锌对人体免疫系统和防御功能具有重大作用,是酶的重要组成部分,在性激素功能中起到一系列的生物化学作用。榴梿对人体有强壮补益的作用,除因含有较丰富的有益元素锌等以外,还因为这些元素与榴梿含有的香气成分和其他营养成分协同作用。

此外,榴梿中氨基酸的种类多,含量丰富,除色氨酸外,还含有 7 种人体必需氨基酸,其中谷氨酸含量特别高。动物实验进一步证明,谷氨酸是核酸、核苷酸、氨基糖和蛋白质的重要前体，参与其合成代谢，能提高机体的免疫功能，调节体内酸碱平衡，提高机体对应激的适应能力。

现代医学研究表明，口服从榴梿汁液和果皮中提取的蛋白水解酶能加强体内纤维蛋白的水解，促进血液凝块溶解，改善体液的局部循环，从而使炎症和水肿消除，临床可用作抗水肿和消炎药。榴梿蛋白酶与抗生素、化疗药物并用，能促进药物对病灶的渗透，可用于治疗由多种原因导致的炎症、水肿和血栓等病症，如支气管炎、急性肺炎、乳腺炎、视网膜炎等。据报道，榴梿皮对治疗老年性瘙痒病具有疗效。

1. 抗氧化

榴梿含有丰富的多酚类、维生素成分，诸多实验表明，其水提物、醇提物和其他有机溶剂提取物都具有较好的抗氧化作用。由于成熟期的榴梿多酚类成分含量最高，其抗氧化能力显著高于其他生长期。

2. 抑制肿瘤细胞增殖

研究表明，榴梿提取物能够抑制肿瘤细胞增殖。哈伦吉特（Haruenkit）等采用噻唑蓝（MTT）法考察不同生长期榴梿的甲醇提取物对胃癌细胞和肺癌细胞的作用，发现不同生长期的榴梿对癌细胞增殖均有一定的抑制作用，尤以成熟期的榴梿活性最强。贾亚库马尔（Jayakumar）等也发现，榴梿的乙醇提取物对乳腺癌细胞增殖具有一定的抑制作用。

3. 抗动脉粥样硬化

有研究者采用高胆固醇食物诱导的大鼠高脂血症模型比较金枕（Mon Thong）、青尼（Chani）、长柄干尧（Kan Yao）这 3 个榴梿品种和不同生长期的 Mon Thong 榴梿提取物对血脂的影响，发现榴梿提取物能够有效降低血清总胆固醇、低密度脂蛋白和甘油三酯的含量。

4. 激活热受体

中医理论认为，榴梿性热，可活血散寒，缓解腹部寒凉的症状。实验表明，榴梿果肉中所含的二乙基二硫醚、乙基丙基二硫醚、二丙基二硫醚等含硫化合物可以激活与中医理论中辛味药性相关的 TRPA1 和 TRPV1 受体，起到调节温感的作用。

5. 促进生育

在印度南部，榴梿被认为具有促进生育的作用。多囊卵巢综合征是妇女常见的一种内分泌、代谢异常所致的疾病，可导致女性月经周期不规律、肥胖、不孕等。安萨里（Ansari）通过对多囊卵巢综合征产生机理的分析、各种代谢综合征和榴梿所含化学成分的总结，对榴梿促进生育的作用机理进行了初步阐述。

6. 其他作用

除果肉外，榴梿皮的药理作用也被越来越多的研究者关注。

1）抗菌

大量文献报道，榴梿皮水提物对金黄色葡萄球菌、大肠杆菌、枯草芽孢杆菌、藤黄微球菌、戊糖乳杆菌、变形链球菌、伴放线放线杆菌、哈氏弧菌、绿脓杆菌、无乳链球菌、乳房链球菌、豕链球菌、模仿葡萄球菌、克雷伯氏菌、假单胞菌、牙龈卟啉单胞菌、白色假丝酵母菌具有抑制作用，榴梿皮醇提物对金黄色葡萄球菌、绿脓杆菌具有一定的抑制作用。

2）抗炎

榴梿皮水提物对角叉菜胶诱发的小鼠足跖肿胀具有显著的抑制效果，对 2，4- 二硝基氟苯所致小鼠变应性接触性皮炎也有明显的抑制作用。在体外实验中，榴梿提取物能够有效降低肿瘤坏死因子 -α（TNF-α）、白细胞介素 -6（IL-6）、白细胞介素 -1β（IL-1β）、一氧化氮（NO）和核转录因子 - κB（NF- κB）等炎症因子的含量，提高 IL-10 等抗炎因子的含量。骨关节炎是最常见的关节炎症。研究发现，关节软骨细胞外基质合成与降解失衡是造成软骨变性的重要原因，其中基质金属蛋白酶（MMPs）起着重要的作用。榴梿皮提取物能够抑制 MMP-2 和 MMP-9 的活性，从而减缓关节软骨细胞外基质的降解代谢。

3）保湿

从榴梿皮中提取的多糖类成分具有保湿作用。富特拉库尔（Futrakul）等选择了 22 名 20~38 岁的志愿者，采用单盲法考察榴梿皮多糖的保湿作用，结果显示，榴梿皮多糖能够提高皮肤的紧实度和含水量。

4）促进伤口愈合

榴梿皮提取物能够促进猪伤口愈合，显著减少伤口皮肤纤维化和肉芽肿。用榴梿皮提取物制成的敷料能够促进犬表皮再生，抑制金黄色葡萄球菌和表皮葡萄球菌，使被感染的伤口快速愈合。

5）抗糖尿病

穆赫塔迪（Muhtadi）等采用四氧嘧啶致糖尿病大鼠研究榴梿皮提取物的降糖作用，发现榴梿皮提取物能够降低糖尿病大鼠血液中的葡萄糖水平，并呈现出一定的量效关系，高剂量组降糖效果优于使用格列苯脲的阳性对照组，推测降糖作用可能与提取物中的黄酮类成分抑制葡萄糖吸收、促进胰岛素分泌有关。

6）止咳、镇痛

榴梿皮水提物能够延长氨水和二氧化硫诱导的小鼠咳嗽的潜伏期，减少咳嗽次数，具有良好的止咳作用。通过醋酸致小鼠扭体反应和热板法考察榴梿皮水提物的镇痛作用，发现榴梿皮水提物能够延长醋酸致小鼠扭体的潜伏期并减少扭体次数，在一定程度上延长小鼠热板疼痛反应时间，推测镇痛作用可能与榴梿皮水提物抑制炎性因子产生、释放和清除自由基有关。

7）抗亚硝化反应

亚硝胺是目前所知的最强的化学致癌物质之一，能引起人和动物的胃、肝脏等多器官的恶性肿瘤，阻断亚硝胺合成、清除亚硝胺的前体亚硝酸根是防止恶性肿瘤的有效途径。在模拟人体胃液的条件下，榴梿皮提取液能够清除亚硝酸盐，并阻断 N，N- 二甲基亚硝胺合成。

8)抗应激性肝损伤

榴梿壳醇提物可以明显地降低拘束负荷小鼠血浆谷丙转氨酶(ALT)活性,有效地降低拘束负荷小鼠血浆丙二醛(MDA)水平与肝组织NO含量,改善肝组织谷胱甘肽(GSH)含量,对拘束负荷诱发小鼠应激性肝损伤具有保护作用。

9)治疗老年性瘙痒症

老年性瘙痒症多由皮脂腺萎缩,皮脂分泌减少,继而皮肤干燥所致。临床实验证明,用榴梿皮外洗可以治疗老年性瘙痒症,总有效率为84.4%,优于口服克敏、维生素E和外搽艾洛松软膏的对照组。将榴梿皮提取物制成软膏,治疗总有效率为87.5%,而外搽尿素软膏的对照组仅为56.7%。外搽榴梿皮软膏配合口服养血祛风颗粒,治疗总有效率高达93.3%,明显优于口服氯雷他定分散片、外搽尿素软膏的对照组,具有较好的治疗效果。

四、榴梿中活性成分的提取、纯化与分析

(一)榴梿中色素的提取

1. 仪器、材料与试剂

TU-1900型双光束紫外-可见分光光度计,北京普析通用仪器有限责任公司;722SP型可见分光光度计,上海棱光技术有限公司;R206B型旋转蒸发器,上海申生科技有限公司。

将榴梿果皮剥下,取上层黄皮,洗净烘干,粉碎过筛,避光密封保存。

乙酸乙酯、无水乙醇、石油醚、丙酮、三氯甲烷、氢氧化钠、盐酸、硫酸锌、氯化钾、氯化钙、氯化镁、氯化钠、氯化铁、硫酸铜、氯化铝、30%过氧化氢溶液、无水亚硫酸钠、葡萄糖、蔗糖、柠檬酸、苯甲酸钠、维生素C、山梨酸钾等。

2. 实验方法

1)色素的提取

取榴梿上层黄皮→切碎→烘干→粉碎→浸提→旋转蒸发→色素膏。

2)最佳提取剂的选取

准确称取1.0 g榴梿果皮粉末9份,分别置于10 mL的蒸馏水、70%乙醇、无水乙醇、石油醚、丙酮、乙酸乙酯、三氯甲烷、1%盐酸-乙醇混合液和1%氢氧化钠-乙醇混合液中,在室温下浸提3 h,过滤,定容,分别测定其在190~600 nm处的吸收光谱。

3)最佳提取时间的选取

称取1.0 g榴梿果皮粉末10份,各加入10 mL乙酸乙酯溶液,在室温下分别浸提1 h、2 h、3 h、4 h、5 h、6 h、7 h、8 h、9 h、10 h,过滤,定容,分别测定其在446 nm处的吸

光度。

4）最佳提取温度的选取

称取 0.5 g 榴梿果皮粉末 5 份，各加入 10 mL 乙酸乙酯溶液，在室温、40 ℃、50 ℃、60 ℃、70 ℃下分别浸提 5 h，过滤，定容，分别测定其在 446 nm 处的吸光度。

5）最佳料液比的选取

称取 0.5 g 榴梿果皮粉末 5 份，分别加入乙酸乙酯溶液 5 mL、10 mL、15 mL、20 mL、25 mL，在室温下浸提 5 h，过滤，定容，分别测定其在 446 nm 处的吸光度。

3. 实验结果

色素提取条件的主次顺序是提取时间、料液比、提取温度。根据最佳水平确定的最佳色素提取生产工艺条件为：提取剂乙酸乙酯，料液比 1∶30（g/mL），提取时间 4 h，提取温度 50 ℃，在此条件下测得 446 nm 处的吸光度为 0.170。榴梿果皮黄色素为亮黄色，色泽鲜艳，稳定性较好，因此榴梿果皮黄色素作为一种优质的天然食品色素有待进一步研究与开发应用。

（二）榴梿中十六碳酸、亚油酸等脂肪酸成分的分析

1. 实验方法

1）样品处理

将榴梿（泰国金枕榴梿）的种子、种皮、内果皮、外果皮分别取下、切碎、烘干，用乙醚浸泡 24 min，过滤萃取液，浓缩，得到黄色油状物备用。取 0.2 mL 上述油状物放入 10 mL 量瓶中，加入 1 mL 乙醚 - 正己烷（2∶1）混合液溶解，再加入 1 mL 甲醇、0.8 mol/L 的 KOH-CH_3OH 溶液，摇匀，5 min 后加水至刻度，放置分层，取上清液进行 GC-MS 分析。

2）分析条件

GC-MS 分析采用日本岛津 GCMS-QP5000 系列。色谱柱为 DB-1（28 m × 0.25 mm）石英弹性毛细管柱。柱温先程序升温至 40~80 ℃（5 ℃/min），然后升温至 80~260 ℃（15 ℃/min）。界面温度为 280 ℃，气化室温度为 280 ℃，离子源温度为 260 ℃，电子能量为 70 eV。

谱图的确认采用 NIST 62HB、NIST 12LIB 和 EPA/NIH 质谱数据库中的标准谱图相结合的方式。定量采用总离子流各峰面积归一化。正己烷、乙醚、甲醇、氢氧化钾皆为分析纯。

2. 实验结果

在自然界中脂肪酸很少以游离形式存在，通常以甲酯、甘油酯的形式存在，故对脂肪酸的检测多以酯类物质表示。

1）榴梿中饱和脂肪酸的分析

榴梿的种子、种皮、内果皮、外果皮中含有十二碳酸、十四碳酸、十六碳酸、十八碳酸、

二十碳酸、二十二碳酸等饱和脂肪酸。其中十六碳酸甲酯含量最高，种子中含 22.21%，种皮中含 29.83%，内果皮中含 36.13%，外果皮中含 24.4%。十八碳酸甲酯含量不高，种子中含 1.36%，种皮中含 1.55%，内果皮中含 3.27%，外果皮中含 3.20%。此外，内果皮中含有 0.50% 的二十碳酸甲酯，外果皮中含有 1.54% 的二十二碳酸甲酯。可见榴梿中含有丰富的饱和脂肪酸，因此榴梿不仅可供食用，还可作为轻工业的原料用于制造肥皂、润滑油、抛光剂。

2）榴梿中不饱和脂肪酸的分析

榴梿中不饱和脂肪酸含量较高，其中 *E*，*E*-9，12- 十八碳二烯酸普遍存在于种子、种皮、内果皮、外果皮中，种子中含有 11.49%，种皮中含有 10.12%，内果皮中含有 8.03%，外果皮中含有 16.28%。种子中还含有 20.13% 的十八碳二烯酸、14.77% 的十九碳二烯酸、8.17% 的 16- 十八碳烯酸和 8.17% 的 9，12，15- 十八碳三烯酸。种子中含有高达 68.61% 的不饱和脂肪酸，其中十八碳二烯酸是人体必需的脂肪酸，γ- 亚麻酸具有软化血管、防治高血压和心脏病等特殊功效，具有极高的食用和医用价值，这也是人们喜欢取其种子食用的原因。榴梿的种皮中约含 48.98% 的不饱和脂肪酸，其中十八碳烯酸 26.89%，十八碳二烯酸约 10%。在内果皮中不饱和脂肪酸的含量为 51.00%，其中十八碳烯酸 37.68%，十八碳二烯酸 8.03%。在外果皮中不饱和脂肪酸的含量为 56.37%，其中十八碳烯酸 37.09%，十八碳二烯酸 17.37%。因此，榴梿除了种子有极高的食用价值和药用价值外，通常作为废物的种皮、内果皮和外果皮也含有多种对人体有益的成分；另外，这些不饱和脂肪酸中的油酸、亚油酸等可用于制造乳化剂、抛光剂、肥皂等。

榴梿中脂肪酸的分析结果如表 1.2.2 所示。

表 1.2.2　榴梿中脂肪酸的分析结果

序号	化合物	相对分子质量	含量/%			
			种子	种皮	内果皮	外果皮
1	十二碳酸甲酯	214	0.05	0.06	0.05	1.16
2	十四碳酸甲酯	242	0.06	0.86	1.72	2.49
3	十六碳酸	256	4.78	16.39	4.99	1.01
4	邻苯二甲酸丁酯	278	0.88	0.55	1.91	5.89
5	9- 十六碳烯酸甲酯	268	1.67	1.96	2.94	1.91
6	十六碳酸甲酯	270	22.21	29.83	36.13	24.4
7	油酸	282	2.73	10.01	2.35	—
8	十七碳酸甲酯	284	—	—	0.47	1.09
9	2- 己基 - 环丙烷辛酸甲酯	282	1.26	—	—	—
10	9，12，15- 十八碳三烯酸甲酯（γ- 亚麻酸）	292	8.17	—	—	—
11	*E*，*E*-9，12- 十八碳二烯酸甲酯（亚油酸）	294	11.49	10.12	8.03	16.28

续表

序号	化合物	相对分子质量	含量/%			
			种子	种皮	内果皮	外果皮
12	*Z*,*Z*-9,12-十八碳二烯酸甲酯	294	1.48	—	—	—
13	十八碳二烯酸甲酯(异构)	294	20.13	—	—	—
14	13,16-十八碳二烯酸甲酯	294	—	—	—	1.09
15	9-十八碳烯酸甲酯	296	—	—	37.07	37.09
16	11-十八碳烯酸甲酯	296	—	26.89	0.61	—
17	16-十八碳烯酸甲酯	296	8.17	—	—	—
18	十八碳酸甲酯	298	1.36	1.55	3.27	3.20
19	十九碳二烯酸甲酯	308	14.77	—	—	—
20	二十碳酸甲酯	326	—	—	0.50	—
21	二十二碳酸甲酯	354	—	—	—	1.54

(三)榴梿中黄酮的提取与分析

1. 仪器与试剂

UWave-1000 微波、紫外、超声波三位一体合成萃取反应仪，上海新仪微波化学科技有限公司；T6 新世纪紫外-可见分光光度计，北京普析通用仪器有限责任公司；TD-5 台式低速离心机，四川蜀科仪器有限公司；DFT-100 型中药粉碎机，温岭市林大机械有限公司；AE240 电子分析天平，梅特勒托利多科技(中国)有限公司。

芦丁标准品、无水乙醇；$NaNO_2$、$Al(NO_3)_3$、$(NH_4)_2SO_4$、NaOH，均为分析纯。

2. 实验方法

1)操作步骤

榴梿→清洗取皮→烘干→粉碎→微波提取→分离、定容、显色→测定。

实验用榴梿购于四川省内江市某超市，洗净剥皮，烘干后粉碎、过筛备用。

2)采用微波协同乙醇-硫酸铵双水相体系的方法进行提取

准确称取适量榴梿皮粉末置于提取瓶中，加入一定量的硫酸铵固体和一定浓度的乙醇溶液，在一定的微波功率下提取一定时间，离心分离上清液定容。

移取适量提取液置于比色管中，加入 5% 的 $NaNO_2$ 溶液 1.0 mL，放置 6 min；再加入 10% 的 $Al(NO_3)_3$ 溶液 1.0 mL，放置 6 min；然后加入 1 mol/L 的 NaOH 溶液 10 mL，加入 30% 的乙醇溶液补充至 25 mL，摇匀后静置 15 min，于 510 nm 处测定其吸光度，以芦丁为标准，计算黄酮提取率。

3)标准曲线的绘制

精确称取芦丁标准品 10.0 mg，加入 60% 的乙醇溶液溶解后定容于 50 mL 量瓶中，分别精确吸取 0.00 mL、1.00 mL、2.00 mL、3.00 mL、4.00 mL、5.00 mL 置于 25 mL 比色管中。加入 5% 的 $NaNO_2$ 溶液 1.0 mL，放置 6 min；再加入 10% 的 $Al(NO_3)_3$ 溶液 1.0 mL，放置 6 min；然后加入 1 mol/L 的 NaOH 溶液 10 mL，加入 30% 的乙醇溶液补充至 25 mL，摇匀后静置 15 min，于 510 nm 处测定其吸光度。以吸光度 A 为纵坐标，芦丁标准溶液的浓度 c 为横坐标，用最小二乘法作线性回归曲线。

3. 实验结果

实验结果表明，提取时间、硫酸铵用量、料液比、乙醇浓度等因素对榴梿皮的黄酮提取率都有影响，主次顺序为乙醇浓度、硫酸铵用量、料液比、提取时间。微波功率为 250 W 时，乙醇浓度为 60%、提取时间为 120 s、料液比为 1 : 60（g/mL）、硫酸铵用量为 0.05 g/mL 提取效果最佳。

用微波协同乙醇 - 硫酸铵双水相体系的方法提取榴梿皮废弃物中的黄酮条件温和，在最佳条件下黄酮提取率可以达到 4.84%，高于常规方法和超声波提取法，并且耗用时间短，试剂用量少，是提取黄酮比较理想的方法，可提高榴梿皮中黄酮类化合物的利用率。

（四）榴梿中乙酸丁酯、苯乙烯等挥发性成分的分析

1. 仪器与材料

7890A/5975C 气相色谱 - 质谱联用仪，安捷伦科技公司；PL203 电子天平，梅特勒托利多科技（中国）有限公司；挥发油提取器。

榴梿品种为泰国甲仑，采自辽宁省沈阳市。

2. 实验方法

1）试样的制备

取 100 g 甲仑榴梿果肉和 200 g 内果皮，切成小块，静置于 5 000 mL 圆底烧瓶中，加水（果肉加水至 1 000 mL，内果皮加水至 2 000 mL），按《中华人民共和国药典》（2015 年版）一部附录 XD 的方法（不加二甲苯），水蒸气蒸馏提取 9 h，即得榴梿中的挥发性成分，供分析使用。

2）分析条件

升温程序：在 50 ℃下保持 2 min，以 10 ℃/min 的速率升温至 250 ℃，保持 10 min。气体流速为 1.2 mL/min；电子轰击离子源，电子能量为 70 eV；GC-MS 接口温度为 250 ℃；离子源温度为 200 ℃；灯丝电流为 150 μA；质量扫描范围为 50~350 amu，扫描速度为 0.4 amu/s。

3）测定

甲仑榴梿果肉和内果皮中挥发性成分的总离子流图分别如图 1.2.1 和图 1.2.2 所示。对总离子流图中各峰经质谱扫描得到的质谱图，通过检索 NIST 98 谱图库，再结合有关文

献进行人工谱图解析，确认其化学成分，如表 1.2.3 所示。

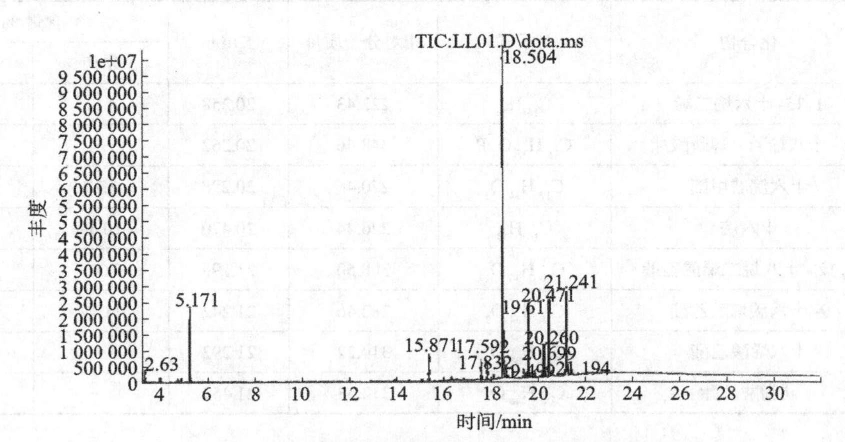

图 1.2.1　甲仑榴梿果肉中挥发性成分的总离子流图

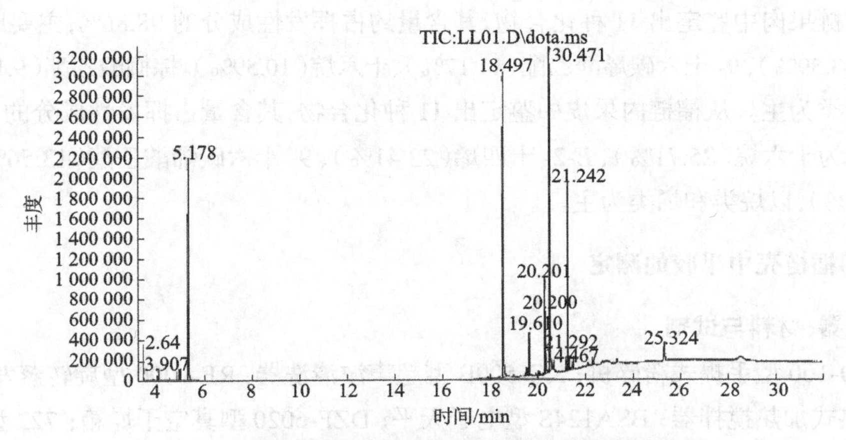

图 1.2.2　甲仑榴梿内果皮中挥发性成分的总离子流图

表 1.2.3　甲仑榴梿果肉和内果皮中的挥发性成分及其含量

序号	化合物	分子式	相对分子质量	T_R/min	含量/%	
					果肉	内果皮
1	乙酸丁酯	$C_6H_{12}O_2$	116.16	3.905	—	0.6
2	苯乙烯	C_8H_8	104.14	5.172	8.67	13.45
3	十二烷酸二乙酯	$C_{16}H_{30}O_4$	286.41	15.371	3.28	—
4	十四酸乙酯	$C_{16}H_{32}O_2$	256.24	17.592	2.49	—
5	十四醛	$C_{14}H_{28}O$	212.37	17.850	2.11	—
6	*E*-2- 十四烯	$C_{14}H_{28}$	196.37	18.497	—	22.41
7	环十六烷	$C_{16}H_{32}$	224.43	18.504	43.59	—
8	棕榈酸乙酯	$C_{18}H_{36}O_2$	284.48	19.609	9.12	2.75

续表

序号	化合物	分子式	相对分子质量	T_R/min	含量/%	
					果肉	内果皮
9	1,15-十六烷二烯	$C_{16}H_{30}$	222.43	20.258	4.57	—
10	9-十八烯-1-醇磷酸酯	$C_{18}H_{37}O_4P$	348.46	20.262	—	7.18
11	十六烷酸甲酯	$C_{17}H_{34}O_2$	270.46	20.298	3.27	6.1
12	十六烷	$C_{16}H_{34}$	226.44	20.470	10.59	25.71
13	9,12-十八烷二烯酸乙酯	$C_{20}H_{36}O_2$	308.50	21.195	0.003	1.06
14	9-十六碳烯酸乙酯	$C_{18}H_{34}O_2$	282.46	21.242	11.17	13.56
15	十八烯酸乙酯	$C_{20}H_{38}O_2$	310.22	21.292	—	1.56
16	硬脂酸乙酯	$C_{20}H_{40}O_2$	312.53	21.457	—	1.35

3. 实验结果

从榴梿果肉中鉴定出 11 种化合物，其含量约占挥发性成分的 98.86%，主要成分为环十六烷（43.59%）、9-十六碳烯酸乙酯（11.17%）、十六烷（10.59%）、棕榈酸乙酯（9.12%），以烷类和酯类为主。从榴梿内果皮中鉴定出 11 种化合物，其含量占挥发性成分的 95.73%，主要成分为十六烷（25.71%）、*E*-2-十四烯（22.41%）、9-十六碳烯酸乙酯（13.56%）、苯乙烯（13.45%），以烷类和烯类为主。

（五）榴梿壳中果胶的测定

1. 仪器、材料与试剂

JFSO-100 型手提式粉碎机；KQ-500B 型超声波清洗器；RE-2000 型旋转蒸发仪；DF-101S 集热式加热搅拌器；BSA124S 型电子天平；DZF-6020 型真空干燥箱；722 型可见分光光度计；TZH-82 型恒温振荡器。

浓盐酸，95% 乙醇溶液，6 mol/L 氨水，苯甲酸、二苯甲醇、乙酰苯胺、肉桂酸（均为分析纯试剂），高纯水（实验室配制），榴梿（产地为海南）。

2. 实验方法

1）样品预处理

称取一定质量的榴梿壳，取白瓤部分，用清水冲洗干净后置于 100 ℃的沸水中煮 20 min，使其中的果胶酶失去活性，再用 30~40 ℃的温水漂洗 3~4 次，洗净后置于烘箱中在 70 ℃下烘 3~4 h，待外表基本干燥后取出，用剪刀剪成 3~5 mm 的小颗粒，再于 70 ℃下烘干，取出粉碎，过 60 目筛，干燥保存备用。称取一定量的新鲜柚子皮，置于烘箱中在 70 ℃下干燥，粉碎，过 60 目筛，将干燥的皮渣用清水浸泡 60 min，再用 30~40 ℃的温水洗 3 次，洗去皮渣中含有的可溶性色素和糖等物质，沥干水分备用。

2)果胶的提取

把处理好的榴梿壳放入烧杯中，按 1∶30 的料液比加入稀盐酸，将溶液的 pH 值调为 2，在 90 ℃的恒温水浴中水解 90 min，趁热用垫有双层滤纸的布氏漏斗抽滤，收集滤液即得榴梿壳果胶提取液。将提取液装入 250 mL 烧杯，加 1% 的活性炭，用集热式加热搅拌器在 85 ℃下搅拌脱色 30 min，趁热抽滤，并用旋转蒸发仪浓缩滤液，待滤液冷却后，在不断搅拌下缓慢加入滤液体积 1.5 倍的 95% 乙醇溶液，静置 2~2.5 h 使果胶完全析出，用无水乙醇洗涤沉淀 3~4 次，得到榴梿壳湿果胶。将所得湿果胶置于真空干燥箱中，在 60 ℃下进行干燥。

$$\text{果胶产率} = \frac{m}{m_0} \times 100\%$$

式中　m_0——原料的质量，g；

m——提取出的干果胶的质量，g。

3. 实验结果

以榴梿壳的白瓤为原料，通过盐酸提取、乙醇沉淀提取出果胶，榴梿壳的果胶产率为 8.21%。

参考文献

[1] 中国科学院中国植物志编辑委员会. 中国植物志：第四十九卷第二分册 [M]. 北京：科学出版社，1984.

[2] 阳君. 南国水果之王：榴莲 [J]. 中国果菜，2000(1)：25.

[3] 刘冬英，谢剑锋，方少瑛，等. 榴莲的营养成分分析 [J]. 广东微量元素科学，2004，11(10)：57-59.

[4] HARUENKIT R，POOVARODOM S，VEARASILP S，et al. Comparison of bioactive compounds，antioxidant and antiproliferative activities of Mon Thong durian during ripening[J]. Food chemistry，2010，118(3)：540-547.

[5] VOON Y Y，HAMID N S A，RUSUL G，et al. Characterisation of Malaysian durian (*Durio zibethinus* Murr.) cultivars：relationship of phycochemical and flavour properties with sensory properties[J]. Food chemistry，2007，103(4)：1217-1227.

[6] 李娜，董明，张国庆，等. 响应面法优化榴莲皮中总黄酮的提取工艺 [J]. 食品工业科技，2011，32(9)：325-328，332.

[7] 张博，李书倩，辛广，等. 金枕榴莲果实各部位挥发性物质成分 GC/MS 分析 [J]. 食品研究与开发，2012，33(1)：130-134.

[8] 高婷婷，刘玉平，孙宝国. SPME-GC-MS 分析榴莲果肉中的挥发性成分 [J]. 精细化工，2014，31(10)：1229-1234.

[9] AMIN A M, AHMAD A S, YIN Y Y, et al. Extraction, purification and characterization of durian (*Durio zibethinus*) seed gum[J]. Food hydrocolloids, 2007, 21 (2): 273-279.

[10] AMID B T, MIRHOSSEINI H. Influence of different purification and drying methods on rheological properties and viscoelastic behaviour of durian seed gum[J]. Carbohydrate polymers, 2012, 90 (1): 452-461.

[11] AMID B T, MIRHOSSEINI H. Optimisation of aqueous extraction of gum from durian (*Durio zibethinus*) seed: a potential, low cost source of hydrocolloid[J]. Food chemistry, 2012, 132 (3): 1258-1268.

[12] MIRHOSSEINI H, AMID B T, CHEONG K W. Effect of different drying methods on chemical and molecular structure of heteropolysaccharide-protein gum from durian seed[J]. Food hydrocolloids, 2013, 31 (2): 210-219.

[13] 冯健英. 榴莲壳活性成分研究 [D]. 广州:广东药科大学,2017.

[14] PONGSAMART S, PANMAUNG T. Isolation of polysaccharides from fruit-hulls of durian (*Durio zibethinus* L.)[J]. Songklanakarin journal of science and technology, 1998, 20 (3): 323-332.

[15] HOKPUTSA S, GERDDIT W, PONGSAMART S, et al. Water-soluble polysaccharides with pharmaceutical importance from Durian rinds (*Durio zibethinus* Murr.): isolation, fractionation, characterisation and bioactivity[J]. Carbohydrate polymers, 2004, 56 (4): 471-481.

[16] 张艳玲,朱连勤,杨欣欣,等. 榴莲皮营养组分的检测与评价 [J]. 黑龙江畜牧兽医, 2015 (7): 138-140.

[17] PATRICIA A A, TOLEDO F, PARK Y S, et al. Antioxidant properties of durian fruit as influenced by ripening[J]. LWT-food science and technology, 2008, 41 (10): 2118-2125.

[18] LEONTOWICZ H, LEONTOWICZ M, HARUENKIT R, et al. Durian (*Durio zibethinus* Murr.) cultivars as nutritional supplementation to rat's diets[J]. Food and chemical toxicology, 2008, 46 (2): 581-589.

[19] MIA I, LEE B L, LIM M T, et al. Antioxidant activity and profiles of common fruits in Singapore[J]. Food chemistry, 2010, 123 (1): 77-84.

[20] GORINSTEIN S, POOVARODOM S, LEONTOWICZ H, et al. Antioxidant properties and bioactive constituents of some rare exotic Thai fruits and comparison with conventional fruits[J]. Food research international, 2011, 44 (7): 2222-2232.

[21] JAYAKUMAR R, KANTHIMATHI M S. Inhibitory effects of fruit extracts on nitric oxide-induced proliferation in MCF-7 cells[J]. Food chemistry, 2011, 126 (1): 956-960.

[22] LEONTOWICZ H，LEONTOWICZ M，JESION I，et al. Positive effects of durian fruit at different stages of ripening on the hearts and livers of rats fed diets high in cholesterol[J]. European journal of integrative medicine，2011，3（3）：169-181.

[23] TERADA Y，HOSONO T，SEKI T，et al. Sulphur-containing compounds of durian activate the thermogenesis-inducing receptors TRPA1 and TRPV1[J]. Food chemistry，2014（157）：213-220.

[24] ANSARI R M. Potential use of durian fruit（*Durio zibenthinus* Linn）as an adjunct to treat infertility in polycystic ovarian syndrome[J]. Journal of integrative medicine，2016，14（1）：22-28.

[25] LIPIPUN V，NANTAWANIT N，PONGSAMART S. Antimicrobial activity（*in vitro*）of polysaccharide gel from durian fruit-hulls[J]. Songklanakarin journal of science and technology，2002，24（1）：32-38.

[26] PONGSAMART S，NANTAWANIT N，LERTCHAIPORN J. Novel water soluble antibacterial dressing of durian polysaccharide gel[J]. Acta horticulturae，2005（678）：65-73.

[27] PHOLDAENG K，PONGSAMART S. Studies on the immunomodulatory effect of polysaccharide gel extracted from *Durio zibethinus* in *Penaeus monodon* shrimp against *Vibrio harveyi* and WSSV[J]. Fish & shellfish immunology，2010，28（4）：555-561.

[28] THUNYAKIPISAL P，SALADYANANT T，HONGPRASONG N，et al. Antibacterial activity of polysaccharide gel extract from fruit rinds of *Durio zibethinus* Murr. against oral pathogenic bacteria[J]. Journal of investigative & clinical dentistry，2010，1（2）：120-125.

[29] 吴敏芝，谢果，李泳贤，等. 榴莲壳提取物止咳、镇痛及抗菌作用研究 [J]. 南方医科大学学报，2010，30（4）：793-797.

[30] 洪军，胡建业，张侠，等. 榴莲果皮中黄酮的抗氧化及抗菌活性 [J]. 贵州农业科学，2014，42（6）：41-43.

[31] 洪军，杜海霞，胡建业. 超声波辅助提取榴莲果皮总黄酮及其抗氧化、抗菌活性的研究 [J]. 河南农业大学学报，2014，48（5）：653-657.

[32] PONGSAMART S，LIPIPUN V. Antimicrobial preparations using polysaccharide gel from durian fruit-rind：US2009149418A1[P]. 2009-06-11.

[33] PONGSAMART S，CHANSIRIPORNCHAI N，CHANSIRIPORNCHAI P，et al. Immunomodulating polysaccharide gel from durian fruit-rind as additive in animal feed：US 2009252848A1[P]. 2009-10-08.

[34] PONGSAMART S，CHANSIRIPORNCHAI P，AJARIYAKAJORN K，et al. Teat antiseptic prepared from polysaccharide gel with bactericidal and immuno-stimulating activi-

ty isolated from durian fruit-rind: US2009253650A1[P]. 2009-10-08.
[35] 李莉,葛华亭,陈漫丽,等. 榴莲壳提取物在口腔护理产品中的应用: 201610013799.7[P]. 2016-01-06.
[36] 谢果,吴敏芝,成金乐,等. 榴莲皮提取物抗炎作用研究 [J]. 广州中医药大学学报, 2015, 32（1）: 130-135.
[37] PRADIT W, NGANVONGPANIT K, SIENGDEE P, et al. *In vitro* effects of Polysaccharide gel extracted from durian rinds（*Durio zibethinus* L.）on the enzymatic activities of MMP-2, MMP-3 and MMP-9 in canine chondrocyte culture[J]. International journal of bioscience, biochemistry and bioinformatics, 2012, 2（3）: 151-154.
[38] FUTRAKUL B, KANLAYAVATTANAKUL M, KRISDAPHONG P. Biophysic evaluation of polysaccharide gel from durian's fruit hulls for skin moisturizer[J]. International journal of cosmetic science, 2010, 32（3）: 211-215.
[39] PONGSAMART S, NAKCHAT O. The efficiency of polysaccharide gel extracted from fruit-hulls of durian（*Durio zibethinus* L.）for wound healing in pig skin[J]. Acta horticulturae, 2005, 679: 37-43.
[40] CHANSIRIPORNCHAI P, PONGSAMART S. Treatment of infected open wounds on two dogs using a film dressing of polysaccharide extracted from the hulls of durian（*Durio zibethinus* Murr.）: case report[J]. Thai journal of veterinary medicine, 2008, 38（3）: 55-61.
[41] MUHTADI, PRIMARIANTI A U, SUJONO T A. Antidiabetic activity of durian（*Durio zibethinus* Murr.）and rambutan（*Nephelium lappaceum* L.）fruit peels in alloxan diabetic rats[J]. Procedia food science, 2015（3）: 255-261.
[42] 陈纯馨,陈忻,刘爱文,等. 榴莲壳提取液抗亚硝化反应的研究 [J]. 食品科技, 2005（2）: 89-91.
[43] 谢果,宝丽,何蓉蓉,等. 榴莲壳醇提物对应激性肝损伤小鼠的保护作用 [J]. 中药新药与临床药理, 2008, 19（1）: 22-25.
[44] 杨玉峰,王丽珣,刘若缨,等. 榴莲皮外洗治疗老年性瘙痒症 85 例 [J]. 中国中医药信息杂志, 2004, 11（6）: 521-522.
[45] 杨玉峰,梁少琼,文焕琛,等. 榴莲皮软膏治疗老年性瘙痒症临床研究 [J]. 河北中医药学报, 2008, 23（4）: 12-13.
[46] 王丽娜,杨玉峰,刘若缨. 养血祛风颗粒配合榴莲皮软膏治疗干燥性湿疹的疗效观察 [J]. 黑龙江中医药, 2014, 43（4）: 22-23.
[47] 戴玮,周林,他维亮,等. 榴莲的药用价值及综合开发利用 [J]. 中国现代中药, 2018, 20（4）: 482-488.

[48] 刘玉峰，王志萍，胡延喜，等. 泰国甲仑榴莲的果肉及内果皮挥发油成分的 GC-MS 分析 [J]. 辽宁大学学报(自然科学版)，2017, 44(1): 41-44.

第三节 释迦

一、释迦概述

释迦(*Annona squamosa* Linn.)，番荔枝科番荔枝属落叶小乔木；树皮薄，灰白色，多分枝。叶薄纸质，排成两列，椭圆状披针形或长圆形，长 6 ~ 17.5 cm，宽 2 ~ 7.5 cm，顶端急尖或钝，基部阔楔形或圆形，叶背苍白绿色；侧脉上面扁平，下面凸起。花单生、2 ~ 4 朵聚生于枝顶或与叶对生，长约 2 cm，青黄色，下垂；花蕾披针形；萼片三角形，被微毛；外轮花瓣狭而厚，肉质，长圆形，顶端急尖，被微毛，镊合状排列，内轮花瓣极小，退化成鳞片状，被微毛；雄蕊长圆形，药隔宽；心皮无毛，每心皮有胚珠 1 颗。果实为聚生果，由数十个小瓣组成，每个瓣里有一粒黑色的籽。果实呈卵形，直径为 5 ~ 10 cm，无毛，未熟果呈绿色，成熟果呈淡黄绿色，外面被白色粉霜。花期 5—6 月，果期 6—11 月。

释迦喜光耐阴，在光照充足条件下植株茁壮，叶片肥厚。在果实发育阶段增加光照可提高果实的品质。释迦需要温暖的气候和适当的降水，不耐霜冻和阴冷天气。普通释迦最适生长温度最高为 25 ~ 32 ℃，最低为 15 ~ 25 ℃，果实成熟最适温度为 25 ~ 30 ℃。释迦树安全越冬的最低温度为 0 ℃。大部分释迦树为半落叶果树，在冬末或早春便进入自然休眠或由环境条件引起的强迫性休眠。休眠使植株免受冬春晚霜或干旱的影响。适当的冬季低温可加速落叶，促进萌芽。但低温对诱发萌芽的作用并不像其他落叶果树那样是必要的。在果实成熟期间温度既不能过低，也不能过高。遇上低温，特别是 13 ℃以下的低温，果实会出现生理病害，如锈斑病，推迟成熟时间。而温度过高会造成过早成熟，果实腐烂。

释迦对水分比较敏感，水分过多、过少都不利于植株生长。释迦在短期的水淹情况下生长即受到影响，造成落叶少花。灌溉或降雨对开花和早期坐果很重要，这期间过于缺水会导致落花落果，果实生长缓慢。同时，水分还会影响果实的品质，有报道称澳大利亚有灌溉的释迦裂果率为 9.8%，而没有灌溉的释迦裂果率为 20%。释迦在低湿(相对湿度低于 70%)情况下落花增加，柱头干化，坐果明显减少。在昆士兰东南部，释迦盛花期期间最热的时候白天相对湿度常低于 30%，人们便采用高密度种植、营造防风林和喷雾的方法来提高果园的湿度。但湿度过高(高于 95%)会把柱头上的糖类分泌物稀释，使花粉发芽率低，不利于受精。

释迦树对各类土壤的适应性都很强。在砂质到黏壤质土中都能生长。但是要获得高产和稳产，则以砂质土或砂壤土为好，因为土壤黏重、排水不良会影响开花、坐果。而疏松的砂壤土则无此弊端，容易通过施肥和灌溉来控制生长。如土层浅薄，可培土加厚土层，改进排水，也可进行覆盖，促进表土层吸收根的发育。

二、释迦的产地与品种

（一）释迦的产地

释迦原产于热带美洲陆地、加勒比海的海岛和西印度群岛，目前在世界范围内的热带地区广为栽培，广泛分布于非洲、美洲、亚洲与近太平洋的热带地区。其中热带美洲地区作为释迦原产地种植最多，在秘鲁、墨西哥、巴西、古巴、美国等地广泛栽培；亚洲地区主要集中在印度、泰国、越南、印度尼西亚、菲律宾等地，以印度与泰国栽培最多，栽培面积均超过 10 000 hm^2，在越南、印度尼西亚、菲律宾等地均为生产性栽培；大洋洲的澳大利亚和新西兰数十年来发展较快，但总的栽培面积较小，总株数约为 15 万株。另外，欧洲的西班牙、南美洲的智利也是释迦重要的生产国。

释迦传入我国大约有 400 年的历史，我国古籍（如《岭南杂记》《植物名实图考》）均有记载。根据《台湾府志》（1617 年），释迦最早是由荷兰人引入的。由于果实表皮有菱形疣状鳞目，与原产于我国的荔枝外皮相似，又是外来品，故称释迦（番荔枝），又因其外表的鳞目状似佛头，所以常称佛头果或释迦果。广东释迦栽培以澄海樟林最早，据考证为 200 多年前一个旅泰华侨传入的，而东莞虎门的释迦为 100 年前一个旅越华侨传入的。

目前释迦在我国浙江、台湾、福建、广东、广西、海南和云南等地均有栽培，以台湾最多。据 1997 年《台湾农业年报》，台湾释迦种植面积已达 5 264 hm^2，总产量为 62 000 t，主要集中在台东县，占总面积的 80%，屏东县、台南市、高雄市也是重要的产区。我国大陆释迦生产性栽培的主要地区为广东澄海、东莞、中山、珠海和福建漳州等。

（二）释迦的品种

常见的释迦有下列几种。

1. 普通释迦

普通释迦为聚合果，心脏圆锥形或球形肉质浆果，由心皮表面形成的瘤状凸起明显；表面光滑，呈纺锤形或长椭圆形、长卵形；果实丰满。

2. 南美释迦

南美释迦又名秘鲁释迦，原产于热带美洲哥伦比亚和秘鲁安第斯山高海拔地区，能耐较长时间的低温，故又称冷子释迦。

3. 阿特梅释迦

阿特梅释迦也称澳洲释迦。其果实比普通释迦大，果形似南美释迦，果面略平滑，果皮能整块剥离；果肉组织结实，含糖量稍低于普通释迦；籽粒较大而少，黑色。

4. 刺释迦

刺释迦为释迦中热带性最强的品种。其果实为释迦中最大的，长 15 ~ 35 cm，宽 10 ~ 15 cm，长卵形或椭圆形，表面密生肉质下弯软刺，随果实发育软刺逐渐脱落而残留小凸体；果皮薄，革质，暗绿色。

5. 刺果释迦

其果实呈卵圆状，长 10 ~ 35 cm，直径为 7 ~ 15 cm，深绿色，幼时有下弯的刺，刺随后逐渐脱落而残存有小凸体；果肉微酸多汁，白色。

6. 毛叶释迦

毛叶释迦是在南美洲的连绵高山地带发现的一种落叶植物。其果实呈圆形，果皮有三种类型：凹痕状、结瘤状、前两种形状的混合。

7. 牛心释迦

其果实由多数成熟心皮连合成肉质聚合浆果，球形，平滑无毛，有网状纹，熟时暗黄色，种子为长卵圆形。花期冬末至早春，果期翌年 3—6 月。

8. 圆滑释迦

圆滑释迦为常绿大灌木或小乔木。聚合果，心形，果皮近平滑，熟果黄绿色，可鲜食、制果汁。

三、释迦的营养成分和活性成分

（一）释迦的营养成分

释迦为热带名果，其风味为人所喜爱。其果实营养极其丰富，还含有丰富的矿物质、碳水化合物、钙、磷、铁、有机酸、维生素 C、蛋白质、可溶性糖等人体所需的营养物质。

其种子含油（25.5%），蛋白质（14.2%），番荔枝碱（anonaine），番荔枝宁 [annonin，也称多鳞番荔枝辛（squamocin）]，新番荔枝宁（*neo*-annonin），番荔枝宁 Ⅰ、Ⅳ、Ⅵ、Ⅷ、ⅩⅣ、ⅩⅥ，巴婆（双呋）内酯（asimicin），番荔枝辛（annonacin），番荔枝辛 A，番荔枝斯坦定（annonastatin），皂苷，豆甾 -5，24（28）- 二烯 -3*β*- 醇 -*α*-*L*- 鼠李糖苷 [stigmasta-5，24（28）-dien-3*β*-ol-*α*-*L*-rhamnoside]。种子油中所含的有效成分多鳞番荔枝斯坦定（squamostatin）A 为一种抗癌物质，所以释迦被誉为“抗瘤之星”。

释迦的成分如表 1.3.1 所示。

表 1.3.1　释迦成分表

食品中文名	释迦	食品英文名	sugar apple
食品分类	水果类及其制品	可食部	100.00%
来源	美国营养素实验室	产地	美国

续表

营养素含量（100 g 可食部食品中的含量）			
能量/kJ	393	蛋白质/g	2.1
脂肪/g	0.3	膳食纤维/g	4.4
多不饱和脂肪酸/g	0.1	维生素 B_1（硫胺素）/mg	0.11
碳水化合物/g	23.6	维生素 B_6/mg	0.2
钠/mg	9	维生素 C（抗坏血酸）/mg	36.3
维生素 B_2（核黄素）/mg	0.11	叶酸/μg	14
烟酸（烟酰胺）/mg	0.88	磷/mg	32
钾/mg	247	镁/mg	21
钙/mg	24	铁/mg	0.6
锌/mg	0.1		

（二）释迦的活性成分

美国专家从 1970 年开始就对释迦进行了 20 多项研究。研究结果表明，释迦的萃取物可有效对抗 12 类癌症的恶性细胞，包括结肠癌、乳腺癌、前列腺癌、肺癌和胰腺癌等。此外，释迦具有抗真菌和抗寄生虫的功效，能帮助调节血压，还是一种抗抑郁药和广谱抗生素。我国民间有用释迦根治疗急性赤痢、精神抑郁症和脊髓骨病，将释迦果实用于治疗恶疮或用作杀寄生虫药剂等。自 20 世纪 70 年代以来，人们对释迦各部位（种子、树叶、树皮、茎等）的化学成分进行了广泛研究，共分离获得 100 多种化合物，其中活性成分主要有以下几种。

1. 番荔枝内酯

番荔枝内酯（annonaceous acetogenins，AAs）是一类很有希望的新抗癌药物，被誉为“明日抗癌之星”，也是一类具有多种生物活性的物质。自 1982 年第一种抗肿瘤活性很强的番荔枝内酯 uvaricin 从番荔枝科紫玉盘属（*Uvaria accuminata*）植物的根部被发现以来，对抗癌化学成分 AAs 的研究已成为国内外植物化学和肿瘤药理学继紫杉醇后的又一个研究热点。迄今植物化学家已在各种番荔枝科植物中发现了 300 多种 AAs，发现它们具有驱虫、抗微生物、抗肿瘤、抗寄生虫、抗疟活性和逆转肿瘤多药耐药性活性等。

目前，AAs 只能从番荔枝科植物中分离得到，其中释迦是被研究最多的一种植物，从中分离获得了近 100 种 AAs。这类化合物的特征为分子中含有 0~3 个四氢呋喃（THF）环、1 个甲基取代或经重排的 γ- 丁内酯和 2 条连接这些部分的长烷基直链，长烷基直链上通常有一些立体化学多变的含氧官能团，如羟基、乙酰氧基、酮基等，碳原子多为 35~37 个。按照分子中 THF 环的数目和排列方式，大致可将 AAs 分为以下 5 种结构类型。

1）不含 THF 环型 AAs

这种类型的 AAs 不多，目前认为这类番荔枝内酯是后面 4 类番荔枝内酯的生源合成前体或代谢产物。从释迦中只发现 2 个不含 THF 环型 AAs，一个是 Araya 等从种子中分离到的 squamostanal A（1），另一个是 Xie 等从种子中分离得到的 squamostolide（2）。其中 squamostolide 在体外对人肝癌细胞 Bel-7402 和人鼻咽癌细胞 CNE2 表现出抗癌活性，IC_{50} 值分别为 4.79 μg/mL 和 1.24 μg/mL，抑制效果相当于顺铂（cisplatin）。

squamostanal A　　　　squamostolide

2）单 THF 环型 AAs

目前从释迦中分离得到这种类型的 AAs 有 17 个，还有 3 个已知化合物 annoreticuin-9-1、reticulatacin-1 和 reticulatacin-2。这些分子中只含 1 个 THF 环，主要变化在于含氧官能团的数目和位置、碳氢链的长度、末端 γ- 丁内酯的类型等。其中 2，4-*cis*-squamoxinone（15）、2，4-*trans*-squamoxinone（16）和 2，4-*cis*-mosinone（18）、2，4-*trans*-mosinone（19）是以混合物的形式分离得到的。

单 THF 环型 AAs 的基本信息如表 1.3.2 所示。

表 1.3.2　单 THF 环型 AAs 的基本信息

编号	化合物	*n/m/l*	R_2/R_1	THF 立体化学	来源
3	annonacin	11/4/5	OH/OH	th/t/*th	种子
4	annoancin A	11/4/5	OH/OH	th/t/er	种子
5	annonastatin	14/4/5	H/OH	th/t/th	种子
6	mosinone B	11/5/4	O═/OH	th/t/er	皮
7	mosinone C	11/5/4	O═/OH	th/c/th	皮
8	4-deoxyanoreticuin	11/5/4	OH/H	th/t/th	皮
9	*cis*-4-deoxyanoreticuin	11/5/4	OH/H	th/c/th	皮
10	anotemoyin-1	9/5/6	H/H	th/t/th	种子
11	anotemoyin-2	9/5/6	H/H	th/t/er	种子
12	*neo*-reticulatacin A	11/5/6	H/H	th/t/er	种子

续表

编号	化合物	*n/m/l*	R_2/R_1	THF 立体化学	来源
	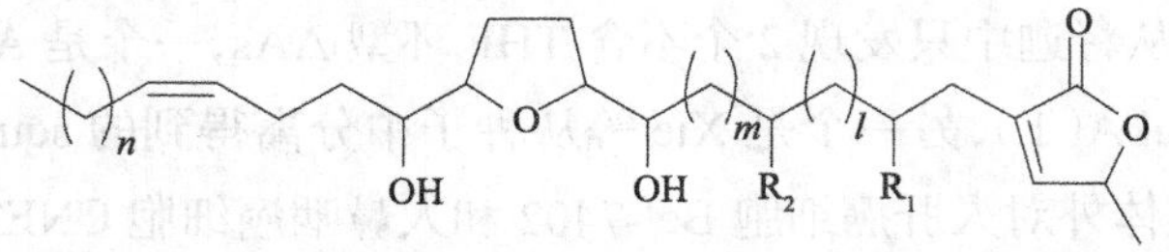				
13	squamocenin	7/2/9	H/H	th/t/er	种子
14	squamosten A	9/2/7	OH/OH	?	种子
	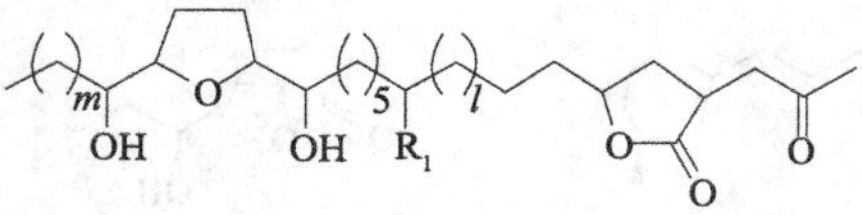				
15/16	2,4-*cis*/*trans*-squamoxinone	11/4	OH	th/t/th	种子
17	squamone	11/2	O=	th/t/th	皮
	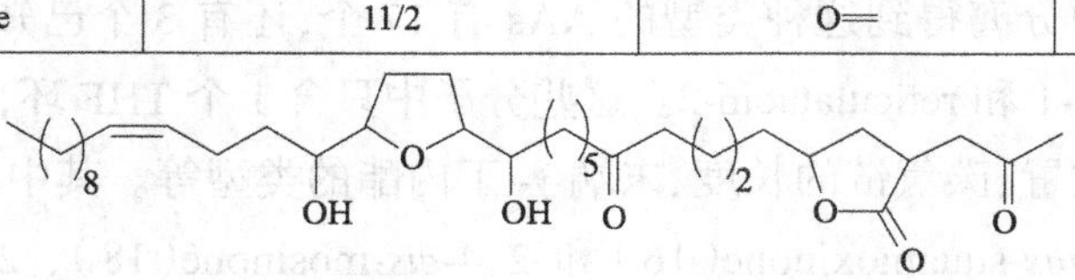				
18/19	2,4-*cis*/*trans*-mosinone			th/t/t	皮

注：*th—threo；er—erythro；t—trans；c—cis；?—unknown。（下同）

3）邻双 THF 环型 AAs

从释迦中分离得到的这类化合物最多，仅首次发现的化合物就达 24 个，还有一些已知化合物，如 asimicin、squamocin（C、G、H、J、L 和 M）、molvizarin、motrilin 等。这类分子中含有的 2 个 THF 环处于相邻的对称位置，碳的数目、羟基的位置、末端内酯的类型和取代基的立体化学结构有所不同。

邻双 THF 环型 AAs 的基本信息如表 1.3.3 所示。

表 1.3.3 邻双 THF 环型 AAs 的基本信息

编号	化合物	*o/n/m/l*	R_2/R_1	THF 立体化学	来源
	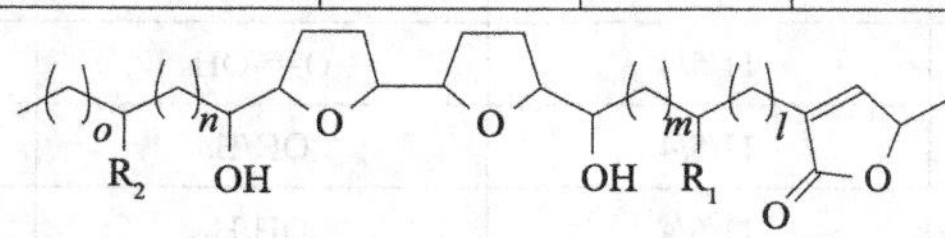				
20	squamocin（= anonin）	5/3/4/7	OH/H	th/t/th/t/er	种子
21	*neo*-anonin	5/3/4/5	H/H	er/t/th/t/th	种子
22	bulatacin（=anonin Ⅵ，anonareticin）	5/3/10/1	H/OH	th/t/th/t/er	种子
23	squamocin B	5/3/4/5	OH/H	th/t/th/t/er	种子
24	squamocin D	5/3/4/7	OH/H	th/t/th/t/th	种子

续表

编号	化合物	o/n/m/l	R_2/R_1	THF 立体化学	来源
25	squamocin E	5/3/8/1	H/OH	th/t/th/t/th	种子
26	squamocin F	5/3/2/9	OH/OH	th/t/th/t/th	种子
27	squamocin I	5/3/4/5	H/H	er/t/th/t/th	种子
28	squamocin K	5/3/4/5	H/H	th/t/th/t/th	种子
29	squamocin N	5/3/4/7	H/H	th/c/th/c/th	种子
30	squamotacin	5/5/8/1	H/OH	th/t/th/t/er	种子
31	bulacin B	5/3/8/3	H/OH	th/t/th/t/th	种子
32	squamocin O-1	5/3/2/9	OH/OH	th/t/th/t/th12R	种子
33	squamocin O-2	5/3/2/9	OH/OH	th/t/th/t/th12S	种子
34	*neo*-desacetyluvaricin	5/3/4/7	H/H	th/t/th/t/er	种子
35	*neo*-anonin B	5/5/4/6	H/H	er/t/th/t/th	种子
36	22-epi-molvizarin	5/3/8/1	H/OH	th/t/th/t/th	种子
	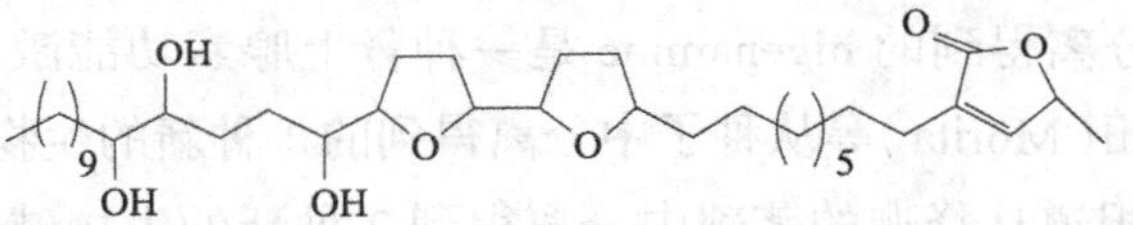				
37	anonsilin A			t/th/t/th/th	种子
	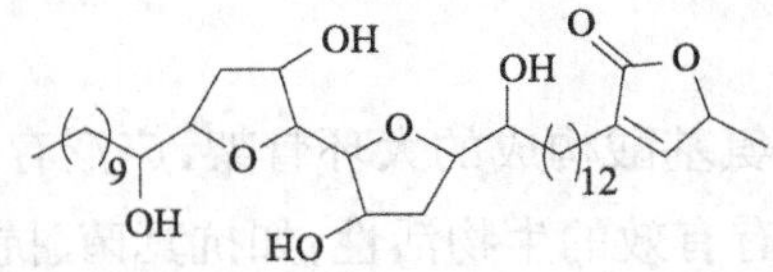				
38	anonin X, Ⅳ				种子
	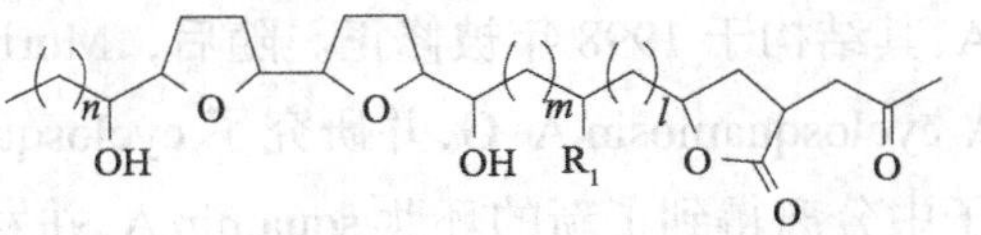				
39/40	2,4-*cis*/*trans*-squamolinone	7/5/4	H	th/t/th/t/er	皮
41/42	2,4-*cis*/*trans*-9-oxo-asimicinone	7/5/4	O=	th/t/th/t/th	皮
43	bulatacinone	9/5/4	H	er/t/th/t/th	皮

4）间双 THF 环型 AAs

目前，已从释迦中分离得到 11 个此类化合物，其中新化合物 8 个，还有 2 个已知化合物 cherimolin（毛叶番荔枝素）-1 和 cherimolin-2，均是从种子中分离得到的。这些分子的特点是 2 个 THF 环之间为一个四碳链，其中一个 THF 环两侧均有 1 个羟基，另一个 THF 环则只在 2 个 THF 环之间有 1 个羟基；都是 37 碳分子，末端有相同类型的内酯。目前从释迦中分离得到的这类化合物只有 3 种平面结构，变化在于分子的立体化学结构不同。

需要说明的是，杨仁洲等和藤本（Fujimoto）等报道的化合物 squamostatin D 名称相同但分子结构不同。

5）邻三 THF 环型 AAs

这种类型的 AAs 极为少见。1994 年，杨仁洲等从种子中分离得到 1 个新的 AAs，其含有 36 个碳原子和 3 个相邻的 THF 环，是 AAs 新的结构类型，被命名为 squamosinin A。squamosinin A 的发现具有特殊的意义。

2. 生物碱和环肽

1）生物碱

生物碱是在释迦活性成分研究中较早研究的一类化学成分，迄今已从该植物中分离得到 14 种生物碱。Bhakuni 等 1972 年便从该植物中分离得到 7 种阿朴啡类生物碱，即 ranonaine、roemerine、norcorydine、*D*-corydine、norisocorydine、*L*-（+）-isocorydine 和 *s*-（+）-glaucine，其中 Ranonaine 表现出杀真菌活性。1979 年 Bhaumik 等从释迦的叶片中分离得到（−）-xylopine、（+）-O-methylarmepavine 和 lanuginosine 3 种生物碱。从该植物的叶片和茎部中均分离得到的 higenamine 是一种肾上腺素功能激动剂。苯并喹唑啉酮 samoquasine A 是森田（Morita）等从种子中分离得到的 1 种新的生物碱。

最近，Yang 等报道从释迦的茎部中分离得到 2 种新的生物碱 annosqualine 和 dihydrosinapoyltyramine。

2）环肽

天然环肽是一类由天然氨基酸构成的大环骨架，广泛存在于高等植物、真菌和海洋天然产物中。许多环肽都具有有效的生物活性，如抗真菌、抗病毒、抗肿瘤和抑制蛋白质合成等。已报道从释迦中分离得到 10 种环肽。Li 等率先从种子中分离得到 1 种环肽，命名为 annosquamosin A，其结构于 1998 年被修正。随后，Morita 等于 1999 年从种子中分离得到 7 种新的环肽 cyclosquamosin A~G，并研究了 cyclosquamosin B 的血管松弛活性。Shi 等也报道从种子中分离得到了新的环肽 squamin A，并发现该环肽可以与水分子形成不同比例的结晶水合物。

3. 萜甾与糖苷

1996 年，Wu 等报道从释迦的果实中发现 2 种新的贝壳杉烷型二萜 annosquamosin A、annosquamosin B 和 12 种已知的贝壳杉烷类化合物。测定这些化合物的生物活性时发现其中的已知化合物 16*β*，17-dihydroxy-ent-kauran-19-oic acid 表现出有意义的抑制 HIV（人类免疫缺陷病毒）在 H9 淋巴细胞中增殖的作用，EC_{50} 值为 0.8 mg/mL。2002 年，Yang 等从该植物的茎部发现 6 种新的贝壳杉烷型二萜 annomosin A~F 和 14 种已知的贝壳杉烷型二萜。其中已知物 ent-kaur-16-en-19-oic acid 和 16*α*-hydro-19-al-ent-kaurane-17-oic acid 在 200 μmol/L 时便具有完全抑制兔血小板凝聚的作用。

木栓酮（friedelin）是第一种从释迦的叶片中分离得到的甾类化合物，而贝哈里（Behari)等发现的菜油甾醇(campesterol)、豆甾醇(stigmasterol)和β-固甾醇(β-sitosterol)则是以混合物的形式从释迦中获得的。

从释迦中也分离得到3种糖苷,分别是佛加克斯(Forgacs)等发现的4-(2-nitroethyl)-1-[(6-O-*β*-*D*-xylopyranosyl-*β*-*D*-glucopyranosyl)oxy] benzene、拉赫曼(Rahman)等报道的cholesteryl gucopyranoside和余竞光等报道的胡萝卜苷(daucosterol)。2005年,Yang等从释迦的根部获得了2种糖苷,其中squadinorlignoside为新的天然产物。

4. 其他

近年来,加格(Garg)等和恰范(Chavan)等采用GC-MS技术对释迦叶片和树皮中的挥发性成分进行了研究。尚克尔(Shanker)等在对释迦叶中蛋白质的化学成分进行研究时发现了1种新的天然产物(11-羟基-16-棕榈酮),抗微生物活性实验表明,棕榈酮的抗细菌活性比羟基酮的高,但抗真菌活性则正好相反。

四、释迦中活性成分的提取、纯化与分析

(一)释迦中总内酯和内酯单体的分析

1. 仪器、材料与试剂

HA221-50-06型超临界萃取装置,南通仪创实验仪器有限公司;Agilent 1200高效液相色谱仪,安捷伦科技(中国)有限公司;岛津UV-1800紫外可见分光光度计,岛津分析技术研发(上海)有限公司。

释迦种子产于广东珠海,经南京中医药大学的陈建伟教授鉴定为番荔枝科番荔枝属植物的种子。

释迦内酯(squamocin)由南京中医药大学实验室分离所得,经高效液相色谱检测,其纯度高于98%。

2. 实验方法

1)试样的制备与保存

释迦种子经干燥、粉碎后过20目筛,得到干燥的释迦种子粉末。

2)对照品溶液的制备

精确称量释迦内酯squamocin 10 mg,用甲醇定容到10 mL,得到浓度为1 mg/mL的对照品溶液,置于4 ℃下备用。

3)显色方法的确定

释迦内酯末端有一个α,β-γ不饱和内酯环,因此可以和凯德(Kedde)试剂,即碱性3,5-二硝基苯甲酸发生显色反应,并且有较强的紫外吸收,因此可以用紫外分光光度法来检测释迦总内酯的含量。释迦内酯末端的α, β-γ不饱和内酯环也可以在碱性条件下与异羟肟酸、三氯化铁发生显色反应,具有较强的紫外吸收。超临界CO_2萃取可以把释迦种

子中弱极性的脂肪酸一同萃取出来，在用异羟肟酸 - 三氯化铁比色法测定释迦总内酯含量时，脂肪酸也可以同异羟肟酸铁发生显色反应，使实验测定得到的释迦总内酯含量偏高。测定释迦总内酯含量采用专属性强的 Kedde 显色反应。

4）提取

称取 300 g 干燥的释迦种子粉末，在 20 MPa、45 ℃下萃取 3 h，夹带剂为 60 mL 乙醇，进行超临界 CO_2 萃取。在 60 ℃以下低温浓缩，取浓缩物测定释迦总内酯和内酯单体含量。

5）高效液相色谱条件

Agilent 1200 高效液相色谱仪，DAD（二极管阵列检测器），二元泵，全自动进样器；Agilent 色谱柱，4.6 m × 250 mm，2.5 μm；流动相，甲醇 - 水（83 ∶ 17）；检测波长，220 nm；柱温，30 ℃，流速，1 mL/min。

6）测定

取提取液进行高效液相色谱检测，对照品和样品的高效液相色谱图如图 1.3.1 所示。

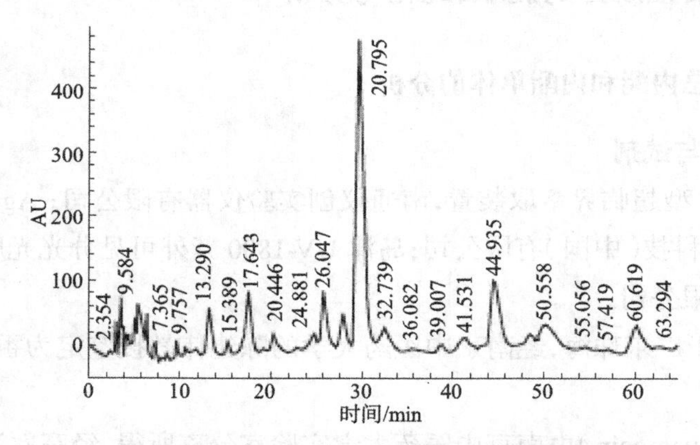

图 1.3.1　对照品和样品的高效液相色谱图

7）标准曲线的绘制

（1）释迦总内酯含量测定的回归方程的建立。

准确称取释迦内酯 2 mg（精确到 0.1 mg），用甲醇定容到 10 mL，得到浓度为 0.2 mg/mL 的对照品溶液，用移液管吸取 1 mL，加入 0.8 mL 氢氧化钠溶液后，置于 60 ℃的水浴中 10 min，加入 0.5 mL 3，5- 二硝基苯甲酸溶液，用甲醇定容到 10 mL，于 10 min 内在 532 nm 下测定吸光度。根据吸光度（Y）与浓度（X）的关系建立回归方程 $Y = 0.686\,1X + 0.001\,3$，线性范围为 0.094~0.75 mg，相关系数 R 为 0.999 7。

（2）释迦内酯单体含量测定的回归方程的建立。

准确吸取对照品溶液 0.2 mL、0.4 mL、0.6 mL、0.8 mL、1.0 mL 至量瓶中，用甲醇定容到 1 mL，得到不同浓度的对照品溶液，每份对照品溶液进样 20 μL，连续进样 3 次，以平均峰面积为纵坐标，以释迦内酯单体的含量为横坐标，建立回归方程 $Y = 686.2X - 31.02$，线性范围为 4~20 μg，相关系数 R 为 0.999 9。

3. 实验结果

释迦总内酯的平均含量为 38.642 g，RSD（相对标准偏差）为 1.23%，释迦内酯单体的平均含量为 31.07 mg，RSD 为 1.31%。

（二）释迦中香豆素、芳樟醇等挥发性成分的分析

1. 仪器与材料

FlavourSpec® 风味分析仪，德国 G.A.S 公司。

释迦，采购于广东湛江市马以贸易有限公司；大目释迦，采购于广西百色平果县；红释迦，采购于广东湛江市马以贸易有限公司；刺果释迦，采购于海南儋州翊盛贸易有限公司，采后全程冷链运输至实验室。

2. 实验方法

1）样品处理

由于新鲜释迦果肉中的风味化合物不稳定，逸散不充分，易导致检测数据不稳定。且使用新鲜果肉进行挥发性化合物测定时常以 4- 甲基 -2- 戊醇为内标物，对检测出的挥发性化合物进行相对定量，检测结果存在较大的误差。因此，采用果肉速冻粉末进行风味分析，具体操作如下：将释迦去皮，并将果肉快速切成薄片；将果肉用液氮速冻并研磨成粉末，准确称量 2.0 g 粉末置于 20 mL 顶空进样瓶中。每个样品做 3 次平行实验。

2）GC-IMS（离子迁移谱）检测

（1）GC 条件。

顶空孵化温度为 60 ℃，孵化时间为 10 min，孵化转速为 500 r/min；顶空进样针温度为 65 ℃，进样量为 500 μL，采取不分流模式；清洗时间为 0.50 min；色谱柱为 FS-SE-54-CB-1（15 m × 0.53 mm），柱温为 60 ℃；色谱运行时间为 20 min，载气为高纯氮气（≥ 99.999%）；设置程序为流速 2.00 mL/min，并保持 2 min，在 20 min 内线性增至 100.00 mL/min。

（2）IMS 条件。

IMS 温度为 45 ℃，载气为高纯氮气（≥ 99.99%），流速为 150.00 mL/min 。对顶空进样瓶中的样品进行孵化，使用加热的进样针抽取瓶内的顶空组分，进行 GC-IMS 分析测定。

（3）定性、定量方法。

以 IMS 数据库里相应挥发性化合物的标准曲线为参考基准，一一对应测定样品中挥发性化合物的种类和含量。

3）数据处理

采用仪器配套的分析软件，包括 LAV（Laboratory Analytical Viewer，即实验室分析观

察员)、3 款插件和 GC-IMS Library Search,进行多角度样品分析。LAV 软件:用于查看分析谱图,图中每一个点代表一种挥发性有机物,建立标准曲线后可进行定量分析。Reporter 插件:用于直接对比样品谱图之间的差异(俯视二维谱图和三维谱图)。Gallery Plot 插件:用于进行指纹谱图对比,直观且定量地比较不同样品之间挥发性有机物的差异。Dynamic PCA 插件:用于进行动态主成分分析,将样品聚类分析,快速确定未知样品的种类。GC-IMS Library Search:应用软件内置的 NIST 数据库和 IMS 数据库对物质进行定性分析。

风味物质的浓度以 μg/L 表示。用 GC-IMS 测得的风味物质的峰强度单位为 ppb,将 ppb 作为浓度单位换算成 μg/L,参考基准是 IMS 数据库里相应挥发性化合物的标准曲线。

采用软件 SPSS V20 版(IBM SPSS Statistics 20)对数据进行显著性差异分析。处理 3 个平行数据并将其最终表示为平均值 ± 标准偏差的形式。

3. 实验结果

结果发现,刺果释迦中挥发性化合物的种类更为丰富,明显区别于其他 3 种释迦。由表 1.3.4 可知,同一种挥发性化合物的含量在不同品种的释迦中存在显著的差异。刺果释迦的风味成分以丙酸乙酯、辛酸乙酯、丁酸己酯、辛酸甲酯、己酸乙酯等酯类物质为主,且丙酸乙酯、辛酸乙酯、丁酸己酯、辛酸甲酯、己酸乙酯这几种成分在刺果释迦中的含量远高于在其他 3 种释迦中的含量。酯类能显著影响成熟水果的特征风味,给水果带来柑橘类的清新香气。释迦、大目释迦和红释迦的风味成分则以柠檬烯、月桂烯、莰烯、γ- 松油烯等萜烯类物质为主,萜烯类物质能给水果带来令人愉悦的玫瑰和柠檬香气。柠檬烯、月桂烯、莰烯、γ- 松油烯在释迦、大目释迦和红释迦中的含量远高于在刺果释迦中的含量,且存在显著的差异($P<0.05$)。刺果释迦中萜烯类物质的含量较低,因此刺果释迦无明显的玫瑰和柠檬香气,这可作为快速判断刺果释迦的重要指标。

表 1.3.4 释迦果肉中的挥发性化合物

序号	英文名称	中文名称	保留指数 RI	保留时间 T_R/s	含量/(μg/L)			
					释迦	大目释迦	红释迦	刺果释迦
1	coumarin	香豆素	1 429.8	975.542	217.25 ± 17.17 c	313.50 ± 16.50 d	121.00 ± 17.17 b	11.00 ± 0.90 a
2	linalool	芳樟醇	1 104.9	485.11	307.13 ± 13.07 c	210.20 ± 11.47 b	292.97 ± 8.01 c	11.98 ± 2.65 a
3	gamma-terpinene	γ- 松油烯	1 068.5	430.449	285.11 ± 8.55 c	328.10 ± 1.90 d	84.08 ± 5.47 b	0.63 ± 0.21 a

续表

序号	英文名称	中文名称	保留指数 RI	保留时间 T_R/s	含量/(μg/L)			
					释迦	大目释迦	红释迦	刺果释迦
4	*trans*-beta-ocimene	反式 -*β*- 罗勒烯	1 048.6	401.501	304.00 ± 3.10 b	326.29 ± 3.71 c	324.43 ± 2.84 c	0.41 ± 0.10 a
5	1,8-cineole	1,8- 桉叶素	1 032.8	379.653	324.47 ± 5.41 d	289.61 ± 5.60 c	262.44 ± 9.05 b	0.12 ± 0.02 a
6	limonene	柠檬烯	1 024.1	368.183	202.69 ± 6.11 b	322.19 ± 7.64 d	218.98 ± 10.34 c	3.73 ± 0.64 a
7	methyl heptenone	甲基庚烯酮	998.5	337.05	322.13 ± 7.73 b	2.57 ± 0.86 a	3.58 ± 0.89 a	0.57 ± 0.13 a
8	myrcene	月桂烯	997.1	335.411	202.73 ± 4.57 b	323.65 ± 6.11 d	276.91 ± 6.57 c	0.25 ± 0.06 a
9	beta-pinene	*β*- 蒎烯	978.3	315.748	318.65 ± 5.43 b	323.92 ± 5.93 b	323.59 ± 3.85 b	0.66 ± 0.11 a
10	camphene	莰烯	952.9	292.808	247.67 ± 5.42 c	321.75 ± 8.00 d	174.11 ± 12.89 b	0.69 ± 0.15 a
11	alpha-pinene	*α*- 蒎烯	937.7	280.792	313.19 ± 5.60 b	323.55 ± 6.37 c	318.12 ± 3.11 bc	0.00 ± 0.00 a
12	benzaldehyde-M	苯甲醛 -M	966.2	304.278	317.97 ± 12.03 d	97.97 ± 8.59 c	55.00 ± 7.59 b	13.75 ± 1.68 a
13	benzaldehyde-D	苯甲醛 -D	966.2	304.278	321.88 ± 7.78 c	11.07 ± 2.21 a	6.64 ± 0.68 a	57.58 ± 3.84 b
14	1-hexanol	1- 己醇	875.8	240.919	128.54 ± 4.67 b	320.11 ± 10.21 c	120.51 ± 16.16 b	1.24 ± 0.07 a
15	*E*-2-hexenol-M	*E*-2- 己烯醇 -M	854.6	229.439	52.52 ± 1.98 b	322.73 ± 7.44 d	253.03 ± 1.53 c	0.99 ± 0.12 a
16	*E*-2-hexenol-D	*E*-2- 己烯醇 -D	854.0	229.135	0.42 ± 0.03 a	121.67 ± 2.53 c	46.88 ± 1.08 b	327.08 ± 3.15 d
17	dimethyl disulfide	二甲基二硫化物	742.4	177.909	121.26 ± 4.19 b	118.65 ± 3.20 b	327.03 ± 2.97 c	0.32 ± 0.04 a
18	2-methylpropionic acid	2- 甲基丙酸	795.6	200.946	323.27 ± 6.73 d	225.61 ± 6.73 c	79.69 ± 2.78 b	3.37 ± 0.63 a
19	acetal	乙缩醛	717.4	168.207	326.96 ± 3.17 d	24.96 ± 1.18 c	14.04 ± 2.13 b	3.82 ± 0.68 a
20	ethyl acetate	乙酸乙酯	613.2	138.268	309.91 ± 5.04 c	4.26 ± 0.20 a	103.80 ± 2.48 b	328.36 ± 1.49 d
21	ethanol	乙醇	455.6	101.925	181.38 ± 3.83 b	4.43 ± 2.37 a	2.03 ± 0.59 a	322.04 ± 7.26 c

续表

序号	英文名称	中文名称	保留指数 RI	保留时间 T_R/s	含量/(μg/L)			
					释迦	大目释迦	红释迦	刺果释迦
22	acetone	丙酮	536.2	120.497	68.01 ± 2.28 b	322.99 ± 6.84 d	219.20 ± 2.77 c	2.31 ± 0.63 a
23	beta-citronellol	*β*- 香茅醇	1 230.0	673.918	3.86 ± 1.03 a	320.35 ± 8.84 d	27.02 ± 7.88 b	142.81 ± 12.05 c
24	benzyl acetate	乙酸苄酯	1 177.2	594.187	6.47 ± 3.24 a	321.37 ± 9.88 c	5.39 ± 1.09 a	140.20 ± 1.87 b
25	hexanal	己醛	796.8	201.494	81.33 ± 1.56 b	322.18 ± 7.82 d	197.06 ± 26.03 c	1.56 ± 0.04 a
26	2-hexanone	2- 己酮	786.0	196.609	218.20 ± 3.61 c	319.78 ± 9.93 d	200.16 ± 3.12 b	0.60 ± 0.06 a
27	ethyl propanoate-M	丙酸乙酯 -M	725.1	171.099	2.68 ± 0.32 a	320.16 ± 9.42 c	63.50 ± 1.55 b	1.79 ± 0.21 a
28	ethyl propanoate-D	丙酸乙酯 -D	725.9	171.37	28.91 ± 0.00 b	40.10 ± 0.99 c	0.00 ± 0.00 a	327.01 ± 3.15 d
29	butanal	丁醛	608.6	137.175	24.28 ± 2.28 b	322.92 ± 7.21 d	98.37 ± 2.19 c	1.52 ± 0.32 a
30	ethyl octanoate-M	辛酸乙酯 -M	1 265.3	727.218	1.47 ± 0.26 a	4.72 ± 1.35 a	5.01 ± 1.02 a	320.86 ± 11.55 b
31	ethyl octanoate-D	辛酸乙酯 -D	1 263.7	724.781	0.25 ± 0.25 a	0.25 ± 0.25 a	0.17 ± 0.03 a	318.64 ± 9.85 b
32	hexyl butanoate-M	丁酸己酯 -M	1 210.4	644.372	1.65 ± 0.39 a	6.18 ± 0.24 b	4.53 ± 0.71 b	327.94 ± 2.57 c
33	hexyl butanoate-D	丁酸己酯 -D	1 208.8	641.935	0.63 ± 0.09 a	1.26 ± 0.23 a	1.90 ± 0.32 a	266.78 ± 22.05 b
34	1-octanol	1- 辛醇	1 082.6	451.478	2.17 ± 0.49 a	2.71 ± 0.70 a	2.71 ± 0.42 a	302.91 ± 23.52 b
35	methyl octanoate-M	辛酸甲酯 -M	1 140.5	538.793	1.90 ± 0.32 a	9.05 ± 1.21 a	5.71 ± 0.57 a	320.48 ± 11.90 b
36	methyl octanoate-D	辛酸甲酯 -D	1 141.7	540.65	0.23 ± 0.05 a	0.34 ± 0.05 a	0.57 ± 0.02 a	313.33 ± 14.46 b
37	*E*-2-octenal-M	*E*-2- 辛烯醛 -M	1 052.8	407.596	63.39 ± 2.14 b	1.86 ± 2.14 a	5.59 ± 0.78 a	315.55 ± 19.29 c
38	*E*-2-octenal-D	*E*-2- 辛烯醛 -D	1 052.8	407.596	1.43 ± 0.12 a	3.36 ± 0.25 a	0.00 ± 0.00 a	319.64 ± 8.99 b
39	ethyl hexanoate	己酸乙酯	1 009.1	349.371	0.17 ± 0.02 a	4.49 ± 0.26 b	0.56 ± 0.05 a	328.82 ± 1.05 c

续表

序号	英文名称	中文名称	保留指数 RI	保留时间 T_R/s	含量/(μg/L)			
					释迦	大目释迦	红释迦	刺果释迦
40	methyl hexanoate	己酸甲酯	932.8	277.095	11.42 ± 0.28 b	40.29 ± 0.55 c	3.24 ± 0.30 a	328.66 ± 1.73 d
41	ethyl 4-methyl-valerate	4- 甲基戊酸乙酯	976.9	314.283	3.88 ± 0.09 b	21.92 ± 0.33 c	1.10 ± 0.03 a	329.32 ± 0.64 d
42	ethyl butyrate	丁酸乙酯	799.2	202.593	1.48 ± 0.08 a	48.57 ± 0.80 b	1.57 ± 0.38 a	328.52 ± 1.30 c
43	2-heptanone	2- 庚酮	898.3	254.065	1.33 ± 0.00 a	1.71 ± 0.00 a	0.44 ± 0.05 a	327.09 ± 4.71 b
44	butyl acetate	乙酸丁酯	815.1	209.889	0.77 ± 0.05 a	3.10 ± 0.34 a	10.85 ± 1.34 a	316.83 ± 11.93 b
45	methyl 2-methylbu-tyrate	2- 甲基丁酸甲酯	779.6	193.784	0.44 ± 0.03 a	13.71 ± 2.56 b	0.77 ± 0.09 a	322.65 ± 6.53 c
46	propyl acetate	乙酸丙酯	735.2	174.995	21.96 ± 0.85 b	21.96 ± 0.85 b	0.56 ± 0.07 a	326.84 ± 4.12 c
47	3-methylbutanol	3- 甲基丁醇	744.9	178.918	34.28 ± 1.73 b	0.75 ± 0.09 a	6.78 ± 0.00 a	316.82 ± 12.50 c
48	2-pentanone	2- 戊酮	691.6	159.304	13.91 ± 0.08 b	12.49 ± 0.41 b	0.43 ± 0.04 a	328.15 ± 1.73 c
49	3-methylbutanal	3- 甲基丁醛	672.0	153.305	0.75 ± 0.17 a	4.48 ± 0.56 a	156.88 ± 1.48 b	320.66 ± 8.39 c

注：含量中的小写字母表示差异显著水平。

参考文献

[1] 中国科学院中国植物志编辑委员会. 中国植物志：第三十卷第二分册 [M]. 北京：科学出版社，1979.

[2] 姚祝军，吴毓林. 番荔枝内酯：明日抗癌之星 [J]. 有机化学，1995，15（2）：120-132.

[3] 韩金玉，于良涛，王华. 泡番荔枝辛：明日抗癌之星 [J]. 中草药，2002，33（4）：380-382.

[4] JOLAD S D，HOFFMANN J J，SCHRAM K H，et al. Uvaricin，a new antitumor agent from *Uvaria accuminata*（*Annonaceae*）[J]. Journal of organic chemistry，1982，47（16）：3151 -3153.

[5] 钟利，楼丽广，胥彬. 番荔枝科植物抗癌活性成分研究的新结果 [J]. 肿瘤，2003，23（2）：162 -163.

[6] 李艳芳，符立梧. 番荔枝内酯抗肿瘤作用研究进展 [J]. 中国药理学通报，2004，20

(3): 245-247.

[7] ARAYA H, HARA N, FUJIMOTO Y, et al. Squamostanal-A, apparently derived from tetrahydrofuranic acetogenin, from *Annona squamosa*[J]. Bioscience, biotechnology, and biochemistry, 1994, 58(6): 1146-1147.

[8] XIE H H, WEI X Y, WANG J D, et al. A new cytotoxic acetogenin from the seeds of *Annona squamosa*[J]. Chinese chemical letters, 2003, 14(6): 588-590.

[9] LIEB F, NONFON M, WACHENDORFF-NEUMANN U, et al. Annonacins and annonastatin from *Annona squamosa*[J]. Planta medica, 1990, 56(3): 317-319.

[10] HOPP D C, ZENG L, GU Z M, et al. Novel mono-tetrahydrofuran ring acetogenins, from the bark of *Annona squamosa*, showing cytotoxic selectivities from the human pancreatic carcinoma cell line, PACA-2[J]. Journal of natural products, 1997, 60(6): 581-586.

[11] HOPP D C, ALALI F Q, GU Z M, et al. Mono-THF ring annonaceous acetogenins from *Annona squamosa*[J] . Phytochemistry, 1998, 47(5): 803-809.

[12] RAHMAN M M, PARVIN S, HAQUE M E, et al. Antimicrobial and cytotoxic constituents from the seeds of *Annona squamosa*[J]. Fitoterapia, 2005, 76(5): 484-489.

[13] 郑祥慈,杨仁洲,秦国伟,等. 番荔枝种子中的3个新的番荔枝内酯 [J]. 植物学报, 1995, 37(3): 238-243.

[14] 杨世林,余竞光,徐丽珍. 番荔枝科植物化学成分及其抗肿瘤活性 [J]. 中国医学科学院学报,2000, 22(4): 376-382.

[15] 余竞光,罗秀珍,孙兰,等. 番荔枝种子化学成分研究 [J]. 药学学报, 2005, 40(2): 153-158.

[16] ARAYA H, HARA N, FUJIMOTO Y, et al. Squamosten-A, a novel mono-tetrahydrofuranic acetogenin with a double bond in the hydrocarbon chain, from *Annona squamosa* L.[J]. Chemical and pharmaceutical bulletin, 1994, 42(2): 388-391.

[17] LI X H, HUI Y H, RUPPRECHT J K, et al. Bullatacin, bullatacinone, and squamone, a new bioactive acetogenin, from the bark of *Annona squamosa*[J]. Journal of natural products, 1990, 53(1): 81-86.

[18] FUJIMOTO Y, EGUCHI T, KAKINUMA K, et al. Squamocin, a new cytotoxic bis-tetra-hydrofuran containing acetogenin from *Annona squamosa*[J]. Chemical and pharmaceutical bulletin, 1988, 36(12): 4802-4806.

[19] KAWAZU K, ALCANTARA J P, KOBAYASHI A. Isolation and structure of neoannonin, a novel insecticidal compound from the seeds of *Annona squamosa*[J]. Agricultural and biological chemistry, 1989, 53(10): 2719-2722.

[20] BORN L，LIEB F，LORENTZEN J P，et al. The relative configuration of acetogenins isolated from *Annona squamosa*：annonin Ⅰ（squamocin）and annonin-Ⅵ[J]. Planta medica，1990，56（3）：312-316.

[21] SAHAI M，SINGH S，SINGH M，et al. Annonaceous acetogenins from the seeds of *Annona squamosa*：adjacent bis-tetrahydrofuranic acetogenins[J]. Chemical and pharmaceutical bulletin，1994，42（6）：1163-1174.

[22] HOPP D C，ZENG L，GU Z M，et al. Squamotacin：an annonaceous acetogenin with cytotoxic selectivity for the human prostate tumor cell line（PC-3）[J]. Journal of natural products，1996，59（2）：97-99.

[23] HOPP D C，ALALI F Q，GU Z M，et al. Three new bioactive bis-adjacent THF-ring acetogenins from the bark of *Annona squamosa*[J]. Bioorganic & medicinal chemistry，1998，6（5）：569-575.

[24] ARAYA H，SAHAI M，SINGH S，et al. Squamocin-O_1 and squamocin-O_2，new adjacent bis-tetrahydrofuranic acetogenins from the seeds of *Annona squamosa*[J]. Phytochemistry，2002，61（8）：999-1004.

[25] 杨仁洲，郑祥慈，吴淑君，等. 番荔枝化学成分研究 [J]. 云南植物研究，2000，22（1）：71-74.

[26] 杨仁洲，郑祥慈，吴淑君，等. 阿诺西林甲：一个新的裂叁四氢呋喃环型的番荔枝内酯 [J]. 植物学报，1995，37（6）：492-495.

[27] NONFON M，LIEB F，MOESCHLER H，et al. Four annonins from *Annona squamosa*[J]. Phytochemistry，1990，29（6）：1951-1954.

[28] FUJIMOTO Y，MURASAKI C，KAKINUMA K，et al. Squamostatin-A：unprecedented bis-tetrahydrofuran acetogenin from *Annona squamosa*[J]. Tetrahedron letters，1990，31（4）：535-538.

[29] 余竞光，罗秀珍，刘春雨，等. 番荔枝种子化学成分研究 [J]. 药学学报，1994，29（6）：443-448.

[30] 杨仁洲，郑祥慈，谢海辉，等. 番荔枝种子化学成分研究（5）[J]. 云南植物研究，1999，21（3）：381-385.

[31] FUJIMOTO Y，MURASAKI C，SHIMADA H，et al. Annonaceous acetogenins from the seeds of *Annona squamosa*：non-adjacent bis-tetrahydrofuranic acetogenins[J]. Chemical and pharmaceutical bulletin，1994，42（6）：1175-1184.

[32] 杨仁洲，郑祥慈，秦国伟，等. 番荔枝西宁甲：一个新的邻叁四氢呋喃环型的番荔枝内酯 [J]. 植物学报，1994，36（10）：809-812.

[33] BHAKUNI D S，TEWARI S，DHAR M M. Aporphine alkaloids of *Annona squamo-*

sa[J]. Phytochemistry, 1972, 11(5): 1819-1972.

[34] BETTARINI F, BORGONOVI G E, FIORANI T, et al. Antiparasitic compounds from east African plants: isolation and biological activity of anonaine, matricarianol, canthin-6-one and caryophyllene oxide[J]. International journal of tropical science, 1993, 14(1): 93-99.

[35] BHAUMIK P K, MUKHERJEE B, JUNEAU J P, et al. Alkaloids from leaves of *Annona squamosa*[J]. Phytochemistry, 1979, 18(9): 1584-1586.

[36] WAGNER H, REITER M, FERSTL W. New drugs with cardiotonic activity Ⅰ. Chemistry and pharmacology of the cardiotonic active principle of *Annona squamosa* L.[J]. Planta medica, 1980, 40(1): 77-85.

[37] LEBOEUF M, CAVE A, TOUCHE A, et al. Isolation of higenamine from *Annona squamosa*: use of absorbant macromolecular resins in extractive phytochemistry[J]. Journal of natural products, 1981, 44(1): 53-60.

[38] MORITA H, SATO Y, CHAN K L, et al. Samoquasine A, a benzoquinazoline alkaloid from the seeds of *Annona squamosa*[J]. Journal of natural products, 2000, 63(12): 1707-1708.

[39] YANG Y L, CHANG F R, WU Y C. Annosquline: a novel alkaloid from the stems of *Annona squamosa*[J]. Helvetica chimica acta, 2004, 87(6): 1392-1399.

[40] LI C M, TAN N H, MU Q, et al. Cyclopeptide from the seeds of *Annona squamosa*[J]. Phytochemistry, 1997, 45(3): 521-523.

[41] MORITA H, SATO Y, KOBAYASHI J. Cyclosquamosins A-G, cyclic peptides from the seeds of *Annona squamosa*[J]. Tetrahedron, 1999, 55(24): 7509-7518.

[42] MORITA H, IIZUKA T, CHOO C Y, et al. Vasorelaxant activity of cyclic peptide, cyclosquamosin B, from *Annona squamosa*[J]. Bioorganic & medicinal chemistry letters, 2006, 16(17): 4609-4611.

[43] SHI J X, WU H M, HE F H, et al. Squamin-A, novel cyclopeptide from *Annona squamosa*[J]. Chinese chemical letters, 1999, 10(4): 299-302.

[44] 闵知大，史剑侠，李娜，等. 番荔枝中的一对环肽构象异构体 [J]. 中国药科大学学报，2000，31(5)：332-338.

[45] JIANG R W, LU Y, MIN Z D, et al. Molecular structure and pseudopolymorphism of squamtin A from *Annona squamosa*[J]. Journal of molecular structure, 2003, 655(1): 157-162.

[46] WU Y C, HUNG Y C, CHANG F R, et al. Identification of ent-16 beta, 17-dihydroxykauran-19-oic acid as an anti-HIV principle and isolation of the new diterpenoids

annosquamosins A and B from *Annona squamosa*[J]. Journal of natural products，1996，59（6）：635-637.

[47] YANG Y L，CHANG F R，WU C C，et al. New ent-kaurane diterpenoids with anti-platelet aggregation activity from *Annona squamosa*[J]. Journal of natural products，2002，65（10）：1462-1467.

[48] BEHARI M，SHARMAR K. Isolation of 16-hentriacontanone，alcohols and sterols from the leaves of *Annona squamosa*[J]. Journal of the Indian chemical society，1986，63（2）：255-256.

[49] FORGACS P，DESCONCLOIS J F，PROVOST J，et al. New nitrated glycoside extracted from *Annona squamosa*[J]. Phytochemistry，1980，19（6）：1251-1252.

[50] YANG Y L，CHANG F R，WU Y C. Squadinorlignoside：a novel 7，9′-dinorlignan from the stems of *Annona squamosa*[J]. Helvetica chimica acta，2005，88（10）：2731-2737.

[51] GARG S N，GUPTA D. Composition of the leaf oil of *Annona squamosa* L. from the north Indian plains[J]. Journal of essential oil research，2005，17（3）：257-258.

[52] CHAVAN M J，SHINDE D B，NIRMAL S A. Major volatile constituents of *Annona squamosa* L. bark[J]. Natural product research，2006，20（8）：754-757.

[53] SHANKER K S，KANJILAL S，RAO B V S K，et al. Isolation and antimicrobial evaluation of isomeric hydroxyl ketones in leaf cuticular waxes of *Anonna squamosa*[J]. Phytochemical analysis，2007，18（1）：7-12.

[54] 杨海军，张宁，曾庆琪，等. 超临界 CO_2 萃取番荔枝内酯优选工艺研究 [J]. 现代中药研究与实践，2011，25（1）：37-39.

[55] 杨涛华，张晴雯，龚霄，等. 基于顶空气相 - 离子迁移色谱的不同品种番荔枝挥发性成分比较 [J]. 食品工业科技，2021，42（16）：249-254.

第四节 波罗蜜

一、波罗蜜概述

波罗蜜（*Artocarpus heterophyllus* Lam.）又称为菠萝蜜、苞萝、木菠萝、树菠萝、大树菠萝、蜜冬瓜、牛肚子果，是被子植物门、双子叶植物纲、荨麻目、桑科、波罗蜜属的常绿乔木。树高 10~20 m，胸径达 30 ~ 50 cm，树皮黑褐色；小枝粗 2 ~ 6 mm，具纵皱纹且平滑，无毛；叶革质，椭圆形，螺旋状排列；花雌雄同株，花序生于老茎或短枝上；果实成熟时表皮呈黄褐色，表面有瘤状凸体和粗毛。聚花果椭圆形至球形或不规则形状，长 30 ~ 100 cm，直径

25～50 cm，幼时浅黄色，成熟时黄褐色，表面有坚硬的六角形瘤状凸体和粗毛；核果长椭圆形，长约 3 cm，直径 1.5～2 cm。花期 2—8 月，果熟期 5—11 月。波罗蜜的花生长在树干或粗枝上，为茎花植物。茎花植物是热带雨林的主要特征之一，只在多雨的热带地区才有。波罗蜜一边开花，一边结果，但其花果难辨，开花时看不到艳丽的花朵，就悄然结出了硕大的果。鲜果果肉香甜爽滑，有特殊的蜜香味。

二、波罗蜜的产地与品种

（一）波罗蜜的产地

波罗蜜原产于印度西高止山，隋唐时期从印度传入中国，称为“频那裟”（梵文 panasa），宋代改为波罗蜜，并沿用至今。目前广泛分布于东南亚尼泊尔、印度、不丹、马来西亚等地的热带森林和河岸，在我国海南、福建、台湾、广东、广西、云南等地常有栽培。波罗蜜喜热带气候，温度高低是决定其能否经济栽培最重要的环境因素。适宜生长于无霜冻、年降雨量充沛的地区。喜光，生长迅速，幼时稍耐阴，喜深厚、肥沃的土壤，忌积水。在年平均气温≥22 ℃、最冷月平均气温≥13 ℃、最低温度>0 ℃的地区能正常开花结果。商品化栽培应该在最冷月温度较高的地方发展。波罗蜜在有充足的水分、年降雨量在 1 200 mm 以上的地区生长较好。它根系深生，相当耐旱，但应注重防旱保湿，尤其是秋冬季，为了保证作物正常生长，最好有灌溉措施。波罗蜜要求阳光充足，但又相当耐阴，幼苗忌强烈的阳光，故可与荔枝、龙眼、黄皮、香蕉和大蕉间种，适当合理密植并多留营养枝梢。波罗蜜对土壤要求不高，多数土壤都能满足其生长要求，但以肥沃、潮湿、深厚的土壤为最好。

波罗蜜是热带水果，也是世界上最重的水果，一般重达 5～20 kg，最重超过 59 kg。果肉鲜食或加工成罐头、果脯、果汁。种子富含淀粉，可煮食；树液和树叶可药用，消肿解毒；果肉有止渴、通乳、补中益气的功效。波罗蜜树形整齐，冠大荫浓，果奇特，是优美的庭荫树和行道树。上百年的波罗蜜树木质金黄、材质坚硬，可制作家具，也可制作黄色染料。波罗蜜树干通直，树性强健，树冠茂密，产果量多，是优良的园林绿化用材，可在庭院内、道路两旁、公园中种植，枝叶茂盛，产量高，品质好，既可美化环境，又可以起到遮阴、观果的园林效果。另外，波罗蜜树材质略硬而轻，色泽鲜黄，纹理细致、美观，百年不腐，白蚁不近，是上等的家具用材，树根可制作珍贵的木雕，能获得比较好的经济效益。

（二）波罗蜜的品种

我国将波罗蜜分为干苞和湿苞 2 种类型，其他国家对波罗蜜品种的分类与我国类似，基本上也分为 2 类：软肉型（soft flesh，soft jackfruit），果实完全成熟后能徒手剥开，肉甜，质软，果汁多；脆肉型（firm flesh，hard jackfruit），果实不易徒手剥开，需用刀剥开，果肉硬而脆，甜度变化较大。

1. 国内品种

波罗蜜有30多个品种，国内常见的有下列几种。

1）油苞波罗蜜

果实特征：果实呈不规则的球形，类似于畸形的球形，质量为2.5～5 kg，树体粗大，在养分充足的情况下果实还会更大。

果肉特点：果肉黄色，呈柔软的稀烂状态，故又被叫作烂苞波罗蜜，香味浓烈，甜度很高。

2）黄肉干苞波罗蜜

果实特征：果实正常的形状是球形，个头比较大，质量为5～15 kg，最大的超过20 kg。

果肉特点：果肉在完全成熟的时候呈淡黄色，干爽，没有水分流出来，甜度在土壤含水量低、有机肥多的条件下很高，香味也更加浓烈。

3）白肉干苞波罗蜜

果实特征：果实呈球形，质量为5～12.5 kg。

果肉特点：果肉呈半透明的乳白色，类似于白玉的颜色，这也是人们称之为白玉波罗蜜的来由，果肉清甜，柔软爽口，甜而不腻。

4）马来西亚一号波罗蜜

果实特征：果实巨大，呈长椭圆形，是目前最大的波罗蜜品种，质量为15～20 kg，最大的超过55 kg。

果肉特点：肉质爽脆，甜度很低，大部分当地人还用其来做菜。

5）泰国八号红肉波罗蜜

果实特征：果实呈椭圆形，质量为5～10 kg。

果肉特点：果肉厚实，爽脆，微微发红，类似于橙色，有一股橙子的香味，只是市场上销售的都是八成熟的，所以很难品尝到真正的味道。

2. 国外品种

国外的波罗蜜品种较多，其中较好的有以下几种。

1）Bali Beauty

印度尼西亚巴厘岛选育。树冠直立，树势中等，树冠大小很容易保持在3.0 m以下；果实长圆形，果大，单果重8～10 kg；果肉暗橙黄色，肉质中等硬，风味优、甜，食后无余味；年株产60 kg。

2）Black Old

澳大利亚昆士兰选育。树冠开张、伸展，枝条密集，树势壮旺，生长速度快，通过每年修剪可使树冠大小维持在2.0～2.5 m；果实长、尖，大小中等，单果重6.7 kg；果皮暗绿色，刺尖锐，成熟时不变平，不开裂，因而要正确判断果实的成熟时间较困难；果肉橙黄色至深橙黄色，肉质中等硬，容易从果实中取出，风味甜，浓香，易化渣，品质好，可食率35%；平均每果含种子192粒，占果重的17%；高产、稳产，年株产55～90 kg；迟熟（产地9—10月成熟）。

3）Chompa Gob

泰国选育，曾是泰国最好的品种。树冠开张、伸展，生长速度快，树冠较小，易于通过修剪将树冠大小控制在3.0～3.5 m；果实短圆形，果形一致，大小中等，单果重8.4 kg；果皮淡绿色至黄色，刺尖锐，成熟时变平；果肉橙黄色至深橙黄色，质脆，味香甜，果胶少，易于食用，可食率30%；每果约含种子200粒，占果重的7%；产量中等，年株产45～60 kg；中熟（7—8月成熟）。

4）Cheena

澳大利亚选育，是波罗蜜和小波罗蜜的自然杂交种。树冠开张、伸展、低矮，生长速度中等，每年修剪可很容易地将树冠大小控制在2.5 m以内；果实细长形，较小，单果重2.4 kg，果形和果实大小一致；果皮绿色，成熟时变黄、变平，轻微开裂；果肉极易从果实中取出，深橙黄色，质地软，易化渣，有稍许纤维感，品质优，香气浓郁，有土味，可食率33%；每果含种子38粒左右，占果重的11%；产量中等，稳产，年株产50～70 kg；中熟（7—8月成熟）。

5）Cochin

澳大利亚选育。树冠稀疏、直立，冠幅窄，生长速度较慢，每年轻度修剪即可控制冠高为2.0～2.5 m、冠径为1.5 m；果实圆形，不规则，较小，单果重1.5 kg；成熟时果刺变平，果皮平滑、开裂；果肉黄色至橙黄色，质地硬，稍甜，香味淡，果胶少，可食率35%～50%；一年中有些时期所结的成熟果实果腱也可鲜食；每果含种子35粒，占果重的7%；产量中等，年株产38～50 kg；早熟（6—7月成熟）；中产和高产后树势容易衰退。

6）Dang Rasimi

泰国选育。树冠开张、伸展，生长速度快，是波罗蜜中树势最强的品种之一，需每年修剪以维持3.0～3.5 m的冠幅；果实长圆形，疏果保持每枝1个果时，果形整齐一致；果实较大，单果重8 kg；果皮亮绿色至淡黄色，刺尖锐且成熟时不变平，不开裂；果肉薄，深橙黄色，质地硬，稍甜，有清淡的甜香味，可食率32%；每果含种子187粒，占果重的12%；非常高产，年株产75～125 kg（而且树势仍很健壮）；中熟（7—8月成熟）。

7）Gold Nugget

澳大利亚昆士兰选育。枝条密集，树冠伸展，生长速度快，树冠大小易控制在2.0～2.5 m；叶片深绿色，圆形；果实圆形，果小，单果重3.2 kg；果皮绿色，刺尖锐，成熟时金黄色，刺变平钝；果肉深橙黄色，视果实成熟度质地软至中等硬，易化渣，风味优，可食率41%；每果含种子79粒，占果重的13%；高产、稳产，年株产60～80 kg；早熟（5—6月成熟）；遇暴雨会发生熟前裂果；推荐疏果。

8)Honey Gold

澳大利亚昆士兰选育。树冠稀疏、伸展,生长速度慢至中等,树冠小,每年修剪能容易地将树冠大小控制在 2.5 m 以内;果实短圆形,小至中等小,单果重 4.5 kg;果皮暗绿色,刺小而尖锐,成熟后开裂,变为金黄色;果肉深黄色至橙黄色,质地硬,有浓郁的甜香味,可食率 36%;每果含种子 42 粒,占果重的 5%;产量中等,年株产 35 ~ 50 kg;中熟(7—8 月成熟);为维持旺盛的生长,需进行疏果。

9)J-30

马来西亚选育。树势强,树冠开张、锥形,生长速度快,需每年修剪以维持树冠大小在 3.0 m 左右;单果挂在主干上,长圆形,果形一致,大小中等,单果重 7.6 kg;果皮暗绿色,成熟时刺变平钝;果肉深橙黄色,质地硬,风味浓甜,清香,可食率 38%;每果含种子 200 粒,占果重的 9%;产量中等,年株产 50 ~ 60 kg;中熟(7—8 月成熟)。

10)J-31

马来西亚选育。树冠开张、伸展,生长速度快,树势中等,每年修剪可容易地将树冠大小控制在 2.0 ~ 2.5 m;果形不规则,果很大,单果重 12 kg;钝刺明显,成熟时变平;果肉深黄色,质地硬,风味甜,具有浓郁的土香,可食率 36%;每果含种子 180 粒,占果重的 18%;产量中等,年株产 42 ~ 60 kg;早熟(5—6 月成熟);大小年严重,经常在秋季和冬季产生反季节果;果实很少开裂。

11)Kun Wi Chan

泰国选育。树势强旺,枝条密集,生长速度快,需每年修剪以维持 4.0 m 左右的冠幅;果实圆形,果形一致,果大,单果重 15 kg;刺尖锐,成熟时不变平;果肉黄色,质地中等硬至软,风味淡,品质一般,可食率 29%;每果含种子 210 粒,约占果重的 11%;非常高产,年株产可达 110 kg;中熟(7—8 月成熟)。

12)Lemon Gold

澳大利亚昆士兰选育。树势中等,树冠开张,生长速度中等;每年修剪可维持树冠大小在 3.5 m 以内;果实短圆形,中等小,单果重 6 kg;果皮亮绿色,肉质刺明显,成熟时变平;果肉柠檬黄色,质地硬,风味甜香,可食率 37%;每果含种子 104 粒,占果重的 14%;产量中等,年株产 30~45 kg;中熟(7—8 月成熟)。

13)Leung Bang

泰国选育。树势壮旺,树冠开张,需每年修剪以维持树冠大小在 3.5 m 以内;果实长椭圆形,大小变化大,平均在 6 kg 左右;果肉黄色,质地硬,风味甜香,食后无余味;产量中等,稳产,年株产 50 kg。

14)NS1

马来西亚选育。树势中等,枝条密集,树冠直立,生长速度中等,每年中度修剪可维持树冠大小在 2.5~3.0 m;果实短圆形,小至中等小,单果重 4.2 kg;果皮暗绿色,刺平而钝,成熟时刺变平，裂开；果肉暗橙黄色，质地硬，风味甜，香气浓郁，可食率34%；每果含种子63粒，占果重的5%；高产，年株产90 kg以上；早熟（5—6月成熟）；青壮树应进行疏果。

15）Singapore

新加坡选育。风味突出，在马来西亚和印度表现非常不错。树势中等，树冠开张，每年修剪可维持树冠大小在2.5~3.0 m；叶片大而美丽；果实中等大；果皮暗绿色，刺小而尖；果肉小，暗橙黄色，纤维性，质脆，极甜，风味丰富，品质优。

16）Sweet Fairchild

美国佛罗里达从Tabouey的实生苗中选育出。树冠直立，树势强旺，每年修剪可维持树冠大小在3.5 m以内；果实大，单果重8 kg；果皮淡绿色至黄色；果肉淡黄色，质地硬，风味淡甜；高产、稳产，年株产90 kg以上。

17）Tabouey

印度尼西亚选育。树冠开张，圆形，树势中等强旺，每年修剪可维持树冠大小在3.0 m以内；叶片小，暗绿色，圆形；果实细长，基部尖，经常畸形，收获前易发生无规律的开裂，亮黄色；果实中等至大，单果重9~11 kg；刺钝而不规则，成熟时不变平；果肉淡黄色，质地硬，稍甜，香味很淡，可食率40%；每果含种子250粒，占果重的12%；产量中等，年株产50~70 kg；迟熟（9—10月成熟）；青壮树应进行疏果。

18）Mastura（CJ-USM 2000）

马来西亚选育。由Dr Zainal Abidin和Lim Cheh Gaan历时6年选育出，为CJ-1（母本）、XC-6（父本）的杂交种。单果重40 kg，刺钝；成熟时果肉多汁，风味浓香；1.5年开始结果，5年后进入盛产期，年株产可达400 ~ 500 kg。

在马来西亚和印度，较好的波罗蜜品种还有Gluabi（玫瑰香味）、Champa（风味如小波罗蜜Chenpak）、Hazari（结果数多）、Rudrakshi（果实较小，如大柚子，果实圆形，果皮光滑）、Muttam Varika（地方品种，单果重可达7 kg，大小为76 cm× 23 cm）等。其他出众的品种还有Safeda、Kihaja Alla-habad、Bhusila、Bhadaiyan和Handia等。Hydrhiyalava、Bhadunha、Zarda和Bhusola等是一些生长在印度南部的地方株系。澳大利亚的品种还有Gallay、Ftroy、Nahen、Cheenax、Kapa、Mutton Varikkha等；泰国的品种还有Penivwaraka（又名Honey Jak，肉甜，有人认为是最好的品种）、Kuruwaraka（果实小，圆形）、Hazari（与Rudrakshi类似，有相对平滑的果皮和稍差的品质）等。

三、波罗蜜的营养成分和营养价值

（一）波罗蜜的营养成分

现代医学研究证实，波罗蜜果肉中不仅含有丰富的糖类、蛋白质、B族维生素（B_1、B_2、B_6）、维生素C、脂肪油、多酚、膳食纤维和氨基酸等营养成分，还含有丰富的矿物质，其中钙、镁含量特别高，锌、铁、钠、锰等有益元素也较多。绿色未成熟的果实可作为蔬菜食用。

波罗蜜的成分如表 1.4.1 所示。

表 1.4.1　波罗蜜成分表

食品中文名	波罗蜜	食品英文名	jackfruit
食品分类	水果类及其制品	可食部	100.00%
来源	美国营养素实验室	产地	美国
营养素含量（100 g 可食部食品中的含量）			
能量/kJ	397	蛋白质/g	1.7
脂肪/g	0.6	饱和脂肪酸/g	0.2
多不饱和脂肪酸/g	0.2	单不饱和脂肪酸/g	0.1
碳水化合物/g	23.2	胆固醇/mg	0
钠/mg	2	糖/g	19.1
维生素 B_2（核黄素）/mg	0.05	膳食纤维/g	1.5
维生素 B_{12}/μg	0	维生素 A/μg（视黄醇当量）	5
烟酸（烟酰胺）/mg	0.92	维生素 E/mg（α- 生育酚当量）	0.34
钾/mg	448	维生素 B_1（硫胺素）/mg	0.1
钙/mg	24	维生素 B_6/mg	0.33
锌/mg	0.13	维生素 C（抗坏血酸）/mg	13.7
磷/mg	21	叶酸/μg	24
镁/mg	29	铁/mg	0.2

（二）波罗蜜的营养价值

波罗蜜富含膳食纤维，有天然轻泻剂的作用。这种纤维对结肠黏膜有保护作用，并能绑定结肠内的致癌物质。新鲜果实含有少量维生素 A 和 β- 胡萝卜素、叶黄素、β- 玉米黄质等类黄酮色素。这些化合物有抗氧化作用，并对视力有好处。维生素 A 也是保持黏膜和皮肤健康的营养素。已证实吃富含维生素 A 和胡萝卜素的水果能预防肺病和口腔癌。此外，波罗蜜还是抗氧化剂维生素 C 的丰富来源，100 g 提供 13.7 mg，相当于日建议摄入量的 23%。吃维生素 C 含量丰富的水果能帮助身体更好地抵御感染并清除有害自由基。波罗蜜也是少量含 B 族复合维生素的水果之一，其中以维生素 B_6、烟酸、核黄素和叶酸含量最高。此外，新鲜水果也是钾、镁、锰和铁的理想来源。钾是人体细胞和体液重要的成分，在控制心率和血压方面扮演着重要角色。

四、波罗蜜中活性成分的提取、纯化与分析

（一）波罗蜜种子中淀粉的提取

1. 仪器、材料与试剂

BX51 正立荧光显微镜，日本奥林巴斯公司；NDA701 杜马斯定氮仪，意大利 VELP 公司；DK-98-Ⅱ电子调温电炉，天津泰斯特仪器有限公司；AL104 电子天平，梅特勒 - 托利多仪器有限公司；MB45 快速水分测定仪，梅特勒 - 托利多仪器有限公司；SCIENTZ-18ND 冷冻干燥机，宁波新芝生物科技股份有限公司；DHG-9625A 鼓风干燥箱，上海一恒科学仪器有限公司；HHS-8S 电热恒温水浴锅，上海宜昌仪器纱筛厂；1024 数显恒温水浴振荡器，丹麦福斯公司；DLSB-5 L/10 低温冷却循环泵，巩义市予华仪器有限责任公司；SHB-ⅢS 型台式循环水式多用真空泵，郑州长城科工贸有限公司；LXJ-ⅡB 自动脱盖离心机，上海安亭科学仪器厂；胶体磨，上海科劳机械设备有限公司。

波罗蜜种子为马来西亚一号，2015 年 7 月由中国热带农业科学院香料饮料研究所提供。

P7（Protex-7 L），丹麦 Novozymes 公司；P6（Protex-6 L），丹麦 Novozymes 公司；PBL（Protease from Bacillus licheniformis），美国 Sigma 公司；PBS（Protease from Bacillus sp），美国 Sigma 公司；中性蛋白酶 SDN（SD-NY10），日本天野酶制剂；中性蛋白酶 ANP（Alphalase NP），丹麦丹尼斯克公司；十二烷基硫酸钠，美国 Sigma 公司；其他试剂均为分析纯。

2. 实验方法

1）湿磨法

将新鲜的波罗蜜种子放入鼓风干燥箱内烘干 1.5 h，至外皮略干、内皮湿润时快速去皮。加入蒸馏水，用多功能磨浆机进行粗粉碎，所得粗浆用胶体磨研磨 2 min。打浆后进行离心，弃去上清液，收集沉淀物进行冷冻干燥，保存待用。

2）碱液提取法

将湿磨法的沉淀物与 0.2% 的 NaOH 溶液以 1∶5 的比例混合，置于摇床中在 50 ℃下反应 36 h，反应结束后过 80 目筛，滤渣水洗过滤 2 次，合并滤液离心（3 000 r/min，5 min），刮去沉淀物上层的褐色皮，沉淀再水洗多次，抽滤后真空干燥（−30~0 ℃冷冻 3 h，50 ℃恒温真空干燥 10 h）。

3）蛋白酶提取法

将湿磨法的沉淀物与 0.1% 的蛋白酶溶液以 1∶5 的比例混合，置于摇床中在 50 ℃下反应 36 h，反应结束后过 80 目筛，滤渣水洗过滤 2 次，合并滤液离心（3 000 r/min，5 min），刮去沉淀物上层的褐色皮，沉淀再水洗多次，抽滤后真空干燥（−30~0 ℃冷冻 3 h，

50 ℃恒温真空干燥 10 h）。

4）十二烷基硫酸钠提取法（表面活性剂法）

将湿磨法的沉淀物与 1.2% 的表面活性剂（SDS）溶液以 1∶5 的比例混合，置于摇床中在 50 ℃下反应 36 h，反应结束后过 80 目筛，滤渣水洗过滤 2 次，合并滤液离心（3 000 r/min，5 min），刮去沉淀物上层的褐色皮，沉淀再水洗多次，抽滤后真空干燥（-30~0 ℃下冷冻 3 h，50 ℃恒温真空干燥 10 h）。

5）波罗蜜种子样品化学成分的分析

水分含量的测定，快速水分测定仪；蛋白质含量的测定，杜马斯定氮仪；脂肪含量的测定，索氏抽提法，GB 5009.6—2016《食品安全国家标准　食品中脂肪的测定》；淀粉含量的测定，酸水解法，GB 5009.9—2016《食品安全国家标准　食品中淀粉的测定》。

6）波罗蜜种子淀粉提取率的测定

$$波罗蜜种子淀粉的提取率=\frac{提取得到的波罗蜜种子淀粉质量（干基）}{波罗蜜种子中淀粉质量（干基）}\times 100\%$$

3. 实验结果

1）波罗蜜种子淀粉的提取率

波罗蜜种子中淀粉的含量为 58%，其中直链淀粉的含量为 35.31%，支链淀粉的含量为 64.69%。由表 1.4.2 可知，用湿磨法、碱液（氢氧化钠和硫代硫酸钠）提取法、蛋白酶（P7、PBS、ANP、SDN、PBL、P6）提取法、表面活性剂法制得的波罗蜜种子淀粉样品淀粉的提取率分别为 18.92%、64.46%、63.82%、55.30%、66.68%、43.57%、46.89%、52.48%、41.03%、70.55%。淀粉的提取率最高的是用表面活性剂法提取得到的淀粉，表面活性剂法是实验室制备淀粉的常用方法。用酶提取法制得的波罗蜜种子淀粉样品淀粉的提取率为 41.03%~66.68%。与碱液提取法、表面活性剂法相比，用酶提取法制得的波罗蜜种子淀粉样品淀粉的提取率最低，比碱液提取法低 22.79%，比表面活性剂法低 29.52%。与湿磨法相比，用酶提取法制得的波罗蜜种子淀粉样品淀粉的提取率较高。酶提取法分离淀粉和蛋白质的原理是将淀粉外包裹的蛋白质水解，使蛋白质与淀粉的结合变疏松，从而分离。酶提取法淀粉的提取率均低于碱液提取法和表面活性剂法的原因可能是波罗蜜种子淀粉结构紧密，蛋白质不易与淀粉分离。

2）波罗蜜种子淀粉的蛋白质和脂肪残留量

所有波罗蜜种子淀粉样品的蛋白质残留量为 0.89%~3.68%，其中蛋白质残留量最高的是采用湿磨法提取的波罗蜜种子淀粉，为 3.68%，其次为采用表面活性剂法提取的波罗蜜种子淀粉，为 2.16%。用酶提取法制得的波罗蜜种子淀粉样品的蛋白质残留量为 0.96%~1.27%。用碱液（氢氧化钠和硫代硫酸钠）提取法制得的波罗蜜种子淀粉样品的蛋白质残留量分别是 0.89%、1.13%，其中氢氧化钠提取法是所有方法中蛋白质残留量最低的。

表 1.4.2 用不同方法制备的波罗蜜种子淀粉样品的化学成分

样品	水分含量/%	蛋白质含量/%	脂肪含量/%	淀粉提取率/%
氢氧化钠提取法	0.10 i	0.89 e	0.25 d	64.46 c
硫代硫酸钠提取法	0.09 i	1.13 cd	0.18 e	63.82 d
十二烷基硫酸钠提取法	0.33 h	2.16 b	0.13 f	70.55 a
P7 提取法	0.95 d	1.04 de	0.09 g	55.30 e
PBS 提取法	0.83 f	1.15 cd	0.87 a	66.68 b
ANP 提取法	1.42 c	0.96 de	0.02 h	43.57 h
SDN 提取法	0.90 e	0.97 de	0.66 c	46.89 g
PBL 提取法	2.27 b	0.96 de	0.64 c	52.48 f
P6 提取法	0.65 g	1.27 c	0.78 b	41.03 i
湿磨法	10.31 a	3.68 a	0.66 c	18.92 j

注：同一列相同的字母代表 $P<0.05$ 水平无显著性差异。

波罗蜜种子中脂肪的含量较少，用酶提取法、碱液提取法、湿磨法、表面活性剂法提取波罗蜜种子中的淀粉，脂肪残留量有显著性差异（$P<0.05$）。用中性蛋白酶（PBS）提取的波罗蜜种子淀粉的脂肪残留量较高，为 0.87%。

3）讨论

用湿磨法制得的波罗蜜种子淀粉样品淀粉的提取率最低，且蛋白质和脂肪残留量较高。用碱液提取法制得的波罗蜜种子淀粉样品淀粉的提取率较高，脂肪和蛋白质残留量低。用碱液提取的波罗蜜种子淀粉蛋白质残留量最低，是由于碱液对蛋白质分子间的次级键特别是氢键有破坏作用，可使某些极性基团发生离解，致使蛋白质分子表面具有相同的电荷，从而对蛋白质分子有增溶作用，降低蛋白质残留量。但用碱液提取波罗蜜种子淀粉会产生大量碱液，造成环境污染。用表面活性剂法制得的波罗蜜种子淀粉蛋白质和脂肪残留量较高，淀粉的提取率高，但只适用于实验室。综上，以上三种方法均不适用于波罗蜜种子淀粉的工业化生产。用酶提取法制得的波罗蜜种子淀粉样品淀粉的提取率居中，蛋白质残留量低。其中 PBS 提取法淀粉的提取率高，但蛋白质和脂肪残留量也高，P7 提取法淀粉的提取率仅次于 PBS 提取法，蛋白质和脂肪残留量低。

（二）波罗蜜中维生素 A 和维生素 E 的分析

试样中的维生素 A 和维生素 E 经皂化（含淀粉，先用淀粉酶酶解）、提取、净化、浓缩后，用 C30 或 PFP 反相液相色谱柱分离，用紫外检测器或荧光检测器检测，用外标法定量。

1. 仪器与试剂

分析天平（感量为 0.01 mg）；恒温水浴振荡器；旋转蒸发仪；氮吹仪；紫外分光光度

计；分液漏斗；萃取净化振荡器；高效液相色谱仪（带紫外检测器、二极管阵列检测器或荧光检测器）。

除另有说明外，本法所用试剂均为分析纯，水为 GB/T 6682《分析实验室用水规格和试验方法》中规定的一级水。

无水乙醇（C_2H_5OH），经检查不含醛类物质；抗坏血酸（$C_6H_8O_6$）；氢氧化钾（KOH）；乙醚 [（CH_3CH_2）$_2$O]；石油醚（$C_5H_{12}O_2$），沸程为 30 ~ 60 ℃；无水硫酸钠（Na_2SO_4）；pH 试纸（范围为 1 ~ 14）；甲醇（CH_3OH）；淀粉酶，活力 ≥ 100 U/mg；2，6- 二叔丁基对甲酚（$C_{15}H_{24}O$），简称 BHT；有机系滤膜（孔径为 0.22 μm）。

氢氧化钾溶液（50 g/100 g）：称取 50 g 氢氧化钾，加入 50 mL 水溶解，冷却后储存于聚乙烯瓶中。

石油醚 - 乙醚溶液（1 ∶ 1）：量取 200 mL 石油醚，加入 200 mL 乙醚，混匀。

维生素 A 标准品：视黄醇（$C_{20}H_{30}O$，纯度 ≥ 95%，CAS 号 68-26-8），或经国家认证并授予标准物质证书的标准物质。

维生素 E 标准品：α- 生育酚（$C_{29}H_{50}O_2$，纯度 ≥ 95%，CAS 号 10191-41-0），或经国家认证并授予标准物质证书的标准物质；β- 生育酚（$C_{28}H_{48}O_2$，纯度 ≥ 95%，CAS 号 148-03-8），或经国家认证并授予标准物质证书的标准物质；γ- 生育酚（$C_{28}H_{48}O_2$，纯度 ≥ 95%，CAS 号 54-28-4），或经国家认证并授予标准物质证书的标准物质；δ- 生育酚（$C_{27}H_{46}O_2$，纯度 ≥ 95%，CAS 号 119-13-1），或经国家认证并授予标准物质证书的标准物质。

维生素 A 标准储备溶液（0.50 mg/mL）：称取 25.0 mg 维生素 A 标准品，用无水乙醇溶解后转移入 50 mL 量瓶中，定容至刻度，此溶液浓度约为 0.50 mg/mL。将溶液转移至棕色试剂瓶中，密封后在 −20 ℃下避光保存，有效期为 1 个月。临用前将溶液升温至 20 ℃，并进行浓度校正。

维生素 E 标准储备溶液（1.00 mg/mL）：称取 α- 生育酚、β- 生育酚、γ- 生育酚和 δ- 生育酚各 50.0 mg，用无水乙醇溶解后转移入 50 mL 量瓶中，定容至刻度，此溶液浓度约为 1.00 mg/mL。将溶液转移至棕色试剂瓶中，密封后在 −20 ℃下避光保存，有效期为 6 个月。临用前将溶液升温至 20 ℃，并进行浓度校正。

维生素 A 和维生素 E 混合标准溶液中间液：吸取维生素 A 标准储备溶液 1.00 mL 和维生素 E 标准储备溶液 5.00 mL 置于同一个 50 mL 量瓶中，用甲醇定容至刻度，此溶液中维生素 A 浓度为 10.00 μg/mL，维生素 E 各生育酚浓度为 100.00 μg/mL。在 −20 ℃下避光保存，有效期为半个月。

维生素 A 和维生素 E 标准系列工作溶液：分别准确吸取维生素 A 和维生素 E 混合标准溶液中间液 0.20 mL、0.50 mL、1.00 mL、2.00 mL、4.00 mL、6.00 mL 置于 10 mL 棕色量瓶中，用甲醇定容至刻度，该标准系列工作溶液中维生素 A 浓度为 0.20 μg/mL、0.50 μg/mL、1.00 μg/mL、2.00 μg/mL、4.00 μg/mL、6.00 μg/mL，维生素 E 浓度为 2.00

μg/mL、5.00 μg/mL、10.00 μg/mL、20.00 μg/mL、40.00 μg/mL、60.00 μg/mL，临用前配制。

2. 实验方法

1）试样的制备

将一定数量的样品按要求进行缩分、粉碎、均质后，储存于样品瓶中，避光冷藏，尽快测定。（注意事项：使用的所有器皿都不得含有氧化性物质；分液漏斗活塞玻璃表面不得涂油；处理过程应避免紫外光照射，尽可能避光操作；提取过程应在通风橱中操作。）

2）试样的处理

（1）皂化。

不含淀粉样品：称取 2~5 g（精确至 0.01 g）经均质处理的固体试样或 50 g（精确至 0.01 g）液体试样置于 150 mL 平底烧瓶中，固体试样需加入约 20 mL 温水，混匀，再加入 1.0 g 抗坏血酸和 0.1 g BHT，混匀，加入 30 mL 无水乙醇，加入 10~20 mL 氢氧化钾溶液，边加边振摇，混匀后于 80 ℃的恒温水浴中振荡皂化 30 min，皂化后立即用冷水冷却至室温。注：皂化时间一般为 30 min，如皂化液冷却后液面有浮油，需要加入适量氢氧化钾溶液，并适当延长皂化时间。

含淀粉样品：称取 2~5 g（精确至 0.01 g）经均质处理的固体试样或 50 g（精确至 0.01 g）液体样品置于 150 mL 平底烧瓶中，固体试样需加入约 20 mL 温水，混匀，再加入 0.5~1.0 g 淀粉酶，放入 60 ℃的水浴中避光恒温振荡 30 min 后取出，向酶解液中加入 1.0 g 抗坏血酸和 0.1 g BHT，混匀，加入 30 mL 无水乙醇，加入 10~20 mL 氢氧化钾溶液，边加边振摇，混匀后于 80 ℃的恒温水浴中振荡皂化 30 min，皂化后立即用冷水冷却至室温。

（2）提取。

将皂化液用 30 mL 水转入 250 mL 分液漏斗中，加入 50 mL 石油醚 - 乙醚溶液，振荡萃取 5 min，将下层溶液转移至另一个 250 mL 分液漏斗中，加入 50 mL 石油醚 - 乙醚溶液再次萃取，合并醚层。注：如只测维生素 A 与 α- 生育酚，可用石油醚做提取剂。

（3）洗涤。

用约 100 mL 水洗涤醚层，约需重复 3 次，直至将醚层洗至中性（可用 pH 试纸检测下层溶液的 pH 值），去除下层水相。

（4）浓缩。

将洗涤后的醚层经 3 g 无水硫酸钠滤入 250 mL 旋转蒸发瓶或氮气浓缩管中，用 15 mL 石油醚冲洗分液漏斗和无水硫酸钠 2 次，并入旋转蒸发瓶，并将旋转蒸发瓶或氮气浓缩管接在旋转蒸发仪或气体浓缩仪上，于 40 ℃的水浴中减压蒸馏或气流浓缩，待瓶中的醚液剩下约 2 mL 时，取下蒸发瓶，立即用氮气吹干。用甲醇分次将蒸发瓶中的残留物溶解并转移至 10 mL 量瓶中，定容至刻度。溶液过 0.22 μm 有机系滤膜后供高效液相色谱测定。

3）色谱条件

色谱柱，C18 柱（4.6 mm × 250 mm，3 μm），或相当者；柱温，20 ℃；流动相 A，水；流动相 B，甲醇。

色谱洗脱梯度参考条件如表 1.4.3 所示：流速，0.8 mL/min；紫外检测波长，维生素 A 为 325 nm，维生素 E 为 294 nm；进样量，10 μL。

表 1.4.3　色谱洗脱梯度参考条件

时间/min	流动相 A/%	流动相 B/%	流速/（mL/min）
0	4	96	0.8
13	4	96	0.8
20	0	100	0.8
24	0	100	0.8
24.5	4	96	0.8
30	4	96	0.8

注 1：如难以将柱温控制在（20 ± 2）℃，可改用 PFP（五氟代苯基）柱分离异构体，流动相为水和甲醇，梯度洗脱。

注 2：如样品中只含 α- 生育酚，不需分离 β- 生育酚和 γ- 生育酚，可选用 C18 柱，流动相为甲醇。

注 3：如有荧光检测器，可选用荧光检测器检测，其对生育酚的检测有更高的灵敏度和更好的选择性。可按以下波长检测：维生素 A 激发波长 328 nm，发射波长 440 nm；维生素 E 激发波长 294 nm，发射波长 328 nm。

4）标准曲线的绘制

本实验采用外标法定量。将维生素 A 和维生素 E 标准系列工作溶液分别注入高效液相色谱仪中，测定相应的峰面积，以峰面积为纵坐标，以标准系列工作溶液浓度为横坐标绘制标准曲线，计算直线回归方程。

5）试样的测定

试样经高效液相色谱仪分析测得峰面积，采用外标法通过上述标准曲线计算其浓度。在测定过程中，建议每测定 10 个试样用同一份标准溶液或标准物质检查仪器的稳定性。

（三）波罗蜜中苹果酸、柠檬酸等有机酸的分析

1. 仪器与试剂

美国 Agilent 1100 高效液相色谱仪，配有紫外检测器；0.45 μm 水系滤膜。

0.2% 偏磷酸，称取 0.2 g 偏磷酸用超纯水定容于 100 mL 量瓶中；草酸、酒石酸、苹果酸、柠檬酸、琥珀酸、维生素 C 标准品。

2. 实验方法

1）提取

准确称取波罗蜜果肉 1 g，用 5 mL 0.2% 的偏磷酸冰浴匀浆后以 12 000 r/min 的速度离心 15 min，残渣加入 4 mL 0.2% 的偏磷酸再次提取，合并上清液后定容至 10 mL，取 1 mL 经 0.45 μm 滤膜过滤后待测。

2）色谱条件

色谱柱，C18 柱；流动相，0.2% 偏磷酸；流速，1 mL/min；柱温，35 ℃；进样量，10 μL。

3）测定

参考上述色谱条件调节高效液相色谱仪，使有机酸各组分的色谱峰完全分离。

4）标准曲线的绘制

先准确称取苹果酸和柠檬酸各 1 g，分别置于 100 mL 量瓶中溶解并定容至刻度，再将此标准液稀释 5 个梯度后进行 HPLC（高效液相色谱）分析。由表 1.4.4 可以看出 HPLC 分析得到的相关系数大于 0.999，说明在此范围内有较好的线性关系。

表 1.4.4　有机酸测定的线性相关性

组分	出峰时间/min	线性关系	相关系数
苹果酸	4.14	y=13.91x−2.624 1	0.999 9
柠檬酸	8.32	y=21.439x−1.307 8	0.999 9

3. 实验结果

成熟期不同波罗蜜株系果肉中有机酸的含量有显著的差异，结果如表 1.4.5 所示。

表 1.4.5　成熟期不同波罗蜜株系果肉中有机酸的含量

株系	苹果酸/（mg/g）	柠檬酸/（mg/g）	总酸/（mg/g）
75	1.233 ± 0.054 f	4.784 ± 0.132 c	6.017 ± 0.173 ef
601	5.635 ± 0.120 a	3.374 ± 0.057 d	9.009 ± 0.177 a
17	3.743 ± 0.104 c	1.543 ± 0.162 e	5.287 ± 0.163 f
408	1.820 ± 0.061 e	4.848 ± 0.137 c	6.669 ± 0.197 de
28	1.598 ± 0.084 ef	6.403 ± 0.079 a	8.000 ± 0.150 bc
301	5.737 ± 0.212 a	1.738 ± 0.159 e	7.475 ± 0.252 cd
100	4.717 ± 0.192 b	1.380 ± 0.056 e	6.098 ± 0.173 ef
20	0.761 ± 0.052 g	5.312 ± 0.118 bc	6.073 ± 0.153 ef
45	2.567 ± 0.205 d	6.084 ± 0.464 ab	8.651 ± 0.402 ab
92	1.579 ± 0.085 ef	4.506 ± 0.591 c	6.085 ± 0.553 ef

（四）波罗蜜中 3-甲基 - 丁酸丁酯等挥发性成分的分析

1. 仪器、材料与试剂

KDM 型调温电热套，山东省郓城县永兴仪器厂；SHB-B88 型循环水式多用真空泵，河南巩义市予华仪器有限责任公司；HP6890-HP5973 联用仪，美国安捷伦公司。

波罗蜜采自海南省万宁市。

乙醚，分析纯，天津市化学试剂一厂；无水硫酸钠，分析纯，广州化学试剂厂；XAD-2 树脂，上海红岩试剂公司。

2. 实验方法

1）试样的制备

将波罗蜜切成 3~5 mm 的小块，备用。

2）乙醚提取法

取 100 g 试样用乙醚浸泡 24 h，过滤后经无水硫酸钠干燥，在室温下挥干乙醚得波罗蜜挥发油。

3）水蒸气提取法

取 100 g 试样放入挥发油提取器中，加 6 倍体积的水进行水蒸气蒸馏 5 h，馏出液用无水乙醚反复萃取，用无水硫酸钠干燥，得波罗蜜挥发油。

4）吸附提取法

（1）吸附剂的处理。

将高分子多孔聚合物树脂（XAD-2 树脂）过金属筛（孔径 0.025 mm），用无水乙醇浸泡 2 h 后上柱，然后加无水乙醇淋洗至收集液加蒸馏水不变浊，再用水、乙醇、乙酸乙酯、乙醚循环淋洗数遍，直至淋洗的乙醚经 GC 检测无杂质时，将树脂于 80 ℃下烘干备用。采用干填法装入经处理的玻璃小柱。

（2）挥发油的提取。

取 100 g 试样放入 1 000 mL 圆底烧瓶中，加入 600 mL 沸水，用电热套加热保持微沸 5 min 后撤去，用装有处理过的 XAD-2 树脂的吸附柱吸附 5 h，控制空气流速，然后取下吸附柱，用 100 mL 无水乙醚淋洗吸附柱，淋洗液经无水硫酸钠脱水干燥一昼夜，过滤，蒸馏回收乙醚，得波罗蜜挥发油。

5）色谱、质谱条件

（1）色谱条件。

HP-FFAP 弹性毛细管柱（30 m × 0.25 mm，0.25 μm）；柱温采用程序升温，初始温度为 40 ℃，以 4 ℃/min 的速率升至 150 ℃，然后以 6 ℃/min 的速率升至 250 ℃，保持 3 min；气化室温度为 250 ℃；柱前压为 63 kPa；载气为高纯氦气（99.999%），流量为 1.0 mL/min；进样量为 0.4 μL；分流比为 60∶1。

（2）质谱条件。

离子源，电子轰击（EI）源；离子源温度，230 ℃；四极杆温度，150 ℃；电子能量，70 eV；电子倍增器电压，1 582 V；接口温度，270 ℃；溶剂延迟时间，3 min；质量扫描范围，40～550 amu。

6）试样的测定

参考上述色谱、质谱条件调节高效液相色谱仪，使挥发油各组分的色谱峰完全分离。

3. 实验结果

对用乙醚提取法、水蒸气提取法、吸附提取法所得的挥发油的化学成分用毛细管气相色谱法进行分析，分别分离出 38、22、14 个组分，根据 GC-MS 扫描的质谱信息，用 NBS 数据库检索，与标准谱图对照、分析，分别鉴定出 37、21、13 种化合物，结果如表 1.4.6 所示。

表 1.4.6 用不同方法提取的波罗蜜挥发油化学成分的 GC-MS 分析结果

序号	保留时间/min	化学成分	乙醚法提取物含量/%	水蒸气法提取物含量/%	吸附法提取物含量/%
1	3.35	丁酸乙酯	0.19	—	1.91
2	3.86	乙酸丁酯	1.52	3.73	37.32
3	5.07	1- 丁醇	0.33	—	—
4	5.37	戊酸丙酯	0.28	0.18	2.12
5	5.43	乙酸 -3- 甲基 -1- 丁酯	—	0.68	—
6	6.81	丁酸丁酯	0.35	3.56	1.19
7	7.6	3- 甲基丁酸丁酯	0.99	8.44	14.13
8	8.1	丁酸戊酯	—	0.16	—
9	8.88	未鉴定出	0.53	—	—
10	8.96	戊酸 -2- 甲基丁酯	—	—	0.25
11	9.97	乙酸丙酯	1	—	—
12	28.87	丁酸 -3- 甲基苯甲酯	0.007	—	—
13	30.42	乙酸 -3- 苯基丙酯	—	0.56	—
14	32.45	三甘醇	1.12	—	—
15	34.93	2-（2- 乙氧基）乙醇	0.32	—	—
16	36.38	*E*-11- 十六碳酸乙酯	0.72	—	—
17	38.01	3- 甲基丁酸乙酯	0.2	—	—
18	38.59	α-[*R*-（*R**，*S**）]-（1- 乙基甲氨基）乙基苯甲醇	10.16	—	—
19	39.05	N-（2- 甲基苯基）-2-（丙氨基）丙酰胺	19.31	—	—
20	39.4	3- 甲基丁酸 -2- 甲基丙酯	0.41	0.38	—
21	39.61	2- 甲基 -1- 丁醇	0.32	—	—

续表

序号	保留时间/min	化学成分	乙醚法提取物含量/%	水蒸气法提取物含量/%	吸附法提取物含量/%
22	39.75	己酸-2-甲基丁酯	0.48	0.51	—
23	40.63	己酸丁酯	0.55	3.5	—
24	40.91	丁酸-2-甲基丁酯	0.98	—	—
25	41	苯甲醇	0.11	—	—
26	41.14	3-甲基丁酸	0.39	—	—
27	41.43	2,3-环氧丙酸乙酯	0.5	—	—
28	41.6	4-羟基苯丙醇	0.23	—	—
29	41.9	*n*-十六碳酸	3.48	5.79	—
30	42.3	*Z*-11-十六碳烯酸	0.87	—	—
31	42.45	*E*-9-十六碳烯酸	0.44	—	—
32	42.84	1-亚麻酸甘油酯	0.47	—	—
33	43.01	2-单油酸酯	0.2	—	—
34	43.29	1-单油酸酯	0.7	—	—
35	43.56	苯丙醇	—	0.3	—
36	43.8	角鲨烯	3.53	—	—
37	44.36	9,12-十八碳二烯酸	7.69	24.59	—
38	44.66	9-十八碳烯酸	29.41	3.49	30.51
39	44.91	邻苯二甲酸二异丙酯	—	—	1.14
40	44.98	苯丙酸甲酯	—	0.88	—
41	45.29	*β*-乙基-*α*-甲基苯乙醇	1.38	—	—
42	45.31	邻甲基苯乙烯	—	0.44	—
43	45.33	乙酸-2-甲基丁酯	—	—	0.591
44	45.36	未鉴定出	—	0.45	—
45	45.47	十八碳醛	0.78	—	—
46	45.72	*E*-9-十六碳烯酸甲酯	2.3	—	—
47	46.07	*Z*-9-十八碳酸-2-羟基乙酯	5.21	—	—
48	46.08	油酸-3-羟基丙酯	—	—	4.06
49	46.09	1,5-二甲氧基-3-戊酮	—	0.35	—
50	46.26	7,10,13-十六碳三烯酸甲酯	2.42	—	—
51	46.29	9,12,15-十八碳三烯-1-醇	—	3.06	—
52	46.33	11,14,17-二十碳三烯酸甲酯	—	—	1.47
53	46.58	异戊酸正戊酯	—	2.07	—
54	46.88	*α*-羟基丙酸甲酯	—	4.45	—
55	46.92	未鉴定出	—	—	0.35

续表

序号	保留时间/min	化学成分	乙醚法提取物含量/%	水蒸气法提取物含量/%	吸附法提取物含量/%
56	47.02	*dl*-苹果酸	—	—	0.65
57	47.05	2-(甲氧基)丙酸	—	2.8	—
58	47.09	*β*-羟基丁酸乙酯	—	—	0.31

注:"—"代表未检出。

由表 1.4.6 可知,用乙醚提取的挥发油的质谱数据经计算机检索检出 38 个组分,鉴定出 37 种化合物,占总峰面积的 99.47%,其中脂肪酸类 42.33%、酯类 19.50%、醇类 13.99%、胺类 19.33%、烯烃类 3.53%。水蒸气提取所得挥发油共检出 22 个组分,鉴定出 21 种化合物,占总峰面积的 99.36%,其中脂肪酸类 52.45%、酯类 41.59%、醇类 4.81%。用吸附法提取所得挥发油共检出 14 个组分,鉴定出 13 种化合物,占总峰面积的 99.63%,其中酯类 67.42%、脂肪酸类 32.58%。用三种方法提取的挥发油所含共同成分为乙酸丁酯、戊酸丙酯、丁酸丁酯、3- 甲基丁酸丁酯、9- 十八碳烯酸。

参考文献

[1] HU ZHI-QUN, WANG HUI-CONG, HU GUI-BING. Measurement of sugars, organic acids and vitamin C in litchi fruit by high performance liquid chromatography[J]. Journal of fruit science, 2005, 22(5): 582-585.

[2] BODIRLAU R, TEACA C A. Fourier transform infrared spectroscopy and thermal analysis of lignocelluloses fillers treated with organic anhydrides[J]. Thermal analysis of lignocellulose fillers, 2009, 54(1-2): 93-104.

[3] RENATA J, KVETOSLAVA S. Analysis of cow milk by near-infrared spectroscopy[J]. Czech journal of food sciences, 2003, 21(4): 123-128.

[4] NURIA F M, CARME S. FTIR Technique used to study acidic paper manuscripts dating from the thirteenth to the sixteenth century from the archive of the crown of Aragon[J]. The book and paper group annual, 2007(26): 21-25.

[5] SIMON E L, BRANDYE S, STEFAN F. Infrared spectra of $H_2{}^{16}O$, $H_2{}^{18}O$ and D_2O in the liquid phase by single-pass attenuated total internal reflection spectroscopy[J]. Spectrochimica acta part A: molecular and biomolecular spectroscopy, 2004, 60(11): 2611-2619.

[6] 王佳珺,郭璇华. 菠萝蜜下脚料中多酚含量的分析 [J]. 食品研究与开发, 2012(6): 36-39.

[7] 彭芍丹. 菠萝蜜果皮抗氧化活性成分的研究 [D]. 海口:海南大学,2014.

[8] 张锦东,王小玉,游淑珠,等. 菠萝蜜种子中总黄酮的提取工艺及其抗氧化性研究 [J]. 广东农业科学, 2017, 44(12): 136-143.

[9] 尹道娟,张国治,薛慧,等. 菠萝蜜种子主要化学成分和加工性能研究 [J]. 河南工业大学学报(自然科学版),2014, 35(1): 87-91.

[10] 张涛,潘永贵. 菠萝蜜营养成分及药理作用研究进展 [J]. 广东农业科学, 2013, 40(4): 88-90, 103.

[11] S B SWAMI, N J THAKOR, P M HALDANKAR, et al. Jackfruit and its many functional components as related to human health[J]. Comprehensive reviews in food science and food safety, 2012, 11(6): 565-576.

[12] 杨慧强,白新鹏,吕晓亚,等. 菠萝蜜种子淀粉提取工艺及其物性的研究 [J]. 食品科技,2016(3): 237-242.

[13] 初众,胡美杰,徐飞,等. 响应面法优化酶法提取菠萝蜜种子淀粉工艺 [J]. 食品工业科技,2016, 37(20): 189-193, 200.

[14] 张彦军,朱红梅,田建文,等. 菠萝蜜种子淀粉制备香草兰微胶囊的工艺研究 [J]. 热带作物学报,2017(6): 1127-1133.

[15] FATEATUN N, MD J R, MD S M, et al. Physicochemical properties of flour and extraction of starch from jackfruit seed[J]. International journal of nutrition and food sciences, 2014, 4(3): 347-354.

[16] 江新德,江桂仙,邱深玉,等. 菠萝蜜叶中水溶性黄酮的分离与纯化 [J]. 南昌工程学院学报,2015(4): 11-14, 25.

[17] 郝倩. 菠萝蜜叶黄酮类化合物的提取及其浸膏的应用 [D]. 北京:北京林业大学, 2014.

第五节　无花果

一、无花果概述

无花果(*Ficus carica* Linn.)为蔷薇目、桑科、榕属的多年生木本植物,别名映日果、奶浆果、蜜果、树地瓜、天仙果、明目果、菩提圣果。该植物为落叶灌木或小乔木,全株含白色乳汁,掌状单叶, 3~5 裂,大而粗糙,背面被柔毛,雌雄异花,花隐于囊状总花托内,外观只见果而不见花,故名无花果。

无花果树高 3~4 m,树冠开张为圆形或广圆形。树皮光滑,呈灰白色,树势旺盛, 1 年内可多次分枝形成树冠,无大小年之分,且几乎所有枝条都具有生长和结果的双重功能。叶片较大,叶互生且为单叶,长和宽几乎相等,长度范围是 10~24 cm,宽度范围是 8~22

cm,整体叶片呈近圆形或倒卵形,厚膜质,叶片的上表面为暗绿色,下表面为浅绿色,边缘是不规则的钝齿形,裂叶数为3~5,很少有不裂的叶片,裂片的形状一般为卵形,叶脉呈掌状且明显,基生脉条数为3~5,侧脉条数为10~14,基部形状类似近心形,叶柄细长且圆,长度为5~15 cm,将鲜叶叶柄折断会有白色液体流出。根系发达,一年即可生苗,没有主根,但有几条侧根、大量须根和不定根,侧根较粗壮,须根和不定根均属于浅根系。当地温为9~10 ℃时,根系便开始生长,大致在3月。具体的生长时间为:3—4月时,生长速度较缓慢;5月时,开始迅速生长;6月时,生长速度最快;8月时,由于地温过高生长停滞,到秋季降到适宜的温度时会再次生长。当地温降至10 ℃以下时,根系会停止生长。下一年地温重新升至适宜的温度时,根系会再次开始生长,循环往复。

无花果为雌雄异株植物,可单性结实;为隐头花序,花序主要分为少数长在花柱上的雌花和中性花,花序成熟时长度为3~5 cm;果实具短梗,形状近似梨形,果皮表面光滑,单个着生于叶腋,并且可以食用;雄花着生于花序托的上方,长在花柱上的雌花可经过人工授粉获得种子。每个无花果果实内约有2 000朵花,营养丰富,是一种高蛋白、高维生素、高矿物质、低热量的碱性食品。无花果每年结果2次:凡在上一年生枝的腋芽上长出的果实,一般在6—7月成熟,果实较大而结果量少,称为夏果;凡在当年抽生枝条的腋芽上长出的果实,一般从8月开始成熟,可一直边抽枝边结果成熟至11月霜冻来临之前,这种果实较小,结果时间长,产量高,称为秋果。6年生以上的无花果树,株产鲜果30~150 kg,亩产鲜果500~1 500 kg。无花果树的寿命一般为40~50年。无花果的果皮颜色、果肉颜色等均随着品种的不同而不同,果皮颜色有黄色、红色、绿色等,果肉颜色有黄色、粉色、红色等。

二、无花果的产地与品种

(一)无花果的产地

无花果的适应性比较强,喜光、耐旱、耐湿、耐盐碱,但不耐寒、不耐涝,凡年平均气温约15 ℃, 5 ℃以上的生物学积温达4 800 ℃,年降水量为400~2 000 mm的地区均能正常生长、结果。其原产于阿拉伯,后传入叙利亚、土耳其、中国等地,目前在地中海沿岸诸国栽培最盛,在我国新疆、山东、广西、江苏、浙江、陕西等地栽培也较广泛。

(二)无花果的品种

1. 玛斯义·陶芬

玛斯义·陶芬原产于美国加利福尼亚州,具有抗病力强、适应性强、丰产性好、品质佳、耐贮运等特点。但其不耐寒,一般种植于淮河、长江流域及其以南地区。该品种夏秋两次结果,以秋果为主。夏果较大,呈长卵圆形,果皮绿紫色,平均单果重100~150 g;秋果呈倒圆锥形，中大，成熟时紫褐色，平均单果重 80~100 g。该品种果皮鲜艳，果肉桃红色，肉质稍粗，含糖 16%~18%。果实商品性好，且果皮韧性大，较耐贮运，抗病力极强。

该品种主干不明显，树势中庸，枝条较开张，树冠较小，适宜密植。易分枝，枝条多，生长快。单性结实，极容易结果，当年种植即会丰产。自然休眠期不明显，自然落叶少，经霜冻后叶片干枯方脱落。一般 3 月中旬始花，8 月中旬花谢完毕。夏果 7 月上旬成熟，秋果 8 月下旬至 10 月中旬陆续成熟。11 月下旬落叶。

2. 布兰瑞克

布兰瑞克原产于法国，适应性强，抗寒性好，耐盐碱，丰产性好，适宜在北京以南地区种植。此品种分夏秋两次结果，夏果较少，秋果较多。夏果成熟后呈倒圆锥形，果实较大，表皮黄绿色，单果重 100~140 g。成熟的秋果呈倒圆锥形或倒卵圆形，表皮黄绿色，果肉淡粉红色，果顶不开裂，果实较小，通常单果重 40~60 g。该品种含糖量很高，达 18%~20%。果实品质上乘，果肉细腻，风味香甜。果实较耐贮运，适宜制罐和加工蜜饯。

该品种长势中庸，树姿开张。分枝性弱，分枝极少，通常通过摘心等方法促进分枝。单性结实，果实多位于枝条中上部，连续结果能力强。重庆地区 3 月中旬萌芽，5—7 月陆续开花，11 月中下旬落叶。夏果采收期为 7 月上中旬，秋果采收期为 8 月中旬至 10 月中下旬。

3. 青皮

青皮适应性很强，耐寒、耐盐碱、耐贫瘠。该品种夏秋两次结果，晚熟，夏果较大，单果重达 80~100 g，但数量较少；秋果丰产但果实较小，单果一般重 30~40 g。果实扁，呈倒圆锥形，成熟前绿色，成熟后黄绿色，果肉紫红色，果目小，果顶开张。果实品质极佳，果汁多，含糖量在 20% 左右，果实表面平滑，果皮韧性大，不易开裂。鲜食、加工均较佳。

该品种生长旺盛，树冠呈长圆形，主干明显，侧枝开张角度大，多年生枝呈灰白色。叶片深亮绿色，大且较粗糙，背生黄绿色茸毛，掌状分裂，通常 3~5 浅裂，裂刻长度不足叶长的 1/2，少全缘，基部深心形，叶缘具明显的波状圆钝锯齿，叶形指数 1.12，叶柄平均长 10.32 cm。

4. 波姬红

波姬红原产于美国，耐寒、耐盐碱，适应范围广。夏秋两次结果，夏秋果兼用，以秋果为主。果实呈长卵圆形或长圆锥形，皮色鲜艳，呈褐红色或紫红色，有明显的深色果肋。果肉呈浅红色或红色，微中空。秋果较大，平均单果重 60~90 g，最大达 110 g。品质极好，果汁多，口味甘甜，含糖量 16%~20%。果皮有蜡质光泽，商品性好，是适于鲜食的优良品种。

波姬红树势中庸，生长健壮，树姿开张，分枝能力强。叶片较大，多为掌状 5 裂，裂刻深而狭，叶径 27 cm 左右，从叶与柄连接处发出 5 条叶脉，叶缘具有不规则波状锯齿。叶柄长 15 cm 左右，呈黄绿色。单性结实，果实着生部位较低，一般由第 2~3 节开始结果，每节一果，产量极高。果实采收期长，一般从7月下旬至10月下旬。

5. 美丽亚

美丽亚原产于美国加利福尼亚州，丰产，抗性强，不耐寒，适于北京以南大部分地区种植。夏秋两次结果，以秋果为主。果实卵圆形或倒圆锥形，果皮金黄色，果肉褐黄色或浅黄色，微中空，果汁多，口味甘甜，风味佳。果实较大，通常秋果单果重达60~110 g。

美丽亚树势强健，树冠较开张，新梢生长快，年生长量达1.6 m左右，适于密植。美丽亚是我国优良的鲜食黄色无花果品种。北京地区一般8月中旬至10月中旬成熟。

6. 紫果

紫果原产于日本，耐寒性强，耐旱、耐涝，栽培区域广。夏秋两次结果，以秋果为主，果实硕大，秋果一般重100~180 g。采收期比其他品种晚5~10 d，成熟时间较集中。果实呈卵圆形，果皮薄，成熟后呈深紫色，极艳丽、美观。果肉鲜红色，质密多汁，酸甜适宜。含糖量高，可达18%~23%，品质、口感极好，且较耐贮运。是目前最受欢迎的鲜食、加工两用型优良品种。

紫果树势强旺，主干不明显，分枝能力强，新枝年生长量达2.0 m左右，节间长约6 cm，表皮呈青灰色，多年生枝呈灰白色。叶片肥大，呈黄绿色，背无茸毛，叶径27~40 cm，掌状5裂，叶形指数0.97。幼树果实产量较低，成年后丰产性好。果实着生于枝条基部或第3~6节，采收期8月下旬至10月下旬。

7. 丰产黄

丰产黄原产于意大利，较耐寒，适应范围广，南方种植产量略高于北方。夏秋两次结果，夏秋果兼用。果实中等大小，呈卵圆形，单果重40~100 g，果目小或部分关闭，果皮较厚且有韧性，易于贮运。果皮黄绿色，有光泽，果肉致密，呈浅草莓色或琥珀色，口味浓甜，品质佳。适于鲜食、加工。树势中强，耐修剪，重剪可促进生长和结果。耐寒，冬季顶芽绿色。叶片较大，呈深绿色，叶背生有中等茸毛，掌状3~5裂，下部裂刻浅，上部裂刻较深。

8. 金傲芬

夏秋果兼用品种，以秋果为主。果实卵圆形，果皮金黄色，有光泽。果肉淡黄色，致密，单果重70~110 g，可溶性固形物含量18%~20%，风味佳。树势旺，树皮灰褐色，光滑。叶片较大，掌状5裂，叶缘微波状锯齿，叶色浓绿。果实成熟期在7月下旬至10月下旬，条件适宜可延长至12月。该品种为黄色品种，极丰产，较耐寒。

9. 新疆早黄

新疆南部阿图什特有品种。夏秋果兼用品种，秋果扁圆形，果实黄色，果肉草莓色，可溶性固形物含量15%~17%，风味浓甜，品质上佳，单果重50~70 g。树势旺，萌枝率高，尤以夏季更盛。夏果熟期7月上旬，秋果8月中下旬成熟。

10. 斯特拉

夏秋果兼用品种，夏果较多，但仍以秋果为主。结果能力强，始果部位低，丰产。果长卵圆形，外形美观。果较大，单果重 60~120 g。成熟果果皮厚，淡黄色至黄绿色，硬度较高，果目小，耐贮运。果肉深红色，可溶性固形物含量 17%~23%，果蜜多，果肉细腻，味香甜，不腻，无青涩味，味道极佳。耐寒，耐阴雨，不裂果。

斯特拉果实品质极优，耐阴雨，不裂果，耐贮运，抗寒性强，早期丰产，适宜在我国广大地区种植，更是多雨地区难得的抗裂果的优良品种，也是采摘园、保护地和盆栽的首选优良品种。

11. 蓬莱柿

秋果专用品种。果实短卵圆形，果顶圆而稍平，易开裂，果目小，开张，鳞片红色，颈部极短，纵向果肋较明显。果皮厚，红紫色。果肉鲜红色，味甜，香气淡，可溶性固形物含量 16%，品质中等。树冠高大，直立性强，树势强健，分枝少而粗壮，叶片小，多为掌状 3 浅裂。单果重 60~70 g，丰产，较抗寒。果实成熟期在 9 月上旬至 10 月下旬。

12. 芭劳奈

芭劳奈为夏秋果兼用品种，夏果产量较高，但仍以秋果为主。果皮淡黄褐色或茶褐色，皮孔明显。夏果和秋果的颜色、形状和味道差别很大。夏果细长，果大，重达 150 g 以上。秋果长圆锥形，中等大，果柄端稍细，单果重 40~110 g；果目微开，果肋明显，果顶部略平；果肉浅红色，较致密，孔隙小。果肉可溶性固形物含量 18%~21%，肉质为黏质，甜味浓，糯性强，有丰富的焦糖香味。鲜食味道浓郁，风味佳，品质极优。芭劳奈鲜果早产、丰产，是新一代的优良无花果品种。

13. B1011

1998 年由美国加利福尼亚州引入我国并在山东、河北、四川等地引种栽培。该品种具短枝特性，是密植、保护地栽培的首选鲜食无花果品种。夏秋果兼用品种，成熟期 7 月中下旬至 10 月中旬。果皮金黄色，有光泽，果实个大，外形美观，倒卵圆形，果肋明显，果顶部平而凹，果目小，果梗长 0.5~1.0 cm，平均单果重 68 g。果肉粉红色，中空，可溶性固形物含量 17%~20%，味佳，品质极好。

该品种树势中庸，分枝角度大，枝粗 1.3~1.5 cm，树姿开张，节间短，长 3~5 cm，分枝能力弱。叶片中大，掌状 4~5 裂。结果紧凑，枝条舒展，叶片深裂，树体通风透光性强。极丰产，稳产。

14. 绿抗一号

夏秋果兼用品种，以秋果为主。秋果呈倒圆锥形，较大，单果重 60~80 g，成熟时果皮浅绿色，果顶不开裂，果肩部有裂纹；果肉紫红色，中空，可溶性固形物含量 16% 以上，风味浓甜，品质上佳；树势旺，枝条粗壮，分枝较少，结果节位偏高，量较少。夏果现果期 4 月中旬，熟期 7 月上旬末。秋果现果期 6 月底，始熟期 8 月下旬，果实发育天数约 60 d。该品种果大，质优，耐盐力极强，可在含盐量为 0.4% 的土壤中正常生长、结果。

三、无花果的营养成分和活性成分

无花果属浆果树种，果实皮薄无核，肉质松软，风味甘甜，可食率非常高。其鲜果可食用部分达 97%，蜜饯和干果可达 100%，且含酸量低，无硬、大的种子，因此尤其适合老人和儿童食用。无花果干物质含量很高，鲜果为 14%~20%，干果达 70% 以上。其中，可被人体直接吸收利用的葡萄糖占 34.3%（干重），果糖占 31.2%（干重），而蔗糖仅占 7.82%（干重），所以热量较低，在日本被称为低热量食品。此外，无花果还富含膳食纤维，可以帮助消化，促进肠胃蠕动，有通便之效。国内医学研究证明，无花果是一种较好的减肥、保健食品。无花果中含有丰富的氨基酸，鲜果为 1.0%，干果为 5.3%，目前已经发现 18 种氨基酸，其中 8 种是人体必需的，并皆表现出了较高的利用价值，含量最高的是天门冬氨酸，为 0.475%~0.493%，它具有抗疲劳作用，对恢复体力和抵抗白血病也有很好的作用。果实中还富含多种维生素，特别是胡萝卜素、维生素 A、维生素 C，经测定胡萝卜素含量为 70 mg/100 g，居于桃、葡萄、梅、梨、柑橘、甜柿以上；维生素 A 含量为 12 μg/100 g；维生素 C 含量为 20 mg/100 g，是桃的 8 倍，葡萄的 20 倍，梨的 27 倍，高居各类水果之首。无花果中含有丰富的微量元素，如硒、钙、镁、锌、锰、铜、硼等，2000 年张积霞等采用原子吸收分光光度法测定出无花果中的 7 种微量元素，即 Fe、Mn、Zn、Cu、Ge、Mo、Sn 等人体必需的微量元素，这些元素对促进机体健康和提高抗癌能力有良好的作用。

无花果中含有丰富的酶，以蛋白质分解酶最多，其次是脂肪酶、淀粉酶、超氧化物歧化酶（SOD）等，其中无花果蛋白酶是有待开发利用的新的植物蛋白酶，它主要存在于无花果的乳胶、叶和花托蛋白质中，因稳定性好，蛋白水解能力强，对多种蛋白质具有很好的降解作用，被广泛应用于食品加工、工业生产和医疗卫生等领域。据报道，当前世界工业用酶的市场价值大约为 25 亿美元，其中蛋白酶销售额占酶制剂总销售额的 60%，被广泛使用在皮革、毛皮、毛纺、丝绸、医药、食品、酿造等行业中。所以无花果蛋白酶具有很好的开发前景。

无花果中含有大量的果胶，果实吸水膨胀后能吸附多种化学物质。所以食用无花果能净化肠道，促进有益菌增殖，抑制血糖上升，维持人体胆固醇的正常含量，迅速排出有毒物质。

现代医学研究表明，无花果含有苯甲醛、呋喃香豆素内脂、补骨脂素等多种抗癌活性成分，被誉为“抗癌斗士”和“21 世纪人类健康的守护神”。无花果叶水提液可分离、鉴定出 59 种化合物，主要为醛、醇、酯类等化合物，含量较高的有呋喃甲醇、苯甲醛、异丁基苯并呋喃酮、肉豆蔻酸、6，10，14- 三甲基十五烷酮、佛手柑内酯、补骨脂素、异丁基邻苯二甲酸酯、十六酸甲酯、十六酸乙酯、十六酸、8，11- 十八碳二烯酸甲酯、叶绿醇等。无花果叶和根都含有的补骨脂素和佛手柑内酯均被认为具有一定的抗癌活性。

研究还发现，无花果的枝叶、果实中含有呋喃香豆素内酯、补骨脂素、佛手柑内酯等13种活性抗癌物质，对幽门癌、贲门癌、食管癌、皮肤癌、肺癌具有明显的疗效；国外学者还认为无花果能治疗咽喉癌、乳腺癌、宫颈癌、卵巢癌、膀胱癌，甚至对晚期胃癌也有明显的疗效。另外，无花果含有的苯甲醛及其衍生物还有止痛的作用，其痛阈值比吗啡低，但维持的时间较久。2003年李玉群等采用生长速率法对无花果各器官6种溶剂的提取液进行了4种植物病原菌的抑菌生物活性筛选。实验结果表明，无花果的各器官均含有丰富的农用抑菌活性物质，以茎皮、根和叶含量较高。

无花果鲜果蛋白质含量为0.6%~1%，脂肪含量为0.1%~0.4%，且所含脂肪中68%为不饱和脂肪酸和少量人体必需的亚油酸，并含有丰富的果胶、柠檬酸、苹果酸等。其酶含量也较丰富，含有抗衰老物质淀粉糖化酶、超氧化物歧化酶（SOD）、酯酶、脂肪酶、蛋白酶等。其中所含的大量动物蛋白酶、SOD等能消除人体的“自由基”引起的雀斑、老年斑等，是天然植物性美容佳品。

无花果的成分如表1.5.1所示。

表1.5.1 无花果成分表

食品中文名	无花果	食品英文名	fig
食品分类	水果类及其制品	可食部	100.00%
来源	食物成分表2009	产地	中国
营养素含量（100 g可食部食品中的含量）			
能量/kJ	272	蛋白质/g	1.5
脂肪/g	0.1	不溶性膳食纤维/g	3
碳水化合物/g	16	维生素A/μg（视黄醇当量）	5
钠/mg	6	维生素E/mg（α-生育酚当量）	1.82
维生素B_2（核黄素）/mg	0.02	维生素B_1（硫胺素）/mg	0.03
烟酸（烟酰胺）/mg	0.1	维生素C（抗坏血酸）/mg	2
钾/mg	212	磷/mg	18
钙/mg	67	镁/mg	17
锌/mg	1.42	铁/mg	0.1
硒/μg	0.7	铜/mg	0.01
锰/mg	0.17		

四、无花果中活性成分的提取、纯化与分析

(一)无花果叶中补骨脂素的分析

1. 仪器、材料与试剂

电子天平(FA1004N),上海精密科学仪器有限公司;格兰仕光波炉(WG700CTL2011-K6),广东格兰仕集团有限公司;真空泵(SHB-Ⅲ),郑州长城科工贸有限公司;紫外 - 可见分光光度计(UV757CRT),上海精密科学仪器有限公司。

无花果叶,来自山东威海。

补骨脂素,中国药品生物制品检定所;无水乙醇,分析纯。

2. 实验方法

1)原料预处理

用清水洗去无花果叶表面的灰尘和杂质,自然阴干,粉碎后过 100 目筛贮存备用。

2)补骨脂素含量测定

提取液中补骨脂素的含量采用紫外分光光度法测定,以乙醇为空白,在 245 nm 处测定吸光度,通过标准曲线计算得到补骨脂素的浓度。提取率的计算公式如下:

$$\text{提取率} = CVN \times 10^{-6} / M \times 100\%$$

式中 C——由回归方程计算得到的补骨脂素浓度,μg/mL;

V——体积,mL;

N——稀释倍数;

M——质量,g。

3)微波辅助提取无花果叶中的补骨脂素单因素实验

精确称取 5.00 g 无花果叶置于烧杯中,在不同的乙醇浓度(体积分数,0%、20%、40%、60%、80%)、提取时间(2 min、4 min、6 min、8 min、10 min)、微波功率(140 W、280 W、420 W、560 W、700 W)、料液比(1∶10、1∶20、1∶30、1∶40、1∶50)下进行单因素实验。提取完毕后将提取液冷却至室温,移入布氏漏斗进行抽滤,最后将滤液定容至 250 mL,测定前稀释到适宜的浓度。

4)微波辅助提取工艺优化

在单因素实验的基础上,以补骨脂素得率为考察指标,选取乙醇浓度、提取时间、微波功率、料液比为考察因素,选用 L9(3^4)正交实验优化提取条件,实验的因素与水平设计如表 1.5.2 所示。

表 1.5.2 实验的因素与水平设计

水平	因素			
	A. 乙醇浓度/%	B. 提取时间/min	C. 微波功率/W	D. 料液比/(g/mL)
1	20	2	140	1∶10
2	40	4	280	1∶20
3	60	6	420	1∶30

3. 结论

综合单因素实验和正交实验的结果,微波辅助提取无花果叶中的补骨脂素的最佳工艺条件为乙醇浓度 20%、提取时间 6 min、微波功率 420 W、料液比 1∶20 g/mL,在此条件下补骨脂素的提取率可达 3.69%。

(二)无花果中绿原酸、佛手柑内酯的分析

1. 仪器、材料与试剂

Ultimate 3000 型高效液相色谱仪,赛默飞世尔科技有限公司; Finnigan LXQ 型超高效液相色谱 - 离子阱质谱联用仪,赛默飞世尔科技有限公司; Agilent 5975-6890N 型气相色谱 - 质谱联用仪,美国 Agilent 公司; KQ3200 型超声波清洗器,昆山市超声仪器有限公司; FW100 型高速万能粉碎器,天津市泰斯特仪器有限公司; GL124-1SCN 型电子天平,赛多利斯科学仪器有限公司; L2-4K 型离心机,湖南可成仪器设备有限公司; PURELAB Classic 型超纯水仪,英国 ELGA 公司 。

选择新疆 9—11 月的无花果叶作为样品,取鲜无花果叶去尘后,放入烘箱中低温烘干,干燥后的叶片用高速万能粉碎机粉碎,过 20 μm 筛取粉末备用。

甲醇,色谱纯,赛默飞世尔科技有限公司;乙醇、丙酮、冰乙酸均为分析纯,购自天津市光复科技发展有限公司;补骨脂素、佛手柑内酯、芦丁、绿原酸等标准品均购于四川维克奇生物科技有限公司。

2. 实验方法

1)单因素实验

(1)提取方法的选择。

取 3 份 1.0 g 无花果叶粉,以 80% 的乙醇作为提取溶剂,按照 1∶30(g/mL)的料液比浸泡 2 h 后,分别超声 20 min、索氏提取 2 h、加热回流 2 h,以 4 000 r/min 的速度离心 30 min,取上清液待测。

(2)提取溶剂的选择。

取 3 份 1.0 g 无花果叶粉,分别以 80% 的乙醇、80% 的甲醇、80% 的丙酮作为提取溶剂，按照 1∶10（g/mL）的料液比浸泡 2 h 后，超声 20 min，以 4 000 r/min 的速度离心 30 min，取上清液待测。

（3）溶剂浓度的选择。

取 3 份 1.0 g 无花果叶粉，分别以 20%、30%、40%、50%、60%、70%、80% 的乙醇作为提取溶剂，按照 1∶10（g/mL）的料液比浸泡 2 h 后，超声 20 min，以 4 000 r/min 的速度离心 30 min，取上清液待测。

（4）超声时间的选择。

取 3 份 1.0 g 无花果叶粉，以 80% 的乙醇作为提取溶剂，按照 1∶40（g/mL）的料液比浸泡 2 h 后，分别超声 20 min、30 min、40 min，以 4 000 r/min 的速度离心 30 min，取上清液待测。

（5）料液比的选择。

取 5 份 1.0 g 无花果叶粉，以 80% 的乙醇作为提取溶剂，分别按照 1∶10、1∶15、1∶20、1∶25、1∶30（g/mL）的料液比浸泡 2 h 后，超声 20 min，以 4 000 r/min 的速度离心 30 min，取上清液待测。

2）工艺优化

根据单因素实验的结果，最佳提取方法为超声波辅助浸提法。根据文献中报道的结论，确定提取溶剂、溶剂浓度、超声时间、料液比为主要影响因素，每个因素取 3 个水平，选用 $L9(3^4)$ 正交实验优化提取条件，实验的因素与水平设计如表 1.5.3 所示。

表 1.5.3　实验的因素与水平设计

水平	因素			
	A. 提取溶剂	B. 溶剂浓度/%	C. 超声时间/min	D. 料液比/（g/mL）
1	甲醇	60	20	1∶10
2	乙醇	70	30	1∶20
3	丙酮	80	40	1∶30

3）气相色谱 - 质谱条件

（1）气相色谱条件。

HP-5MS 石英毛细管柱，进样口温度 250 ℃，载气高纯氦气（纯度≥ 99. 999%），流速 1 mL/min，进样量 1 μL，采用 10∶1 分流进样方式。色谱柱温度：初始温度 60 ℃，保持 1 min，以 10 ℃/min 的速率升至 280 ℃，保持 7 min。

（2）质谱条件。

电离方式 EI，电子能量 70 eV，电子倍增器电压 1 200 V，质量扫描范围 20 ~ 550 amu，离子源温度 230 ℃，四极杆温度 150 ℃。

4）超高效液相色谱 - 离子阱质谱条件件

（1）超高效液相色谱条件。

色谱柱 Kromstar C18 柱（4.6 mm × 250 mm，5 μm），梯度洗脱，流动相甲醇 - 水，流速 0.8 mL/min。洗脱梯度：0 min（10/90），5 min（10/90），10 min（50/50），60 min（100/0），65 min（100/0），70 min（10/90）。

（2）离子阱质谱条件。

ESI 源，源电压 5 kV，毛细管温度 275 ℃，毛细管电压 49 V，载气高纯氮气（纯度 ≥ 99. 999%），进样量 10 μL。

5）高效液相色谱条件

色谱柱 C18 柱（4.6 mm × 500 mm，5 μm），检测波长 350 nm，梯度洗脱，流动相甲醇 -0.04% 乙酸溶液，流速 1 mL/min。洗脱梯度：0 min（30/70），15 min（30/70），25 min（50/50），35 min（85/15），40 min（30/70）。

3. 结论

1）最佳提取条件的确定

实验结果表明，采用超声波辅助浸提法，无花果叶中绿原酸、佛手柑内酯的最佳提取工艺为：采用 80% 的乙醇作为提取溶剂，料液比为 1：10（g/mL），浸泡时间为 2 h，冷水浴超声 20 min。

2）无花果叶中有效成分的定性、定量分析

利用 GC-MS 鉴定出无花果叶提取物中含有补骨脂素和佛手柑内酯，如图 1.5.1 所示。在总离子流（TIC）图中，保留时间为 17.981 min 的是补骨脂素，保留时间为 20.166 min 的是佛手柑内酯。利用 UPLC-IT-MS 鉴定出无花果叶提取物中含有绿原酸、芦丁和佛手柑内酯，如图 1.5.2 所示，其中 *m/z* 215.19 是佛手柑内酯失去 1 个 H 原子产生的准分子离子峰，*m/z* 353. 25 是绿原酸失去 1 个 H 原子产生的准分子离子峰。由图 1.5.3 可以看出，利用 HPLC 对 4 种成分进行分析，在相同的保留时间内，无花果叶提取物中的成分与绿原酸、芦丁、补骨脂素、佛手柑内酯标准品一致，通过计算可以得知各成分的含量：绿原酸的含量为 0.452 mg/g，芦丁的含量为 3.92 mg/g，佛手柑内酯的含量为 14.3 mg/g，补骨脂素的含量为 7.48 mg/g。

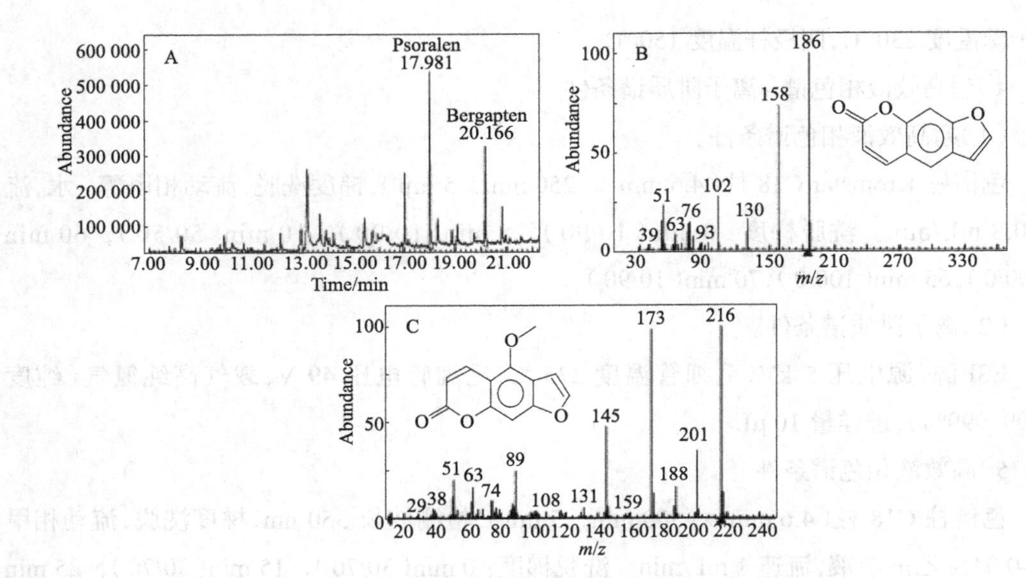

图 1.5.1　无花果叶提取物 GC-MS 分析

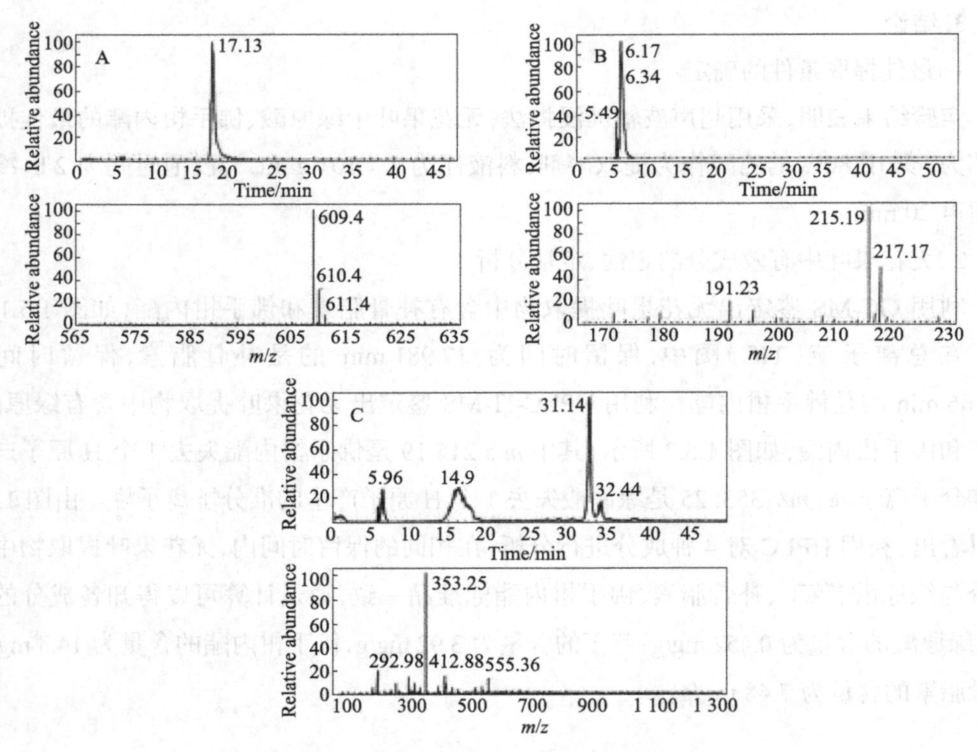

图 1.5.2　无花果叶提取物 UPLC-IT-MS 分析

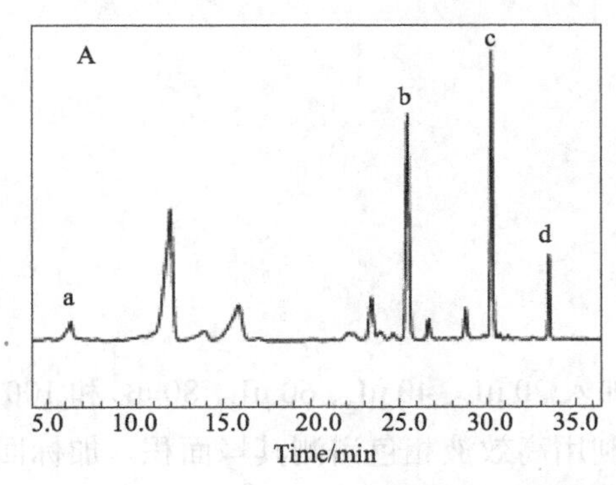

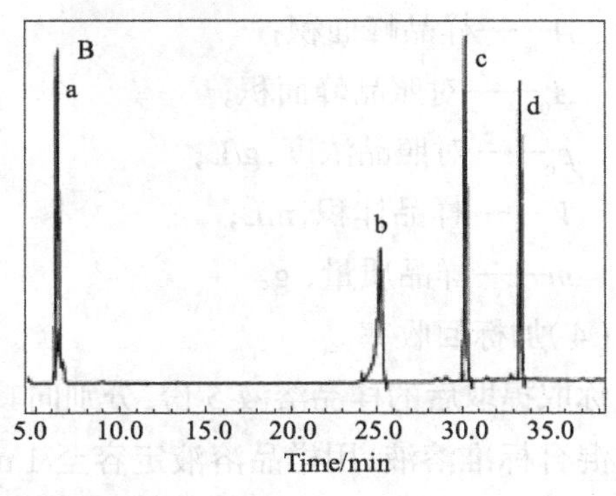

图 1.5.3 无花果叶提取物 HPLC 分析

3)方法学考察

(1)标准曲线。

准确称取芦丁、佛手柑内酯、补骨脂素、绿原酸等标准品各 20 mg(精确到 0.01 mg),分别用乙醇溶解定容,配制成 0.2 g/L 的单标准储备溶液。分别取以上 4 种单标准溶液 0.2 mL、0.4 mL、0.6 mL、0.8 mL 和 1.0 mL,用色谱纯甲醇定容至 10 mL,按照上述色谱条件进行测量,得到芦丁在 3.4 ~ 17 μg 范围内的标准曲线为 $Y = 0.317X-0.268$($R^2= 0.998\ 1$),佛手柑内酯在 4 ~ 20 μg 范围内的标准曲线为 $Y = 0.185\ 1X-0.059$($R^2= 0.999\ 8$),补骨脂素在 4 ~ 20 μg 范围内的标准曲线为 $Y = 0.314\ 1X-0.311\ 3$($R^2= 0.996\ 3$),绿原酸在 1.84 ~ 9.2 μg 范围内的标准曲线为 $Y = 0.322\ 1X-0.\ 035$($R^2 = 0.999\ 1$),表明在该实验中芦丁、佛手柑内酯、补骨脂素、绿原酸在一定范围内线性关系良好。

(2)精密度实验。

取上述标准溶液,按照同样的色谱条件连续进样 6 次,分别测量芦丁、补骨脂素、佛手柑内酯和绿原酸的峰面积,根据下面的公式计算得知 RSD 分别为 0.53%、0.37%、2.86% 和 1.31%,表明该实验精密度良好。

$$\mathrm{RSD} = \mathrm{SD}/X$$

式中 SD——标准偏差;

X——算数平均值。

(3)重现性。

取 1 g 无花果叶粉末 6 份,按照 1∶10(g/mL)的料液比向其中加入 80% 的乙醇溶液,浸泡 2 h 后,冷水浴超声 20 min,取出后离心 10 min,取上清液,用高效液相色谱法测定各有效成分的峰面积。根据下面的公式计算得知,无花果叶提取物中含有绿原酸(0.041 ± 0.009)%、补骨脂素(0.76 ± 0.05)%、芦丁(0.47 ± 0.08)%、佛手柑内酯(1.37 ± 0.06)%,表明该方法重现性良好。

$$w = \frac{A\rho_0 V}{100 \times A_0 m} \times 100\%$$

式中 A——样品峰面积；

A_0——对照品峰面积；

ρ_0——对照品浓度，g/L；

V——样品体积，mL；

m——样品质量，g。

(4)加标回收率。

称取提取后的样品溶液5份，分别向其中加入20 μL、40 μL、60 μL、80 μL和100 μL上述混合标准溶液，用样品溶液定容至1 mL，利用高效液相色谱测其峰面积。加标回收率分别为绿原酸95.2%（RSD = 1.53%）、芦丁96.8%（RSD = 0.87%）、补骨脂素87.1%（RSD = 1.86%）、佛手柑内酯89.5%（RSD = 2.32%），表明该方法回收率良好。

经过方法学验证，用高效液相色谱建立的测定4种成分含量的分析方法有较好的重现性、稳定性和精密度，可用于无花果中芦丁、补骨脂素、绿原酸、佛手柑内酯的检测。

（三）无花果果皮中花青素的提取、纯化与分析

1. 实验准备

1）样品的制备

无花果的特征是黑色果皮和红色果肉，果实的平均直径和长度分别为（4.23 ± 0.34）cm和（3.34 ± 0.41）cm。整个果实的平均质量为（35.35 ± 5.67）g，分离的果皮和果肉的质量分别为（5.24 ± 0.65）g和（30.12 ± 4.36）g。

将果实全部称重，从中分离出果皮，切成小块，在冷冻干燥机中冷冻干燥，研磨成粉末制成待测样品，将样品分装于洁净、不透明的容器中，置于4 ℃的冰箱中保存备用。

2）提取物的制备

准确称取0.2 g（精确至0.001 g）无花果粉末置于50 mL具塞试管中，加入一定体积的提取溶剂涡旋混合，并用铝箔覆盖试管，以保护混合物免于发生光和氧诱导的降解，在25 ℃下将混合物磁力搅拌一定时间。在室温下以3 500 r/min的速率离心15 min回收提取物，然后用滤纸过滤。在与第1次提取相同的条件下用相同的溶剂再次提取沉淀物。所有提取物均收集在用铝箔覆盖的螺帽试管中。所有提取均一式三份进行。

2. 实验方法

1）优化实验

实验方案为一次一因素的顺序优化法，共优化了7个参数：溶剂（水、甲醇、乙醇和丙酮）、提取次数（1次、2次、3次）、固液比（1/50、1/100、1/150和1/200）、提取时间（60 min、120 min、180 min和240 min）、溶剂浓度（0、20%、40%、60%、80%和100%）、酸类型（盐酸、乙酸、柠檬酸和酒石酸）和酸浓度（0、1%、2%、5%和10%）。根据提取物中的单花青素含量选择最佳条件。按照上述因素的顺序进行实验，每个因素获得的最佳条件用于下一步优化。为了研究溶剂对花青素产量的影响，将 0.2 g 无花果粉末与 18 mL 溶剂（水、甲醇、乙醇和丙酮）、2 mL 柠檬酸混合。将混合物在室温下搅拌 120 min，离心并过滤后回收第 1 次提取物，再在相同的条件下将沉淀物提取 2 次。为了研究提取次数对花青素产量的影响，进行了 3 次连续提取。

2）单体花青素含量的测定

总单体花青素（TMA）含量采用 pH 值示差法进行测定。该方法的原理是在两种不同的 pH值（1.0 和 4.5）下引起不同着色的花青素结构转化。用氯化钾缓冲液（0.025 mmol/L，pH 值 1.0）和乙酸钠缓冲液（0.4 mmol/L，pH 值 4.5）将 2 份等量的提取物（600 μL）稀释至终体积 3 mL。将稀释液静置 15 min，然后在 520 nm 和 700 nm 下测量稀释液的吸光度。

样品吸光度通过下式计算：

$$A=(A_{520}-A_{700})_{\mathrm{pH}\,1.0}-(A_{520}-A_{700})_{\mathrm{pH}\,4.5}$$

总单体花青素含量通过下式计算：

$$C_{\mathrm{TMA}}(\mathrm{mg/100\ g\ DS})=A\times \mathrm{MW}\times \mathrm{DF}\times 100/(\varepsilon\times 1)$$

其中 MW 是花青素 -3- 葡萄糖苷的分子质量，449.2 g/mol；DF 是稀释因子；ε 是所用参考物的摩尔吸光系数，26 900 1/（L·cm·mol）。结果表示为 100 g 干物质（DS）的花青素 -3- 葡糖苷当量（mg）。

3. 结论

单因素实验的结果如图 1.5.4~ 图 1.5.10 所示。无花果果皮中花青素的最佳提取条件：溶剂为甲醇，提取次数为 2 次，固液比为 1/100，提取时间为 180 min，溶剂浓度为 80%，酸类型为柠檬酸，酸浓度为 5%。在最佳提取条件下花青素的提取率最高，为 345.62 mg/100 g DS。

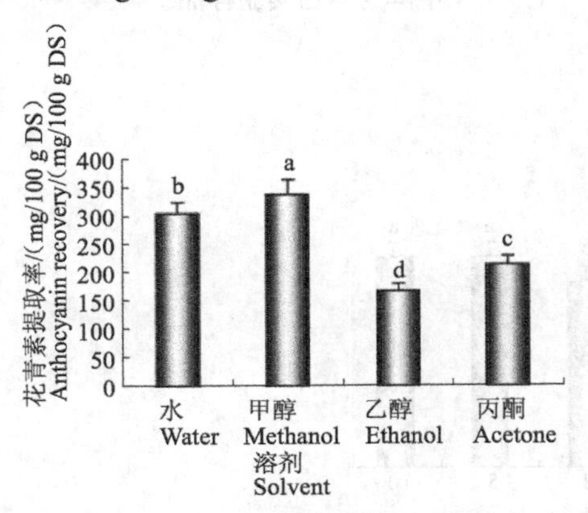

图 1.5.4　溶剂对无花果果皮中花青素提取率的影响

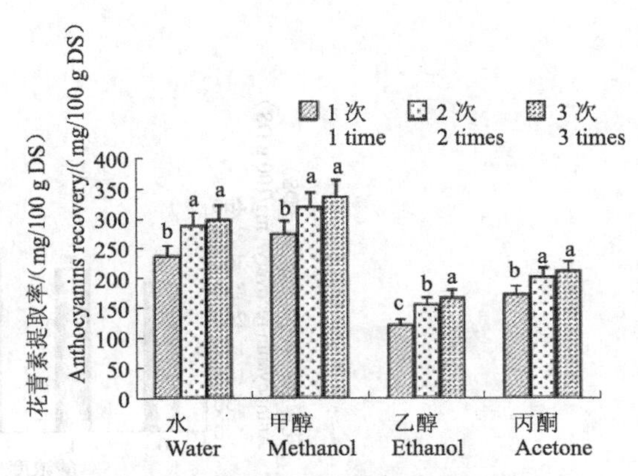

图 1.5.5　提取次数对无花果果皮中花青素提取率的影响

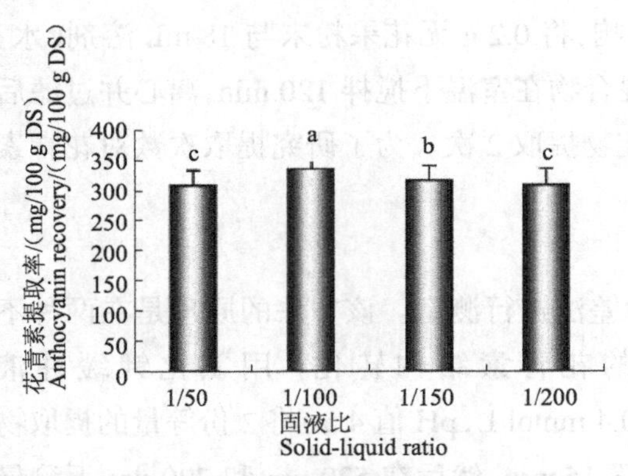

图 1.5.6 固液比对无花果果皮中花青素提取率的影响

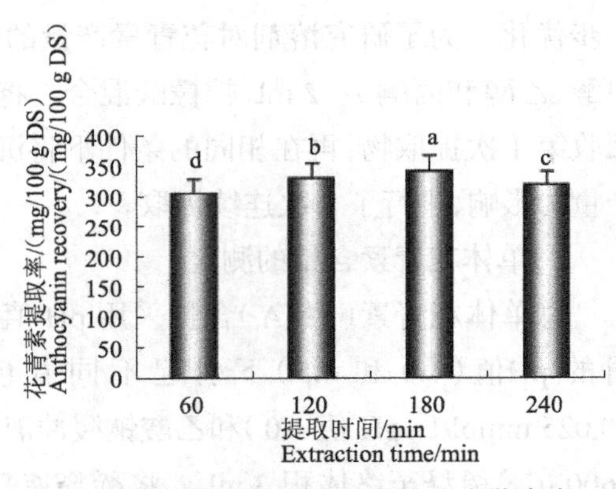

图 1.5.7 提取时间对无花果果皮中花青素提取率的影响

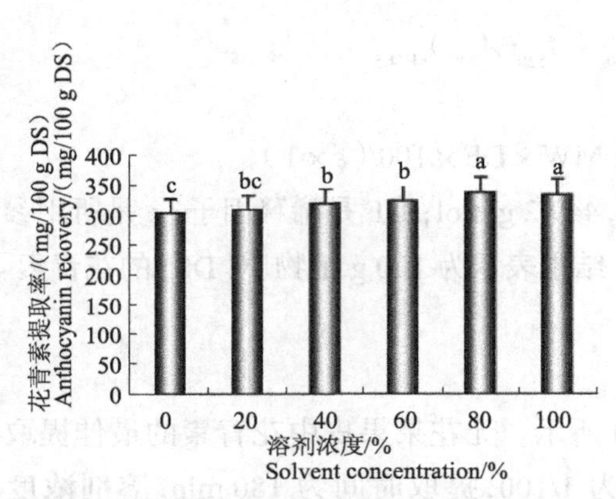

图 1.5.8 溶剂浓度对无花果果皮中花青素提取率的影响

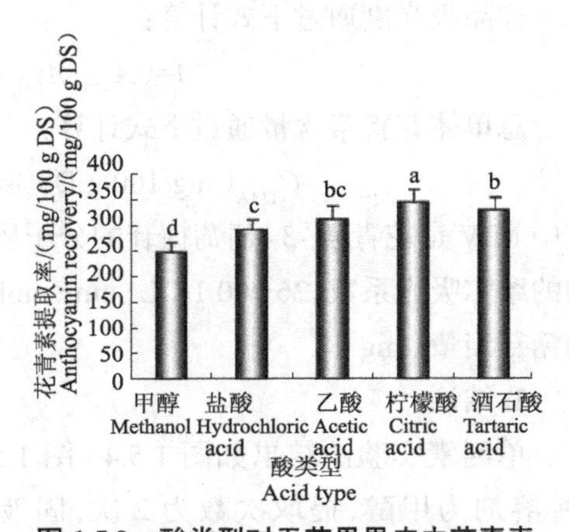

图 1.5.9 酸类型对无花果果皮中花青素提取率的影响

（甲醇为空白实验样品）

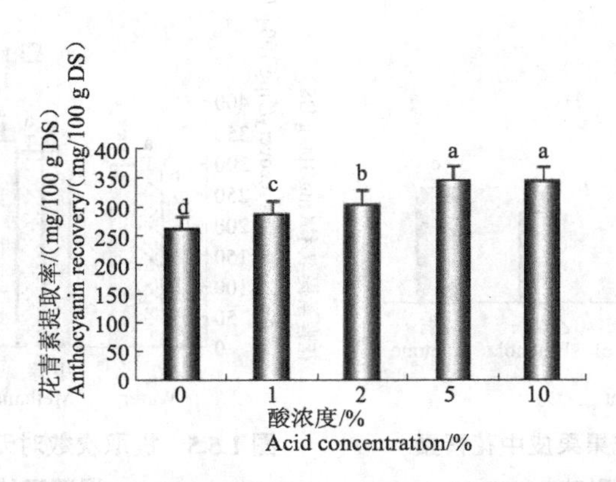

图 1.5.10 酸浓度对无花果果皮中花青素提取率的影响

参考文献

[1] 张明. 不同品种无花果采后生理及贮藏品质变化的研究 [D]. 保定：河北农业大学，2013.

[2] 吴子江. 无花果叶类黄酮提取、纯化、鉴定及抗氧化研究 [D]. 福州：福建农林大学，2013.

[3] 张晋国，陈敬坤，高京花. 浅析无花果的价值及常见品种 [J]. 中国果菜，2018，38（2）：8-10.

[4] 孙岩啸，王贤荣，孙蕾，等. 无花果栽培品种遗传多样性分析及 SSR 指纹图谱构建 [J]. 南京林业大学学报（自然科学版），2018，42（6）：197-202.

[5] 张玉洁. 无花果 [J]. 中国水土保持，1994（8）：41.

[6] 郁玮. 无花果多糖抗氧化活性研究 [D]. 镇江：江苏大学，2009.

[7] 邓爱华，易梦媛，刘凤英，等. 无花果果皮中花青素的提取工艺的建立 [J]. 基因组学与应用生物学，2020，39（2）：699-705.

[8] 王家富. 具有开发价值的无花果 [J]. 云南农业，1999（4）：12.

[9] ROBERT VEBERIC，MATEJA COLARIC，FRANCI STAMPAR. Phenolic acids and flavonoids of fig fruit（Ficus carica L.）in the northern Mediterranean region[J]. Food chemistry，2008，106（1）：153-157.

[10] 李玉群，孟昭礼. 无花果农用抑菌活性的初步研究 [J]. 莱阳农学院学报，2003，20（4）：264.

[11] 张积霞，庞荣英，贺志安，等. 无花果微量元素含量的测定 [J]. 微量元素与健康研究，2000，17（1）：41.

[12] 熊华. 木瓜蛋白酶的应用研究进展 [J]. 四川食品与发酵，2005（4）：9-11.

[13] A. H. 恩斯明格，M. E. 恩斯明格，J. E. 康兰德，等. 美国《食物与营养百科全书》选辑（1）：食物与营养 [M]. 北京：农业出版社，1986.

[14] MORCELLE S R，TREJO S A，CANALS F，et al. Funastrain c Ⅱ：a cysteine endopeptidase purified from the latex of funatrum clausum[J]. The protein journal，2004，23（3）：205-215.

[15] 朱海舰，张胜男，何保华，等. 无花果的营养与医疗作用 [J]. 国土绿化，2004（4）：43.

[16] 张华英. 无花果的研究与产业化发展对策 [J]. 资源开发与市场，2003，19（5）：314.

[17] 沙坤，张泽俊. 微波辅助提取无花果叶中补骨脂素工艺的研究 [J]. 食品科技，2010（8）：244-246.

[18] 赵默涵，刘志强，耿爱芳，等. 无花果叶中有效成分鉴别及含量测定 [J]. 应用化学，2018，35（11）：1391.

[19] 赵默涵. 无花果叶中有效成分的提取、纯化及抗氧化性研究 [D]. 长春：长春理工大学，2018.

第六节　桑葚

一、桑葚概述

桑葚（*Mori Fructus*）是桑树的成熟果实，属于桑科植物桑（Morus alba L.）的果穗。桑葚通常直接食用或被制成果汁、果酒等，自古以来就被认为是天然营养和功能性食品，其被载入《中华人民共和国药典》2015 年版一部，且进入药食同源原料目录（2018）。据中草药的观点，桑葚味甘酸、性寒，归心、肝、肾经，对滋阴补血、缓解肝肾阴虚具有重要作用。桑葚中含有维生素、蛋白质、游离氨基酸、有机酸、微量元素等多种营养成分和多酚、多糖、生物碱、类胡萝卜素等多种活性成分，在中草药应用的发展中具有一定的优势。它不仅是医药领域研究的热点之一，也是保健食品市场热衷的对象之一，具有较高的社会经济价值。

二、桑葚的产地与品种

桑葚主要分布在北美、南欧、东亚、东南亚、澳大利亚东南部和非洲部分地区，在中国种植广泛，资源丰富。我国主要有以下桑葚品种。

1. 红果 1 号

树形直立、紧凑，枝条粗长，节间较密，叶片大，花芽率高，单芽果数 7 ~ 10 个，且多集中于冬芽，果长 2.5 cm，果径 1.3 cm，圆筒形，单果重 2.5 g 左右，紫黑色，果汁多，果味酸甜，5 月上中旬开始成熟，成熟期 20 ~ 30 d，亩产桑果 1 500 ~ 2 000 kg、桑叶 1 500 kg 左右，适应性强，是一个高产型果叶兼用和加工用品种。

2. 红果 2 号

树形直立，枝条细长而直，叶片较大，花芽率高，单芽果数 6 ~ 8 个，果长 3 ~ 3.5 cm，果径 1.2 ~ 1.3 cm，长筒形，单果重 3 g 左右，紫黑色，果味酸甜爽口，果汁鲜艳，含总糖 14.8%、总酸 0.796%，5 月上中旬成熟，成熟期 30 d 以上，亩产桑果 1 500 kg、桑叶 1 500 kg 左右，抗病性较好，适应性强，是一个果叶兼用和加工用品种。

3. 红果 3 号

树形紧凑，枝条粗直，节间密，叶片大而厚，花芽率高，单芽果数 6 ~ 8 个，果长 3.5 ~ 4 cm，果径 1.5 ~ 2 cm，长筒形，单果重 4~ 6 g，最大 12 g，紫黑色，果味酸甜爽口，果汁多，5 月上中旬成熟，成熟期 20 d 左右，亩产桑果 1 000 ~ 1 200 kg、桑叶 1 200 kg 左右，抗性强，是一个大果型果用品种。

4. 红果 4 号

树形直立，枝条粗直，节间极密，叶片大而肥厚，结果多在小枝和弱枝上，果长 2 ~ 2.5 cm，果径 1.2 ~ 1.5 cm，椭圆形，单果重 2.5 g 左右，紫黑色，果味酸甜爽口，5 月上中旬成熟，成熟期 30 d 左右，果皮较厚，耐贮、耐运性能较好，亩产桑果 1 000 kg 左右、桑叶 2 000 ~ 2 500 kg，抗性较强，是一个叶果两用型品种。

5. 大十三倍体品种

南方适宜，树形开展，枝条细直，叶较大，花芽率高，单芽果数 5 ~ 6 个，果长 3 ~ 6 cm，果径 1.3 ~ 2 cm，单果重 3 ~ 5 g，紫黑色，无籽，果汁丰富，果味酸甜清爽，含总糖 14.87%、总酸 0.82%，5 月上旬成熟，成熟期 30 d 以上，亩产桑果 1 000 ~ 1 500 kg、桑叶 1 500 kg 左右，抗病性较强，抗旱性、耐寒性较差，果叶兼用。

6. 白玉王

树形开展，枝条细直，叶片较小，花芽率高，果长 3.5 ~ 4 cm，果径 1.5 cm 左右，长筒形，单果重 4 ~ 5 g，最大 10 g，果色乳白色，汁多，甜味浓，含糖量高，5 月中下旬成熟，成熟期 30 d 左右，亩产桑果 1 000 kg 左右、桑叶 1 500 kg，适应性强，抗旱、耐寒，是一个大果型果叶兼用品种。

7. 8632 杂交品种

树形略开展，枝条略粗而直，下垂枝少，叶片较大，花芽率极高，单芽果数 4 ~ 5 个，果长 4.5 ~ 5 cm，果径 1.8 ~ 2.2 cm，长筒形，单果重 6 ~ 8 g，最大 15 g，桑葚多而特大，紫黑色，5 月中旬成熟，成熟期 20 d 左右，亩产桑果 1 500 ~ 2 500 kg、桑叶 1 600 kg 左右，抗旱、耐寒，抗病性、抗逆性强，产量高、品质优，是较理想的叶果两用桑。

8. 46C019

台湾选育的高产专用果桑品种，在台湾广泛栽植。该品种树势强健，生长旺盛，叶片小，皮灰棕褐色，枝条细短，结果枝发达，1 年内新枝条不断产生，形成的多层侧枝均为第二年结果枝。栽植当年平均单株结果枝总长 25 m 以上。成熟桑葚呈紫褐色，发芽率 98%，每个新芽均产生 3 ~ 6 个桑果，平均单果重 4.5 g，最大 8 g，果长径 3 cm，果横径 2 cm，每米条长产果量 450 ~ 560 g，每亩第二年产果 1 250 kg，第三年产果 2 500 kg，此后产量逐年上升。在长江流域果实 5 月上旬成熟，5 月下旬盛熟，6 月上旬采果结束（台湾 3—4 月采果），果期 1 个月。该品种糖度 9.2% ~ 14.5%，酸度 4.5 ~ 6 g/L，pH 值 3.7 ~ 4.4，出汁率 72% ~ 78%，鲜食、加工均可。

三、桑葚的营养成分与活性成分

桑葚的成分如表 1.6.1 所示。

表 1.6.1　桑葚成分表

食品中文名	桑葚	食品英文名	mulberry
食品分类	水果类及其制品	可食部	100.00%
来源	食物成分表 2009	产地	中国
营养素含量（100 g 可食部食品中的含量）			
能量/kJ	240	蛋白质/g	1.7
脂肪/g	0.4	不溶性膳食纤维/g	4.1
碳水化合物/g	13.8	维生素 A/μg（视黄醇当量）	5
钠/mg	2	维生素 E/mg（α- 生育酚当量）	9.87
维生素 B_2（核黄素）/mg	0.06	维生素 B_1（硫胺素）/mg	0.02
钾/mg	32	磷/mg	33
钙/mg	37	铁/mg	0.4
锌/mg	0.26	铜/mg	0.07
硒/μg	5.7	锰/mg	0.28

四、桑葚中活性成分的提取、纯化与分析

（一）桑葚多糖的分析

1. 仪器与试剂

分析天平、粉碎机、旋转蒸发仪、酶标仪、离心机、冷冻干燥机等。

DEAE-52 纤维素，华中海威（北京）基因科技有限公司；考马斯亮蓝 G-250、牛血清白蛋白，上海蓝季生物有限公司；葡萄糖标准品、葡萄糖醛酸标准品，贵州迪达科技有限公司；石油醚、三氯甲烷、正丁醇、无水乙醇、苯酚、浓硫酸、咔唑、85% 磷酸、硼砂等。

6% 苯酚溶液的配制：取 15.00 g 重蒸后的苯酚置于锥形瓶中，用少量蒸馏水溶解后，定容于 250 mL 棕色量瓶中，摇匀，保存备用。

咔唑溶液的配制：准确称取 10.00 mg 咔唑置于锥形瓶中，用少量 95% 的乙醇溶解后，定容于 100 mL 量瓶中，摇匀，保存备用。

硫酸 - 硼砂溶液的配制：准确称取 1.00 g 硼砂置于锥形瓶中，用 10 mL 蒸馏水溶解后于冰水浴中加入 90 mL 浓硫酸，混匀，静置过夜，保存备用。

2. 实验方法

1）桑葚多糖的制备

（1）桑葚的粉碎、脱脂。

准确称取桑葚样品 2 kg，用粉碎机将桑葚样品打碎，然后过 40 目筛，收集桑葚粉末。分批次将 500 g 桑葚粉末置于 5 000 mL 圆底烧瓶中，按 1∶2 的料液比向圆底烧瓶中加入石油醚，采用索氏提取法对其进行脱脂处理，每次 2 h，脱脂 3 次，脱脂后滤掉废液，获得脱脂后的桑葚样品。

（2）桑葚多糖的提取。

采用热水浸提法对桑葚多糖进行提取。将脱脂后的桑葚样品置于洁净的容器中，然后加入一定量的蒸馏水（料液比 1∶3）于 90 ℃下进行热水浸煮，2 h 后将混合物用纱布过滤，保存滤液，继续对滤渣在相同的条件下进行热水浸煮，反复 3 次并合并滤液，将滤液离心（3 500 r/min，10 min）以去除小颗粒杂质，收集上清液，最后将上清液置于蒸馏瓶内，在 60 ℃下用旋转蒸发仪对其进行浓缩，直至液体体积为 1 000 mL，即为桑葚多糖提取物，保存备用。

（3）桑葚多糖的脱蛋白。

采用 Sevag 法对桑葚多糖进行脱蛋白。将桑葚多糖提取物置于分液漏斗中，按 1∶2 的体积比加入一定量的 Sevag 试剂（$V_{三氯甲烷}:V_{正丁醇}=4:1$），充分摇匀，静置，直至分液漏斗中的液体分层完毕后除去底层的有机溶剂和中间层的蛋白质，收集上层液，按以上条件反复操作几次，直至分液漏斗中的溶液无明显的絮状物沉淀析出时停止操作，将收集的上层液离心（3 500 r/min，10 min）除去残留的蛋白质，收集上清液，保存备用。

（4）桑葚粗多糖的制备。

采用低浓度乙醇分级沉淀的方法制备桑葚粗多糖。向（3）中获得的上清液中加入一定量的无水乙醇，直至溶液中的乙醇浓度达到 30%，将其于 4 ℃下静置 24 h，然后进行离心（3 500 r/min，10 min），收集上清液并获取沉淀 A，继续向上清液中加入一定量的无水乙醇，直至上清液中的乙醇浓度达到 50%，将其于 4 ℃下静置 24 h，然后进行离心（3 500 r/min，10 min），收集上清液并获取沉淀 B，依次用无水乙醇、丙酮、乙醚洗涤沉淀 A 和 B 3 次，真空冷冻干燥，即获得不同组分的桑葚粗多糖（MFPA 与 MFPB）。

2）桑葚多糖的纯化

采用 DEAE-52 纤维素柱层析分别对 MFPA 与 MFPB 进行纯化并去除其中的色素。分别准确称取 120.00 mg MFPA 与 MFPB 置于 250 mL 锥形瓶中，加入 20 mL 蒸馏水，搅拌溶解，配制浓度为 6 mg/mL 的 MFPA、MFPB 溶液，将 20 mL 6 mg/mL 的 MFPA、MFPB 溶液依次用 300 mL 蒸馏水和 300 mL 0.05 mol/L 的 NaCl 溶液经 DEAE-52 纤维素柱（3 cm × 50 cm）分段洗脱（流速 2.5 mL/min），每段每管收集 10 mL 洗脱液，收集 30 管，并采用苯酚 - 硫酸法对每段洗脱液进行紫外跟踪测定，直至无多糖为止，按照吸收峰的情况合并各组分，浓缩，透析，真空冷冻干燥，即获得不同组分的桑葚多糖（MFPA1、MFPA2、MFPB1、MFPB2），保存备用（不同组分的桑葚粗多糖洗脱条件相同）。

3）桑葚多糖含量的测定

采用苯酚-硫酸法对MFPA1、MFPA2、MFPB1、MFPB2进行多糖含量的测定。称取10.00 mg左右MFPA1、MFPA2、MFPB1、MFPB2置于锥形瓶中，用少量蒸馏水溶解后定容于100 mL量瓶中，各取0.5 mL 0.1 mg/mL的MFPA1、MFPA2、MFPB1、MFPB2溶液测定其吸光度$A_{490\ nm}$，依据标准曲线计算MFPA1、MFPA2、MFPB1、MFPB2的多糖含量。

4）桑葚多糖中糖醛酸含量的测定

采用硫酸-咔唑法测定MFPA1、MFPA2、MFPB1、MFPB2中糖醛酸的含量。准确称取10.00 mg MFPA1、MFPA2、MFPB1、MFPB2置于锥形瓶中，用少量蒸馏水溶解后定容于50 mL量瓶中，各取0.1 mL 0.2 mg/mL的MFPA1、MFPA2、MFPB1、MFPB2溶液测定其吸光度$A_{530\ nm}$，依据标准曲线计算MFPA1、MFPA2、MFPB1、MFPB2的糖醛酸含量。

5）桑葚多糖分子质量的测定

采用高效凝胶色谱法对桑葚多糖的分子质量进行测定。将不同分子质量（70 kDa、130 kDa、175 kDa、256 kDa、300 kDa、580 kDa和650 kDa）的葡聚糖标准品配制成5 mg/mL的溶液，由小分子到大分子依次进样，记录各标准品的保留时间，以保留时间为横坐标，以分子质量的对数为纵坐标绘制标准曲线。

色谱条件：色谱柱Ultrahydrogel 250（7.8 mm × 300 mm）；流动相0.1 M的$NaNO_3$溶液；柱温30 ℃；流速0.6 mL/min；进样量20 μL；检测器示差检测器；检测温度45 ℃。

将不同组分的桑葚多糖配制成5 mg/mL的溶液，经0.45 μm的微孔滤膜过滤，然后根据不同组分桑葚多糖的保留时间计算其相对分子质量。

6）桑葚多糖单糖组成的测定

采用PMP柱前衍生化高效液相色谱法测定桑葚多糖的单糖组成。

样品预处理：准确称取15 mg PMP，加入2 mL 2 mol/L的硫酸溶液，用封口膜将其密封，置于100 ℃的水浴中8 h，恢复至室温后，用NaOH将溶液的pH值调至7，将溶液稀释至8 mL后以1 500g的转速离心5 min，将上清液过0.45 μm的微孔滤膜，备用。

取完全酸水解溶液和对照品（Rha、Glc、Man、Gal、Fuc、Glc A、Gal A、Xyl和Arb）各1 mL，分别加入1 mL PMP（0.5 mol/mL）和1 mL NaOH溶液（0.3 mol/L），置于75 ℃的水浴中15 h，恢复至室温后加入1 mL HCl溶液（0.3 mol/L），再加入1.5 mL蒸馏水和5 mL $CHCl_3$，目的是去除多余的PMP，以1 500*g*的转速离心5 min，将上清液过0.45 μm的微孔滤膜，得衍生化的样品和对照品溶液。

色谱条件：色谱柱Eclipse Plus-C18柱（4.6 mm × 250 mm，5 μm）；流动相pH值为7.4的PBS缓冲液（A）-乙腈（B）；梯度洗脱（0～28 min，13%～19% B；28～38 min，19%～16% B；38～50 min，16%～25% B）；柱温30 ℃；流速1 mL/min；进样量10 μL；检测波长245 nm。

3. 结论

多糖的分离纯化是后续开展一系列多糖研究的关键，通过各种手段对桑葚多糖的提取、分离纯化和相关理化性质进行研究，得到以下结论。

（1）以桑葚为原料，通过热水浸提法从桑葚中成功地提取多糖。从大量文献中得知，热水浸提法是提取多糖使用得最普遍的方法，其具有经济、安全、高效等优点。

（2）对提取的桑葚多糖进行脱蛋白后，采用低浓度乙醇（30%、50%）分级醇沉法对桑葚多糖进行醇沉得到 MFPA 与 MFPB 两组分桑葚粗多糖，其获得量分别为 73.50 g 与 87.02 g，得率分别为 3.68% 与 4.35%。采用分级醇沉的方法可初步获得不同性质的多糖，有利于后续的研究。

（3）采用 DEAE-52 纤维素柱层析分别从 MFPA 与 MFPB 中分离纯化出 MFPA1、MFPA2 与 MFPB1、MFPB2 四组分桑葚多糖。其中，MFPA1 与 MFPA2 的获得量分别为 10.13 g 与 6.38 g，得率分别为 13.78% 与 8.68%，MFPB1 与 MFPB2 的获得量分别为 8.52 g 与 3.81 g，得率分别为 9.79% 与 4.38%。DEAE-52 纤维素柱层析不仅可吸附色素等杂质，还可分离各种中性多糖与酸性多糖。

（4）通过对 MFPA1、MFPA2、MFPB1 与 MFPB2 的理化性质进行研究得知，MFPA1 多糖含量最高（93.44%），其次是 MFPB1（89.68%），MFPB2 多糖含量最低（69.32%）；MFPA1、MFPA2、MFPB1 与 MFPB2 中均含有少量蛋白质，含量分别为 0.73%、0.72%、1.29% 与 6.07%。其中，MFPA1 与 MFPB1 主要含中性多糖，仅含有少量糖醛酸（分别为 3.92% 与 6.11%），而 MFPA2 与 MFPB2 主要含酸性多糖，糖醛酸含量分别为 15.87% 与 11.76%。

（5）MFPA1、MFPA2、MFPB1 与 MFPB2 的 M_w 分别为 177 kDa、638 kDa、165 kDa 与 380 kDa，M_n 分别为 115 kDa、393 kDa、108 kDa 与 239 kDa，且对色谱峰进行观察后判定 MFPA1、MFPA2、MFPB1 与 MFPB2 均为均一多糖。

（6）采用高效液相色谱法测定后得知，MFPA1 主要由 Man、Rha、Glc 和 Xyl 组成，MFPB1 主要由 Man、Rha、Gal A、Glc 和 Xyl 组成，MFPA2 与 MFPB2 主要由 Man、Rha、Glc A、Gal A、Glc、Xyl 和 Arb 组成；其中，MFPA1 与 MFPB1 主要含中性多糖，MFPA2 与 MFPB2 主要含酸性多糖。

（二）桑葚中花色苷的分析

1. 仪器与试剂

MJ-25BM02C 搅拌机；DSHZ-300 多用途水浴恒温振荡器；超声波清洗器；江苏昆山设备仪器厂；CW-2000 型超声微波协同萃取仪；721N 型可见分光光度计；RE52-2 旋转蒸发器；Christ ALPHA 1-4 LSC plus 冷冻干燥机；SHZ-3 循环水多用真空泵、HL-2S 恒流泵、BSZ-100 自动部分收集器和玻璃层析柱（50 cm × 3.5 cm），上海沪西分析仪器厂有限公司；普通层析柱（100 mm × 10 mm），无锡市亿盛仪器仪表试剂有限公司；Cary50 紫外探头型可见光谱仪，美国 Varian 公司；Agilent 1100 和 Agilent 1200 液相色谱系统，安捷伦科技有限公司；Waters 超高效液相色谱 - 质谱联用仪，美国 Waters 公司；DX-500 高效阴离子色谱仪，美国戴安公司；AvanceⅢ400 MHz 全数字化核磁共振谱仪，布鲁克光谱仪器公司。

大孔吸附树脂 LX-68，西安蓝晓科技有限公司；无水乙醇、磷酸氢二钠、柠檬酸、盐酸、TFA-d、氯化铝、甲醇钠、氢氧化钠、甲酸、异戊醇、冰醋酸、乙酸乙酯均为分析纯，上海国药集团化学试剂有限公司；乙腈和甲醇均为色谱纯，美国 TEDIA 公司；氘代试剂 CD_3OD-TFA-d、四甲基硅烷，美国 Sigma 公司。

2. 实验方法

1）桑葚中花色苷的提取

（1）提取工艺。

桑果解冻→打成匀浆→提取→抽滤→浓缩滤液→冷冻干燥→粗提物。

（2）超声微波辅助提取。

称取桑葚匀浆 4.0 g，超声微波辅助提取的最优条件为微波功率 90 W，提取时间 180 s，液料比 3∶1，提取液定容至 250 mL。

（3）桑葚中花色苷最大吸收波长的测定。

取桑葚红色素提取液适量，用紫外可见分光光度计在 200~600 nm 扫描，测定色素提取液的紫外可见吸收光谱，确定其最大吸收波长。

（4）提取率的测定。

称取 2.0 g 桑果匀浆，在最优条件下提取一次，抽滤，用少量提取溶剂洗涤滤渣，合并滤液，测定其体积（V_1）和 512 nm 处的吸光度（A_1）。在最优条件下重复提取多次，直至提取液接近无色，抽滤并合并所有滤液，测定其总体积（V_t）和 512 nm 处的吸光度（A_t）。一次提取率的测定公式为

$$\text{提取率} = A_1V_1/A_tV_t \times 100\%$$

（5）总花色苷含量的测定。

采用 pH 值示差法。精确称取一定量的样品，用少量 70% 的 CH_3OH 溶液（含 0.01% HCl）完全溶解后，取 1 mL 待测液分别用 pH 值为 1.0 的氯化钾缓冲液（0.025M）和 pH 值为 4.5 的醋酸钠缓冲液（0.4M）稀释一定倍数，在 510 nm 处测定稀释液的吸光度，由以下公式计算出样品溶液中总花色苷的浓度（C），换算成固体样品中总花色苷的含量。

$$C = [(A_{\text{pH}\,1.0} - A_{\text{pH}\,4.5}) \times 484.82 \times DF \times 1\,000]/24\,825$$

式中：484.82 为矢车菊素 -3-O- 葡萄糖苷的相对分子质量，24 825 为矢车菊素 -3-O- 葡萄糖苷在 pH 值为 1.0 的缓冲液中、510 nm 下的摩尔吸光系数；DF 为样品溶液的稀释倍数。

2)桑葚中花色苷的纯化

(1)树脂预处理。

根据厂家提供的方法,大孔吸附树脂预处理有乙醇浸泡 24 h(醇泡)、醇洗至流出液加水不变混浊(醇洗)和水洗至无醇味(水洗)等步骤。

(2)静态实验筛选树脂。

称取已活化的不同大孔吸附树脂置于具塞三角瓶中,加入一定浓度和体积的色素稀释液,在 30 ℃下用摇床振荡(100 r/min)24 h,过滤后测定滤液在 512 nm 处的吸光度,计算树脂的吸附率。将充分吸附了色素的树脂过滤,用 30 mL 蒸馏水冲洗树脂表面残留的溶液并用滤纸吸干水分后置于 100 mL 具塞三角瓶中,加入一定体积的 0.01% HCl-80% 乙醇溶液解吸,解吸条件同吸附,测定解吸液在 512 nm 处的吸光度,计算各树脂的解吸率。吸附率(E_1)和解吸率(E_2)的计算公式分别为

$$E_1=[(A_0V_0-A_1V_1)/A_0V_0]\times 100\%$$

$$E_2=[A_2V_2/(A_0V_0-A_1V_1)]\times 100\%$$

式中:A_0、A_1 和 A_2 分别为料液吸附前、吸附后和解吸液在 512 nm 处的吸光度;V_0、V_1 和 V_2 分别为料液吸附前、吸附后和解吸液的体积。

吸附率和解吸率最高的大孔树脂为最优大孔吸附树脂。

(3)静态实验优化条件。

称取已活化的大孔吸附树脂 0.5 g 置于 100 mL 具塞三角瓶中,加入 50 mL 不同乙醇浓度、不同 pH 值的色素稀释液,分别考察料液的吸光度、pH 值对吸附率的影响。在最佳吸附条件下过滤已吸附色素的树脂,用 50 mL 不同乙醇浓度和不同 pH 值的解吸液解吸,分别考察解吸液的乙醇浓度和 pH 值对解吸率的影响。

(4)动态实验优化条件。

取一定量的湿树脂装柱,采用不同的吸附流速上样,自动分段收集流出液并测定其吸光度,当达到泄漏点时,停止吸附进样,考察上样流速对单位树脂色素吸附量和上样时间的影响,吸附量以上样液的吸光度乘以其体积(AV)表示。吸附饱和的树脂用 $2BV/h$ 的蒸馏水冲洗去除残留的糖分,分段收集流出液,绘制糖分洗脱曲线,确定合适的用水量。糖分去除后,用酸性乙醇溶液在不同洗脱流速下洗脱,自动收集洗脱液,绘制洗脱曲线,确定最适宜的洗脱流速。洗脱曲线的纵坐标为洗脱液的吸光度乘以稀释倍数($A\times$DF),横坐标为洗脱液的体积。

(5)单位树脂饱和吸附量和花色苷收率的测定。

取少量 LX-68 树脂在最优条件下纯化桑葚中的花色苷,洗脱液减压浓缩,冷冻干燥,计算树脂对桑葚中花色苷的饱和吸附量,计算公式为

$$\text{单位树脂饱和吸附量}=M/V$$

式中:M 为冻干后得到的花色苷质量,mg;V 为树脂的湿体积,mL。

测定花色苷的收率，计算公式为

$$收率=[(C_1V_1)/(C_0V_0)]\times 100\%$$

式中：C_0 和 V_0 分别为上样液中花色苷的浓度和体积；C_1 和 V_1 分别为洗脱液中花色苷的浓度和体积。

（6）桑葚中花色苷的分析、鉴定。

经树脂纯化后的样品分别进行 UV-vis、HPLC-DAD 和 UPLC-MS 分析，同时样品的糖苷部分进行 HPAEC-PAD 分析，并采用半制备高效液相色谱纯化得到高纯度的花色苷单体进行 ^{1}H NMR 分析。

① UV-vis 分析。

紫外可见扫描光谱：将冻干后的样品用 0.01% HCl- 甲醇溶液配制至一定浓度，在 200 ~ 800 nm 的范围内扫描测定其紫外可见光谱。

氯化铝反应：向样品溶液中滴加 3 ~ 5 滴氯化铝甲醇溶液，立即测定其紫外可见扫描光谱，观察其可见光区最大吸收峰的偏移情况。

甲醇钠反应：向样品溶液中添加少量甲醇钠固体，观察最大吸收峰的变化。

② HPLC-DAD 分析。

酸水解：将冻干后的样品用甲醇（含 0.01% HCl）溶解配制成 3 mg/mL 的色素溶液，取 1 mL 色素溶液，加入 5 mL 2 mol/L 的 HCl，在 100 ℃下水解 1 h。水解后迅速冰浴冷却。随后将水解样用异戊醇萃取，萃余液为水相糖苷部分，留作下一步实验分析。萃取液为糖苷配基（苷元）部分，这部分经 30 ℃真空旋转蒸发去除异戊醇，用少量水溶解后，采用 500 mg C-18 Sep-Pak cartridge 纯化，纯化步骤为：使用前用甲醇和 0.01% 的 HCl 水溶液各活化半小时；在常压下用胶头滴管吸取样品溶液上样；用 5 体积的 0.01% HCl 水溶液冲洗柱子，去除水溶性成分；用 5 体积的乙酸乙酯冲洗柱子，去除极性较弱的多酚类成分；用 0.01% HCl- 甲醇溶液洗脱色素。经固相萃取柱纯化后的色素溶液，在 30 ℃下真空旋转干燥，用流动相 A 溶解后进 HPLC 分析。

碱水解：将冻干后的样品用甲醇（含 0.01% HCl）溶解配制成 3 mg/mL 的色素溶液，取 1 mL 色素溶液，加入 5 mL 10% 的 KOH 溶液，在室温下避光水解 10 min。水解样用 2 mol/L 的 HCl 中和后，过 C-18 Sep-Pak cartridge 纯化，纯化方法如上所述。纯化后的样品用于 HPLC 分析。

采用 Agilent 1100 液相色谱系统（配 DAD 检测器），色谱条件如下。

流动相：A 为 10% 乙酸、0.2% TFA、5% 乙腈、84.8% 水，B 为 50% 乙腈。梯度洗脱条件：0 ~ 5 min，0% B；5 ~ 30 min，0% ~ 20% B；30 ~ 50 min，20% ~ 100% B；50.1 min，0% B。色谱柱：Merk Purospher STAR RP-18e，250 mm × 4.6 mm，5 μm。柱温 25 ℃；流速 0.8 mL/min；检测波长 520 nm；进样体积 20 μL。

③ HPAEC-PAD 分析。

酸解后的样品经异戊醇萃取后的萃余液在 55 ℃下减压旋转蒸发干燥，用蒸馏水溶解并稀释至一定浓度，用高效阴离子交换色谱脉冲安培检测器（HPAEC-PAD）分析，色谱条件如下。

流动相：A 为蒸馏水，B 为 250 mM NaOH 水溶液。梯度洗脱条件：0 ~ 30 min，2.5% B；30 ~ 50 min，80% B；50.1 min，2.5% B。色谱柱：Carbo PAC PA20（Dionex）阴离子交换柱（50 mm × 3 mm）。保护柱：Carbo PAC PA20（50 mm × 3 mm）。柱温 30 ℃；检测器 ED40 电化学检测器（PAD 模式）；流速 0.5 mL/min；Au 电极为工作电极，Ag/AgCl 为参比电极；进样体积 20 μL。

④ UPLC-DAD-ESI-MS 分析。

冻干后的样品用甲醇（含 0.01% HCl）溶解配制成一定浓度的色素溶液，进行 UPLC-DAD-ESI-MS 分析，参数如下。

色谱柱：BEH C18 100 mm × 2.1 mm，1.7 μm；检测器：Waters Acquity PDA；流动相：A 为乙腈，B 为 2% 甲酸。梯度洗脱条件：0 ~ 0.1 min，95% B；0.1 ~ 10 min，95% ~ 80% B；10 ~ 12 min，80%~0% B；12.1 min，95% B。流速 0.3 mL/min；柱温 45 ℃；进样体积 5 μL；检测波长 520 nm，在 200 ~ 700 nm 范围内全扫描。

电喷雾离子源 ESI^+；扫描次数 0.5 次；毛细管电压 3.5 kV；离子源温度 100 ℃；干燥气温度 300 ℃；干燥气流速 500 L/h；质量扫描范围 100 ~ 1 000 amu；碰撞能 10 eV；锥孔电压 60.0 V。

⑤半制备高效液相色谱纯化。

采用 Waters 600 系统，配 Waters 2487 DAD 检测器，色谱条件如下。

流动相：A 为 2.5% 甲酸、30% 甲醇、67.5% 水，B 为 2.5% 甲酸、5% 甲醇、92.5% 水。等度洗脱，35% A 和 65% B。色谱柱：Symmetryprep C18，150 mm × 7.8 mm，7 μm。柱温 25 ℃；流速 2 mL/min；检测波长 520 nm；进样体积 50 μL。

称取 0.302 g 经 LX-68 大孔吸附树脂纯化的样品，用含 0.01% HCl 的 70% 甲醇溶液溶解配成浓度为 40 mg/mL 的溶液，经半制备高效液相色谱纯化后，得到纯化液的花色苷含量，采用峰面积归一化法测定，梯度洗脱条件同上。纯化液在 30 ℃下真空浓缩，在 −40 ℃下冷冻 24 h，冷冻干燥 50 h 后得到高纯度桑葚花色苷和花色苷单体。

⑥核磁分析。

称量经半制备高效液相色谱纯化的花色苷单体样品约 10 mg 置于核磁管中，用氘代试剂 CD_3OD-TFA-d（19 : 1）溶解，配成 10 mg/mL 的溶液，用四甲基硅烷（TMS）作为内标物质，温度为 25 ℃，于 Avance Ⅲ 400 MHz 全数字化核磁共振谱仪中进行 ^1H NMR 分析。结果采用 MestReNova 一维谱图处理软件进行处理。

3. 结果与讨论

根据结论，桑葚花色苷选择最佳大孔吸附树脂 LX-68 进行静态和动态实验条件优化，确定最佳纯化条件为：吸光度为 0.991 Abs、pH 值为 3 的色素液以 8*BV/h* 的流速上样，用 pH 值为 2、80% 的乙醇溶液做洗脱剂，洗脱流速为 *BV/h*，纯化后产品色价为 114，纯度为 39.9%，花色苷回收率为 91.5%。

采用 UV-vis、HPLC-DAD、HPAEC-PAD、UPLC-MS 和 ^{1}H NMR 等方法分析桑葚中的花色苷发现：桑葚中含有四种花色苷单体，即矢车菊素 -3-O- 葡萄糖苷、矢车菊素 -3-O- 芸香糖苷、天竺葵素 -3-O- 葡萄糖苷和天竺葵素 -3-O- 芸香糖苷。

（三）桑葚中花青素的分析

1. 仪器与试剂

FA2004N 电子分析天平，上海菁海仪器有限公司；XH-B 型旋涡混匀器，姜堰市康健医疗器具有限公司；722s 型可见分光光度计，上海欣茂仪器有限公司；101-1 电热干燥箱，北京科伟永兴仪器有限公司；ZD-2A 型自动电位滴定仪，上海大普仪器有限公司；CJJ-781 磁力加热搅拌器，城西晓阳电子仪器厂；HH-b 型数显恒温水浴锅，常州奥华仪器有限公司；LD-3D 电动离心机，上海上登实验设备有限公司；XTP-200 型高速多功能粉碎机，浙江永康市红太阳机电有限公司；XH-100A 微波催化合成 - 萃取仪，北京祥鹄科技发展有限公司；GENESYS 10s 紫外可见分光光度计，美国 Thermo 公司；Thermo Vanquish UHPLC 超高效液相色谱仪，美国 Thermo 公司；Q-Exactive HF 高分辨质谱仪，美国 Thermo 公司；Zorbax Eclipse C18 色谱柱，美国安捷伦科技公司；RE-2000A 旋转蒸发器，上海亚荣生化仪器厂；SHB-DⅢ循环水式多用真空泵，北京科伟永兴仪器有限公司。

氯化钾，分析纯，成都金山化学试剂有限公司；盐酸，分析纯，重庆川东化工（集团）有限公司；乙酸钠，分析纯，成都金山化学试剂有限公司；无水乙醇，分析纯，天津市富宇精细化工有限公司；柠檬酸，分析纯，天津市永大化学试剂有限公司；95% 乙醇，分析纯，天津市富宇精细化工有限公司；氢氧化钠，分析纯，重庆茂业化学试剂有限公司；AB-8 大孔吸附树脂，南开大学化工厂；氯化铝，分析纯，成都金山化学试剂有限公司；甲醇，色谱纯，德国 Merck KGaA 公司；乙腈，色谱纯，德国 Merck KGaA 公司；甲酸，色谱纯，山东西亚化学工业有限公司。

pH 1.0 缓冲液的配制：准确称取 3.725 g KCl 用蒸馏水溶解并定容至 250 mL；准确量取 4.25 mL 浓盐酸用蒸馏水定容至 250 mL；将 KCl 溶液与盐酸以 25∶67 的比例混合；用 KCl 溶液调 pH 值至 1.0 ± 0.1。

pH 4.5 缓冲液的配制：准确称取 4.1 g CH_3COONa 用蒸馏水溶解并定容至 250 mL；用盐酸调 pH 值至 4.5 ± 0.1。

2. 实验方法

1）微波辅助提取花青素单因素实验

称取 0.5 g 桑葚果渣粉末，分别在不同的乙醇体积分数（40%、50%、60%、70%、80%、

90%)、料液比(1∶20 g/mL、1∶30 g/mL、1∶40 g/mL、1∶50 g/mL、1∶60 g/mL)、微波功率(400 W、500 W、600 W、700 W、800 W)、提取温度(30 ℃、40 ℃、50 ℃、60 ℃、70 ℃)、提取时间(10 s、20 s、30 s、40 s、50 s)下进行单因素实验。

2)响应面优化微波辅助提取花青素实验

根据单因素实验的结果,以花青素提取量为考察指标,依据 Box-Behnken 设计原理,选择乙醇体积分数、料液比、微波功率和微波时间进行四因素三水平响应面实验,确定最优工艺参数。响应面实验的因素与水平设计如表 1.6.2 所示。

表 1.6.2　响应面实验的因素与水平设计

水平	因素			
	A. 乙醇体积分数/%	B. 料液比/(g/mL)	C. 微波功率/W	D. 微波时间/s
−1	70	1∶40	600	10
0	80	1∶50	700	20
1	90	1∶60	800	30

3)花青素提取量的测定

取 2.5 mL 提取液,用蒸馏水定容至 25 mL。移取 2.5 mL 样液 2 份,分别用 pH 1.0、pH 4.5 缓冲液定容至 25 mL,在 40 ℃的水浴中平衡 30 min,以蒸馏水代替样品做空白对照,在 λ_{max} 和 700 nm 处测定吸光度。计算公式如下:

$$花青素提取量=\frac{A\times M_w\times DF\times V}{\varepsilon\times L\times m}$$

$$A=(A_{\lambda max}-A_{700\,nm})_{pH\,1.0}-(A_{\lambda max}-A_{700\,nm})_{pH\,4.5}$$

式中　M_w——矢车菊素-3-O-葡萄糖苷的相对分子质量,g/mol;

DF——稀释倍数;

V——提取液的体积,mL;

ε——摩尔吸光系数,26 900 L/(mol/cm);

L——光程,cm;

m——原料的质量,g。

4)桑葚花青素的纯化与结构分析

(1)大孔吸附树脂的预处理。

AB-8 大孔吸附树脂用 95% 的乙醇浸泡 24 h 以上,用蒸馏水洗至无醇味,用 5% 的盐酸浸泡 2~3 h,用蒸馏水洗至中性,用 5% 的氢氧化钠水溶液浸泡 2~3 h,用蒸馏水洗至中性,吸干树脂内的水分,备用。

(2)桑葚花青素的纯化。

称取一定量的大孔吸附树脂,装柱,50 mL 花青素浓缩液以 1 mL/min 的流速上样,待树脂吸附饱和后，以 3 mL/min 的流速，用 5 倍柱体积的蒸馏水冲洗去除糖分，再用 5 倍柱体积的 80% 的乙醇溶液解吸花青素，洗脱速度为 1 mL/min。收集洗脱液，50 ℃旋蒸浓缩，得到桑葚花青素纯化液。

（3）桑葚花青素的紫外 - 可见吸收光谱分析。

①最大吸收波长的测定。

桑葚花青素纯化液用 0.01% 盐酸 - 甲醇溶液配成一定浓度，在 200~700 nm 的范围内扫描其紫外 - 可见吸收光谱。

②氯化铝反应。

向装有花青素纯化液的 0.01% 盐酸 - 甲醇溶液中加入 3~5 滴 5% 的氯化铝溶液，振荡均匀，静置 10 min 后扫描紫外 - 可见吸收光谱，观察其颜色和最大吸收波长的变化。

③桑葚花青素的超高效液相色谱 - 质谱分析。

采用美国 Thermo 公司的 UHPLC-MS 仪器分析平台系统（包括 ThermoVanquish UHPLC 超高效液相色谱仪、Q-Exactive HF 高分辨质谱仪和 Xcalibur 2.0 软件）对桑葚花青素的结构进行分析。

色谱条件：色谱柱为 Zorbax Eclipse C18 柱（2.1 m × 100 mm，1.8 μm）。色谱分离条件：流动相 A 水 +0.1% 甲酸，流动相 B 纯乙腈；柱温 30 ℃，流速 0.3 mL/min，进样量 2 μL，自动进样器温度 4 ℃。流动相梯度洗脱：0~2 min，5% B；2~7 min，30% B；7~14 min，78% B，14~18 min，95% B；18~25 min，5% B。

质谱条件如下。正离子模式：加热器温度 325 ℃，鞘气流速 45 arb，辅助气流速 15 arb，吹扫气流速 1 arb，电喷雾电压 3.5 kV，毛细管温度 330 ℃，S-Lens RF Level 55%。负离子模式：加热器温度 325 ℃，鞘气流速 45 arb，辅助气流速 15 arb，吹扫气流速 1 arb，电喷雾电压 3.5 kV，毛细管温度 30 ℃，S-Lens RF Level 55%。扫描模式：一级全扫描（full scan，*m/z*=100~1 500）与数据依赖性二级质谱扫描（dd-MS2，Top *N* = 10），分辨率 70 000（一级质谱）和 17 500（二级质谱）。碰撞模式：高能量碰撞离解（HCD）。

3. 结论

1）微波辅助提取中不同单因素对花青素提取量的影响

根据单因素实验的结果与响应面分析确定了微波辅助提取花青素的最佳工艺参数为：乙醇体积分数 75%，pH 值 3.5，微波功率 700 W，提取温度 50 ℃，提取时间 20 s，料液比 1 ∶ 50。在这种条件下，花青素提取量为 34.63 mg/g。乙醇体积分数、pH 值、微波功率、提取温度、提取时间和料液比对花青素提取量的影响如图 1.6.1 所示。

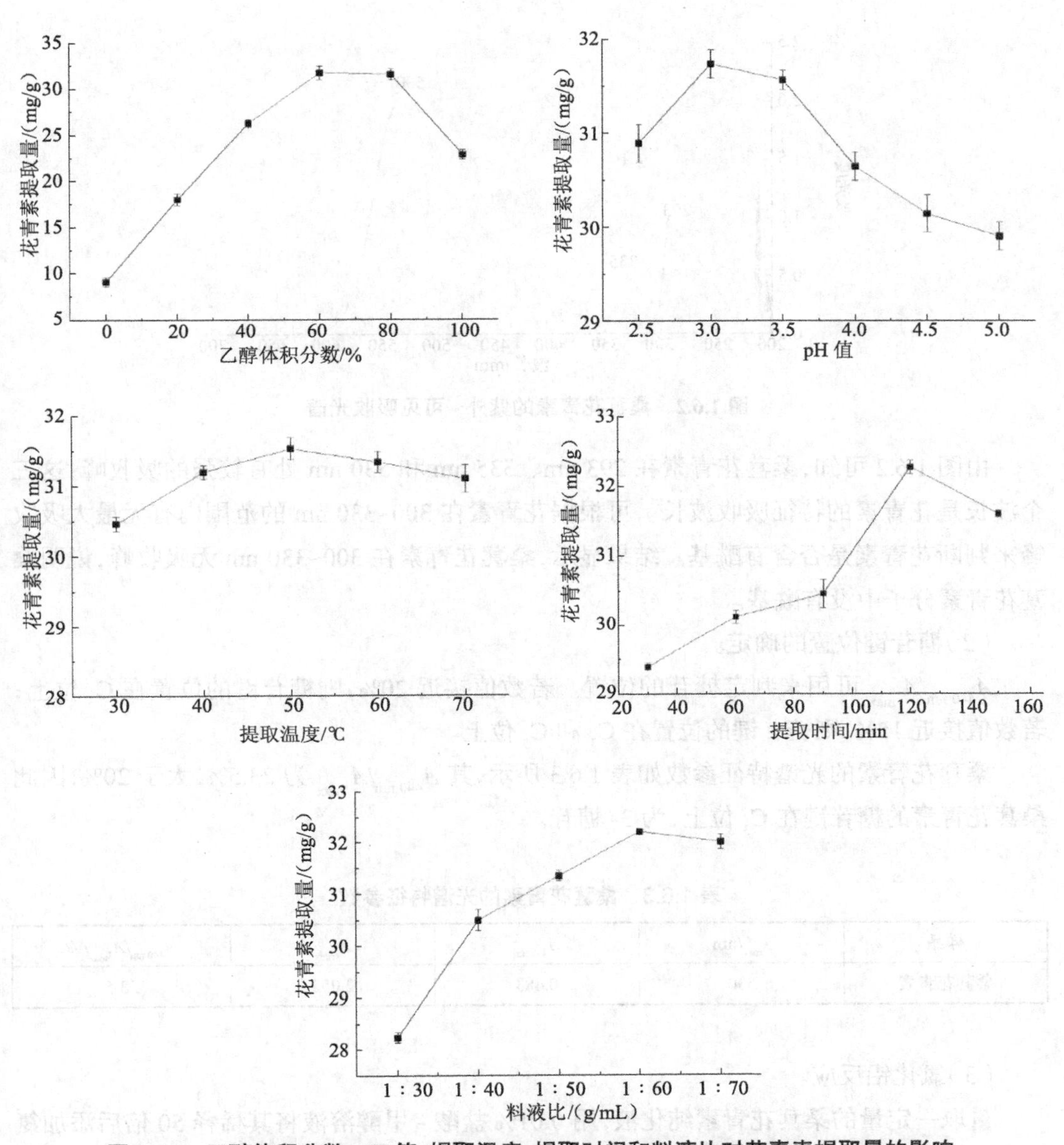

图 1.6.1　乙醇体积分数、pH 值、提取温度、提取时间和料液比对花青素提取量的影响

2)桑葚花青素结构分析的结果

(1)最大吸收波长的测定。

量取一定量的桑葚花青素纯化液，用 0.01% 盐酸 - 甲醇溶液将其稀释 50 倍，其紫外 - 可见吸收光谱如图 1.6.2 所示。

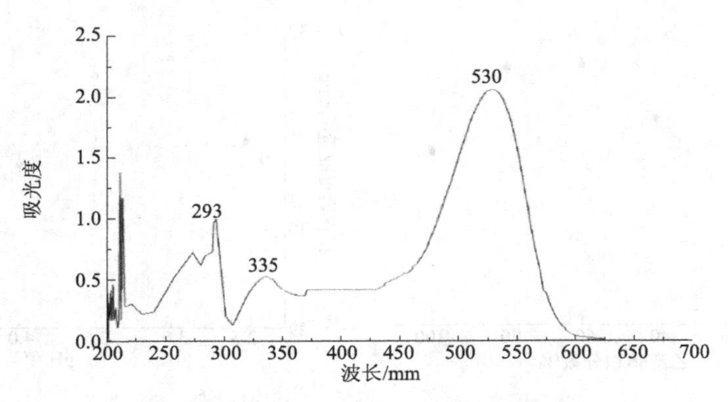

图 1.6.2 桑葚花青素的紫外 - 可见吸收光谱

由图 1.6.2 可知，桑葚花青素在 293 nm、335 nm 和 530 nm 处有较强的吸收峰，这三个波长是花青素的特征吸收波长。可根据花青素在 300~330 nm 的范围内有无最大吸收峰来判断花青素是否含有酰基。结果显示，桑葚花青素在 300~330 nm 无吸收峰，说明桑葚花青素分子中没有酰基。

（2）糖苷键位置的确定。

$A_{440\ nm}/A_{\lambda max}$ 可用来判定糖苷的位置。若数值接近 20%，则糖苷键的位置在 C_3 位上；若数值接近 15%，则糖苷键的位置在 C_3 和 C_5 位上。

桑葚花青素的光谱特征参数如表 1.6.3 所示，其 $A_{440\ nm}/A_{\lambda max}$ 为 23.5%，大于 20%，因此桑葚花青素的糖苷键在 C_3 位上，为 3- 糖苷。

表 1.6.3 桑葚花青素的光谱特征参数

样品	λ_{max}/nm	$A_{440\ nm}$	$A_{\lambda max}$	$A_{440\ nm}/A_{\lambda max}$/%
桑葚花青素	530	0.483	2.053	23.5

（3）氯化铝反应。

量取一定量的桑葚花青素纯化液，用 0.01% 盐酸 - 甲醇溶液将其稀释 50 倍后添加氯化铝溶液，其紫外 - 可见吸收光谱如图 1.6.3 所示。

（4）桑葚花青素的超高效液相色谱 - 质谱分析。

采用全谱分析方法，利用 UHPLC-MS 技术对桑葚花青素进行分离和鉴定。该方法不需要花青素标品，分析过程快速、灵敏，结合质谱数据库信息注释和分类，可达到精准定性的目的。经过 UHPLC-MS 分析得到桑葚花青素的总离子流图（图 1.6.4）和质谱图。由图可知，从桑葚花青素中鉴定得到 11 种物质，根据分子质量和离子信息得到 6 个主要目标吸收峰，分别为峰 5、峰 6、峰 7、峰 8、峰 9 和峰 11。由表 1.6.4 可知，峰 5、峰 6、峰 7、峰 8、峰 9 为花色苷，峰 11 为游离的花青素矢车菊素。

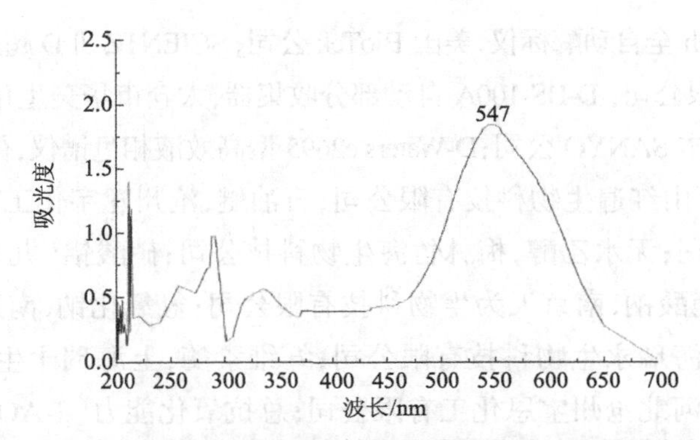

图 1.6.3　添加氯化铝溶液后桑葚花青素的紫外 - 可见吸收光谱

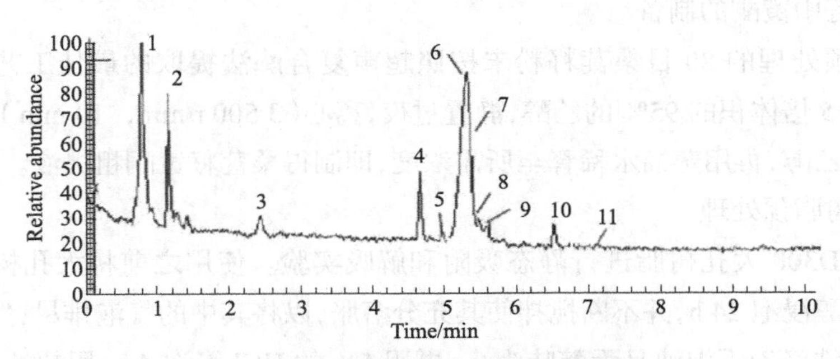

图 1.6.4　桑葚花青素的总离子流图

表 1.6.4　桑葚花青素的 UHPLC-MS 分析结果

色谱峰	保留时间/min	分子离子(*m/z*)	碎片离子(*m/z*)	分子式	峰面积	鉴定结果
5	5.10	611	287	$C_{27}H_{31}O_{16}$	256 931	矢车菊素 -3-O- 槐糖苷
6	5.29	449	287	$C_{21}H_{21}O_{11}$	27 014 439	矢车菊素 -3-O- 葡萄糖苷
7	5.32	595	287、449	$C_{27}H_{31}O_{15}$	19 286 344	矢车菊素 -3-O- 芸香糖苷
8	5.55	433	271	$C_{21}H_{21}O_{10}$	2 665 391	天竺葵素 -3-O- 葡萄糖苷
9	5.57	579	271、433	$C_{27}H_{31}O_{14}$	328 594	天竺葵素 -3-O- 芸香糖苷
11	7.13	408	287	$C_{15}H_{11}O_{6}$	45 894	矢车菊素

(四)桑葚籽中黄酮的提取、纯化与分析

1. 仪器、材料与试剂

DXF-04D 小型高速打粉机，广州市大祥电子机械设备有限公司；HWS-11 恒温水浴锅，上海善志仪器设备有限公司；TGL-16B 台式离心机，上海安亭科学仪器厂；D-B5 型紫外可见分光光度计，上海奥析科学仪器有限公司；D-RE-600A 旋转蒸发仪，上海亚荣

生化仪器厂；D-Epoch 全自动酶标仪，美国 BioTek 公司；SCIENTZ-ⅡD 超声波细胞粉碎机，宁波新芝生物科技有限公司；D-BS-100A 自动部分收集器，太仓市华美生化仪器厂；D-ZD-F12 真空冷冻干燥机，日本 SANYO 公司；D-Waters e2695 型高效液相色谱仪，德国 Waters 公司。

桑葚籽，句容万山红遍生物科技有限公司；石油醚，沧州建宇化工有限公司；芦丁，南京建安实业有限公司；无水乙醇，梅林竹海生物科技公司；硝酸铝（九水），南京天为生物科技有限公司；亚硝酸钠，南京天为生物科技有限公司；氢氧化钠，南京天为生物科技有限公司；果胶酶，上海瑞永生物科技有限公司；纤维素酶，上海瑞永生物科技有限公司；HPD300 大孔树脂，河北沧州宝恩化工有限公司；总抗氧化能力（T-AOC）检测试剂盒，南京建成生物工程研究所；玻璃层析柱，上海厦美生化科技有限发展公司。

2. 实验方法

1）桑葚籽中黄酮的制备

对经过预处理的 80 目桑葚籽粉末按照超声复合酶法提取的最佳工艺参数进行提取，然后加入 5 倍体积的 95% 的乙醇，静置过夜，离心（3 500 r/min，10 min）取上清液，旋转蒸发，除去乙醇，再用蒸馏水稀释至所需浓度，即制得桑葚籽黄酮粗提液。

2）大孔树脂预处理

采用 HPD300 大孔树脂进行静态吸附和解吸实验。使用之前将大孔树脂置于烧杯中，用无水乙醇浸泡 24 h，并不断搅拌使其充分溶胀，以将其中的气泡排尽；然后用超纯水反复冲洗，至洗涤液不混浊且无醇味为止；再用 5% 的 HCl 浸泡 4 h，用超纯水洗至中性；最后用 5% 的 NaOH 浸泡 4 h，用超纯水洗至中性，备用。

3）动态吸附与解吸条件优化

（1）样品上柱流速对树脂吸附效果的影响。

称取预处理过的 HPD300 大孔树脂 40.0 g，湿法装入玻璃层析柱（3.6 cm × 90 cm），达到平衡后，将浓度为 1.00 mg/mL 的黄酮提取液以不同的流速（0.5 mL/min、1.0 mL/min、1.5 mL/min、2.0 mL/min）上样吸附，10 mL/管收集流出液，测量达到泄漏点（流出液黄酮浓度为进样浓度的 1/10）时流出液的体积，确定适宜的上样流速。

（2）洗脱流速对树脂解吸效果的影响。

取上样体积为 300 mL 的桑葚籽黄酮溶液，以上面确定的适宜流速上样后，静置 2 h，用去离子水冲洗层析柱，至流出液无色，然后用体积分数为 60% 的乙醇分别以不同的速度对树脂进行洗脱，用 10 mL 离心管收集洗脱液，测定每管中黄酮的含量，分析洗脱流速对 HPD300 大孔树脂解吸效果的影响。

（3）桑葚籽黄酮的纯化效果分析。

对经过 HPD300 大孔树脂纯化前的桑葚籽黄酮溶液和经过树脂纯化后的乙醇洗脱液，在最高吸收峰 550 nm 处测定吸光度，根据标准曲线可以得到桑葚籽黄酮的含量。然后按照 T-AOC 检测试剂盒的操作流程，对纯化前后黄酮的总抗氧化能力进行测定，通过对纯化前后黄酮的含量和抗氧化能力的比较来检测 HPD300 大孔树脂对桑葚籽黄酮的纯化效果。

（4）桑葚籽黄酮的高效液相色谱分析。

采用超高效液相色谱仪对桑葚籽中的黄酮类化合物进行分析。取 10.0 μL 提取液由自动进样器进样，液相色谱条件：以 100% 乙腈为流动相 A，以 2% 甲酸为流动相 B，流速 0.30 mL/min，柱温 45 ℃；采用 BEH-C18 色谱柱（100 mm × 2.1 mm，1.7 μm）；采用 DAD 检测器，检测波长为 280 nm。按照如下梯度洗脱：0~8 min，5%~15% A；8~15 min，15%~21% A；15~25 min，21%~60% A；25~30 min，60%~90% A。

3. 结果与讨论

1）吸附与解吸条件的确定

（1）HPD300 大孔树脂的 Langmuir 吸附等温线。

由图 1.6.5 可知，HPD 300 大孔树脂的 Langmuir 吸附等温线为直线，且 R^2=0.990 6，基本上符合 Langmuir 吸附理论。根据直线的斜率和截距，可以计算出 HPD300 大孔树脂对桑葚籽黄酮的最大吸附量 Q_m 为 37.74 mg/g。由此可以看出，HPD300 大孔树脂对桑葚籽黄酮的吸附作用是单分子层吸附，所以选择较低浓度的桑葚籽黄酮溶液上样，若上样浓度过高，不仅不会增加树脂的吸附量，反而会造成黄酮提取液的浪费。

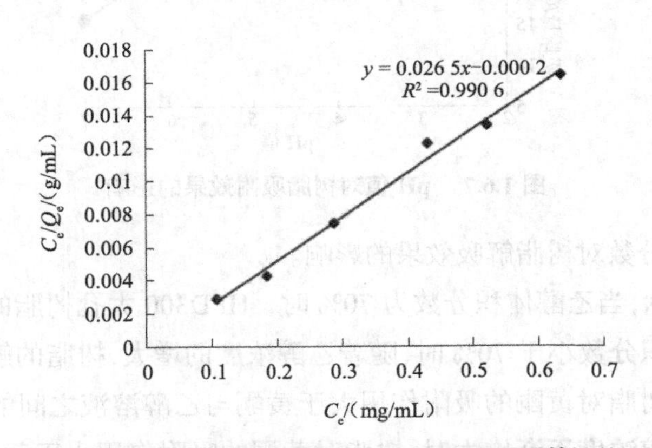

图 1.6.5　HPD300 大孔树脂的 Langmuir 吸附等温线

（2）样品浓度对树脂吸附效果的影响。

由图 1.6.6 可以看出，树脂吸附量随样品浓度升高而增加。当样品浓度较低时，树脂对黄酮的吸附量也较低，这是因为浓度过低，树脂吸附不充分；增大样品浓度能够增大树脂吸附量，当树脂达到吸附饱和时，再增大样品浓度会使树脂表面的黄酮分子增多，这样不利于黄酮的吸附，所以会使树脂吸附量维持在一个稳定的状态甚至有所下降。因此，选择浓度为 2.0 mg/mL 的样品上样。

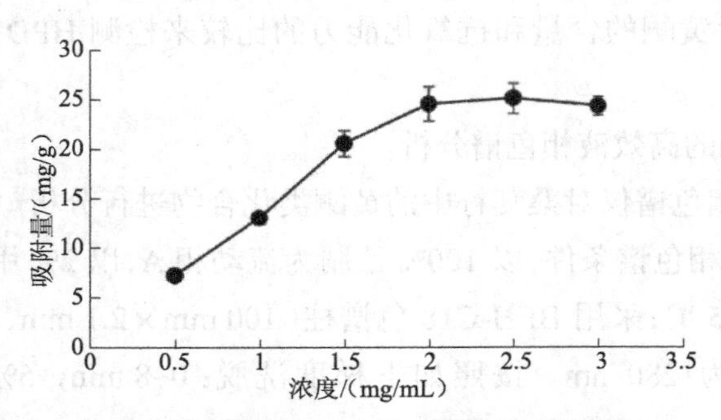

图 1.6.6 样品浓度对树脂吸附效果的影响

(3)pH 值对树脂吸附效果的影响。

如图 1.6.7 所示，当 pH 值小于 5.0 时，HPD300 大孔树脂对桑葚籽黄酮溶液的吸附性能随样品溶液 pH 值的升高变化不明显，在 pH 值为 5.0 时达到最高值 25.97 mg/g，当 pH 值超过 5.0 后，吸附效果随着 pH 值的升高而降低。

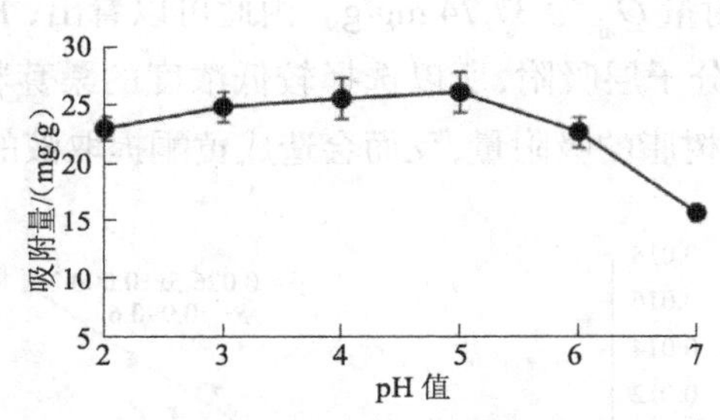

图 1.6.7 pH 值对树脂吸附效果的影响

(4)乙醇体积分数对树脂解吸效果的影响。

如图 1.6.8 所示，当乙醇体积分数为 70% 时，HPD300 大孔树脂的解吸率最高，达到 76.9%。当乙醇体积分数小于 70% 时，随着乙醇浓度的增大，树脂的解吸率逐渐升高，当乙醇浓度较低时，树脂对黄酮的吸附作用大于黄酮与乙醇溶液之间的作用力，黄酮被吸附在树脂上；当乙醇浓度逐渐增大时，树脂对黄酮的吸附作用小于黄酮与乙醇溶液之间的作用力，所以黄酮溶于乙醇溶液而被洗脱下来。在本实验中，70% 的乙醇对黄酮的洗脱效果最好。

2)动态吸附与解吸实验结果

HPD300 大孔树脂的静态吸附量为 29.9 mg/g，解吸率为 90.2%，且解吸速度较快。当样品溶液浓度为 2.0 mg/mL，pH 值为 5.0，上样流速为 1.0 mL/min 时，树脂对黄酮的吸附量最大，为 44 mL，此时用体积分数为 70% 的乙醇以 1.0 mL/min 的流速进行洗脱解吸效果最好，且洗脱峰较集中，有利于收集。图 1.6.9、图 1.6.10 为 HPD300 的动态吸附、洗脱曲线。

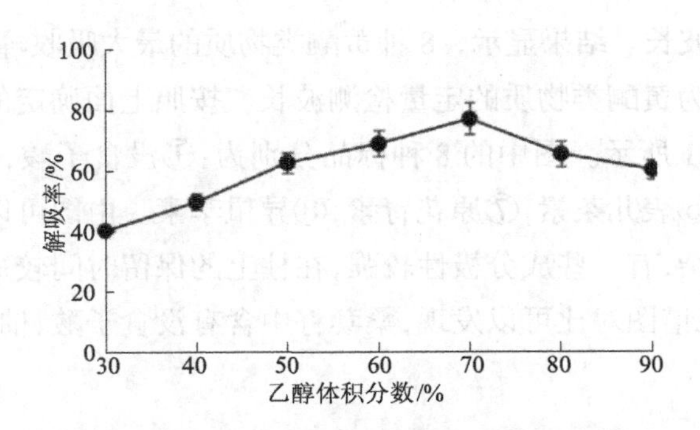

图 1.6.8　乙醇体积分数对树脂解吸效果的影响

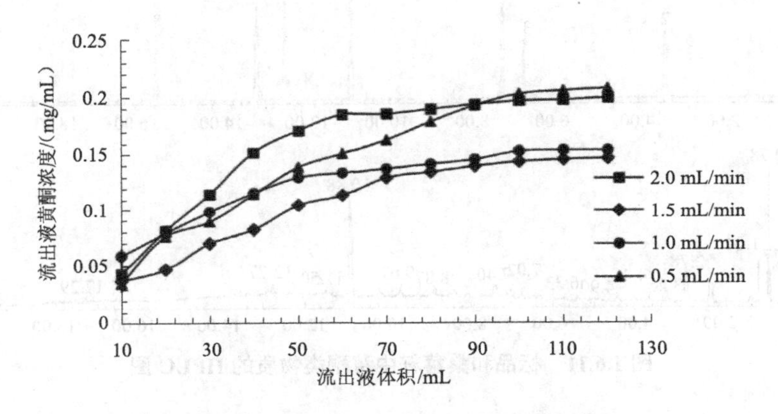

图 1.6.9　HPD300 的动态吸附曲线

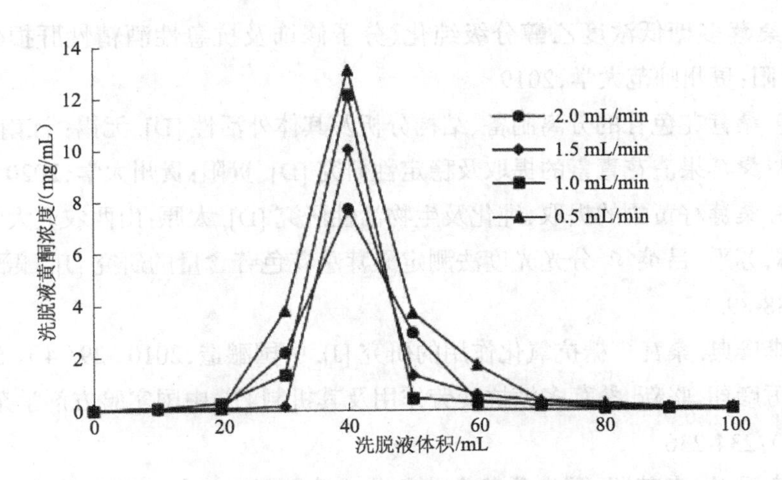

图 1.6.10　HPD300 的动态洗脱曲线

3）桑葚籽中黄酮成分分析的结果

在波长为 190~400 nm 的范围内，通过对 8 种黄酮类物质标品进行光谱扫描，分析不同成分的最大吸收波长。结果显示，8 种黄酮类物质的最大吸收峰均在 280 nm 左右,因此,选取 280 nm 作为黄酮类物质的定量检测波长。按照上面确定的液相色谱分离条件,分析结果如图 1.6.11 所示。图中的 8 种标品分别为:①没食子酸,②槲皮素,③甘草素,④柚皮素,⑤芦丁,⑥表儿茶素,⑦原花青素,⑧异鼠李素。由图可以看出,桑葚籽中的黄酮类物质成分较复杂,有一些成分极性较强,在柱上的保留时间较短,使得各个峰很难分开,通过与标品的色谱图对比可以发现,桑葚籽中含有没食子酸、柚皮素、芦丁、表儿茶素等成分。

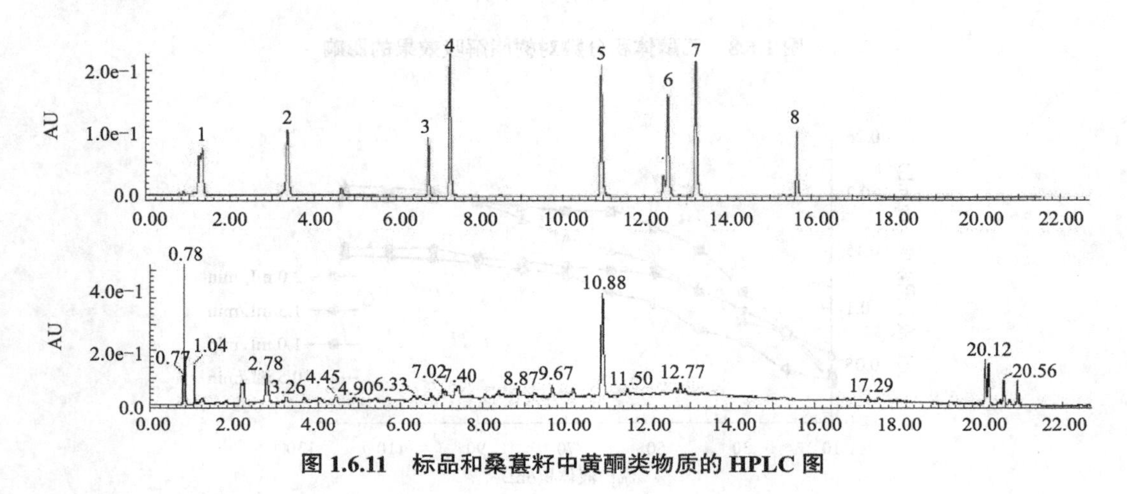

图 1.6.11 标品和桑葚籽中黄酮类物质的 HPLC 图

参考文献

[1] 谭西. 桑葚多糖低浓度乙醇分级纯化、分子修饰及抗急性酒精性肝损伤活性研究[D]. 贵阳:贵州师范大学,2019.

[2] 胡金奎. 桑葚花色苷的分离制备、结构分析及其体外活性 [D]. 无锡: 江南大学,2013.

[3] 栾琳琳. 桑葚果渣花青素的提取及稳定性研究 [D]. 贵阳:贵州大学,2020.

[4] 曹培杰. 桑葚籽黄酮的提取、纯化及生物活性研究 [D]. 太原:山西农业大学,2019.

[5] 霍琳琳,苏平,吕英华. 分光光度法测定桑葚总花色苷含量的研究 [J]. 酿酒, 2005, 32(4): 88-89.

[6] 李颖,李庆典. 桑葚多糖抗氧化作用的研究 [J]. 中国酿造,2010, 29(4): 59-61.

[7] 王忠,厉彦翔,骆新. 桑葚多糖抗疲劳作用及其机制 [J]. 中国实验方剂学杂志, 2012, 18(17):234-236.

[8] 陈亮,辛秀兰,袁其朋. 野生桑葚中花色苷成分分析 [J]. 食品工业科技, 2012(15): 307-310.

[9] 王湛,付钰洁,常徽,等. 桑葚花色苷的提取及对人乳腺癌细胞株 MDA-MB-453 生长的抑制 [J]. 第三军医大学学报,2011, 33(10): 988-990.

[10] 回瑞华，侯冬岩，李铁纯，等. 不同产地桑葚脂溶性成分的比较分析 [J]. 鞍山师范学院学报，2020，22(4)：23-26.

[11] 汤海清. 桑葚中花青素的抗氧化活性及与牛血红蛋白间相互作用研究 [D]. 扬州：扬州大学，2019.

[12] 周成伟，万青毅，郭政铭，等. 桑葚花色苷提取、纯化和生理活性研究进展 [J]. 食品工业，2020，41(3)：250-253.

[13] 赵梓伊，霍岩，张一鸣，等. 桑葚总黄酮体外抗氧化及其抑菌活性分析 [J]. 饲料研究，2020，43(10)：69-73.

[14] 卫春会，张兰兰，邓杰，等. 桑葚花青素超声波辅助提取工艺优化 [J]. 食品工业，2020，41(12)：101-105.

[15] 栾琳琳，卢红梅，陈莉. 桑葚花青素提取纯化研究进展 [J]. 中国调味品，2019，44(3)：162-166，170.

[16] 高林森，柴岳平，温吉更，等. 桑葚花色苷提取条件的响应面法优化 [J]. 河北农业科学，2020，24(1)：109-114.

[17] 李慧，刘俊果，冯方圆，等. 桑葚中黄酮提取方法比较与优化及稳定性研究 [J]. 应用化工，2021，50(10)：2770-2774.

[18] 冀冰聪，杜婷. 桑椹花青素的研究现状及其在食品领域中的应用 [J]. 食品研究与开发，2021，42(15)：189-197.

[19] 李变丽，陈华国，赵超，等. 桑葚多糖对镉源性肝损伤小鼠的保护作用 [J]. 食品科学，2022，43(1)：135-141.

第二章 其他作物中活性成分提取、纯化与分析

第一节 黄皮

一、黄皮概述

黄皮又称黄弹、黄弹子、黄段。芸香科，小乔木，树高可达 12 m，属热带、亚热带水果。叶片较小，呈卵形或卵状椭圆形，两侧不对称。圆锥花序顶生，花蕾圆球形，花萼裂片阔卵形，花瓣长圆形，花丝线状，果实为浆果，颜色为淡黄至暗黄色，果肉颜色为乳白色，半透明，种子 1～4 粒；4—5 月开花，7—8 月结果。黄皮含丰富的维生素 C、糖、有机酸及果胶，果皮及果核皆可入药，有消食、化痰、理气之功效，用于食积不化、胸膈满痛、痰饮咳喘等症，并可解郁热、理疝痛；叶性味辛凉，有疏风解表、除痰行气之功效，用于防治流行性感冒、温病身热、咳嗽哮喘、水胀腹痛、疟疾、小便不利、热毒疥癞等症；根可治气痛及疝痛。

二、黄皮的产地与品种

黄皮原产于中国南方，为我国南方特有的优稀水果，在我国有 1 500 多年的栽培历史。黄皮作为杂果类，在过去得不到重视，但近几年由于橘桔的滑坡、龙眼价格的回落，不少果农开始把眼光转向黄皮，黄皮作为创汇果树大有开发价值。黄皮约有 23 个种，主要分布在东半球热带与亚热带地区，在我国约有 11 个种，主要分布于广东、福建、海南、广西、四川、云南和台湾等地区。广东以郁南、英德、潮安、揭西、丰顺、梅县、封开、博罗、增城、从化和广州市白云区种植较多，乐昌等地也有分布。据《南方农村报》报道，至 2007 年，广东省仅郁南的无核黄皮种植面积就达到了 6.95 万 hm^2，郁南因此被誉为“中国无核黄皮之乡”。黄皮果实柔软皮薄，容易破损，不易贮藏，极大地制约了黄皮产业的发展。闽南本土产的黄皮由于果实小，核大肉少，果味偏酸，无法与个大味甜的水果竞争，渐渐被人们遗忘。黄皮果类型繁多，但普通种和劣种多，因此，发展黄皮种植，需要选择优良品种和提高产业化程度，无核黄皮无疑成为首选对象。无核黄皮原产于广东省郁南县建城镇，现仅存 2 株母树，其树龄已达 100 多年，仍然生势旺盛。这 2 株母树在 1960 年的广东省水果资源普查中被发现，于 1964 年被广东省农业科学院果树研究所专家确认属广东省优稀水果。随后，研究人员成功地采用母树枝嫁接方法培育出无核黄皮果树。1992—

1995 年，“星火”计划项目支持发展无核黄皮果树的种植。2002 年，郁南县被农业部授予“中国无核黄皮之乡”称号。由于郁南县拥有无核黄皮母树，并且拥有独特的气候、土壤条件，优质的水资源以及积累了数十年的管理技术，郁南无核黄皮始终在数十种黄皮品种中出类拔萃，成为黄皮水果中的珍品。目前，全国各地质量技术监督部门已开始对郁南无核黄皮实施原产地域产品保护措施，即使采用郁南无核黄皮的种子，但不在郁南县现辖行政区域内种植生产的无核黄皮均不能称作郁南无核黄皮。目前，郁南县无核黄皮果树种植面积达 0.667 万 hm^2，年产无核黄皮 20 万 t 以上，这一传统品种重获消费者的青睐。

黄皮在福建主要分布于福州、同安、泉州、漳州、莆田、云霄等地。福州地区黄皮生产历史悠久，品种丰富，其气候条件很适宜黄皮生长，尤其是福州市郊区和闽侯县有多年生产黄皮的经验，其主栽良种在历史上也很有名。其中闽侯县大目溪镇栽培面积约为 20 hm^2，大目埕村至今仍保留着较大的种植面积和较多的品种。福州市新店镇象峰村闽丰农场 20 世纪 90 年代初从广西引进一批苗木，逐步发展，种植面积约为 3.33 hm^2。福州市盖山镇义屿一带前几年从省农科院引进部分品种，如无核黄皮、大鸡心黄皮等，尚处于引种观察阶段。长乐、连江、罗源、闽清等县的黄皮生产基本上属于零星栽培。多年来制约黄皮生产的主要因素是黄皮的果实偏小、味偏酸，果核较多，因此黄皮得不到较好的发展。针对这种情况，福州市农科所果树组开展了选优工作，目前初步选出黄优 1 号、黄优 2 号两个有希望的优良株系，进行区域实验。黄优 1 号是从闽侯县大目埕村选出的一个早熟圆梨优良株系，单果重 9.74 g，平均纵横径为 2.72 cm × 2.39 cm，果皮厚 0.4 cm，可溶性固形物占 21.5%，种子 5 粒，种子重 0.53 g。黄优 2 号是从新店镇象峰村闽丰农场选出的一个中熟鸡心优良株系，单果重 13.07 g，平均纵横径为 3.28 cm × 2.54 cm，果皮厚 0.52 cm，可溶性固形物占 13.5%，种子 5 粒，种子重 0.69 g。

海南省是种植黄皮最适宜的省区之一，目前黄皮种植已经达到一定规模，主要分布于海口、文昌、澄迈、琼海等地，主要盛产于“黄皮之乡”海口市永兴镇、三门坡镇，澄迈市永发镇、桥头镇，文昌市昌洒镇、琼海市中原镇，等等。

广西黄皮栽培范围较广，东到梧州，南到北海，西到隆林，北到灵川均有黄皮栽培，主要分布于南宁、河池、玉林、百色、钦州、柳州、梧州和桂林。广西崇左市是全国最大的山黄皮产区，野生山黄皮资源非常丰富。广西的无核黄皮种植规模仅次于广东，种植面积还在逐步扩大，而且保持着较快的发展趋势。

三、黄皮的主要营养成分和活性成分

黄皮是芸香科黄皮属植物，原产于我国热带和亚热带地区，广泛分布于我国南方。其果、叶、根、种子等均可入药，具有抗氧化、保肝、降血糖以及杀虫、抑菌、除草等多方面的生物活性，有很高的药用价值。民间用其叶煮水洗浴治疗疥癞、消风肿等。黄皮的果实有行气、消食、化痰之功效，主治食积胀满、脘腹疼痛、疝痛、痰饮、咳喘。其根、叶及种子可治腹痛、胃痛、感冒发热等症。因此，近年来人们纷纷对黄皮的营养成分进行研究分析。黄皮的营养成分主要包括生物碱、香豆素、挥发油、黄酮和其他一些成分。

1. 生物碱

1）黄皮酰胺类

黄皮酰胺类化合物是黄皮中具有较强生理活性的一类重要生物碱。杨明河等从黄皮叶中分离得到3种酰胺类化合物：黄皮酰胺（clausenamide）、新黄皮酰胺（neoclausenamide）和桥环黄皮酰胺（cycloclausenamide）。其中，黄皮酰胺为吡咯烷酮类化合物，目前已完成对其16种光学活性异构体的合成和拆分，并通过对其中一对对映体（－）黄皮酰胺和（＋）黄皮酰胺的深入研究发现，其代谢转化、药理作用等均具有立体选择性，即（－）黄皮酰胺是优映体，具有显著的保肝、促智、抗神经细胞凋亡等作用，而（＋）黄皮酰胺为劣映体。

2）肉桂酰胺类

黄皮中的肉桂酰胺类生物碱结构较简单，为苯丙烯酰胺类衍生物。

3）咔唑类

咔唑类生物碱在黄皮中普遍存在。

2. 香豆素

香豆素类化合物广泛存在于黄皮中，目前从黄皮中分离得到的香豆素类化合物有chalepensin（21）、chalepin（22）、dehydroindicolactone（23）、wampetin（24）、indicolactone（25）、2′，3′-epoxyanisolactone（26）、anisolactone（27）、gravelliferone（28）、angustifoline（8-羟基呋喃香豆素，29）、imperatorin（欧前胡素，30）和8-hydroxypsoralen（8-羟基补骨脂素，31）。

3. 挥发油

黄皮含有的挥发油是多种成分的混合物，大多数为萜类化合物及其衍生物，少数为脂肪族和芳香族化合物。唐闻宁等从海口黄皮果挥发油中分离、鉴定出43种成分，主要为萜品烯-4-醇（32）、桧萜（33）、γ-松油烯（34）、α-松油烯（35）等。

张建和等对黄皮果核挥发油成分进行了分析，大多数成分为萜类化合物，主要为β-蒎烯（38）和柠檬烯（39）。罗辉等对黄皮叶挥发油成分进行了分离、鉴定，大多数成分为萜类及其衍生物，主要为倍半萜烯和倍半萜醇。

殷艳华等采用同时蒸馏萃取（SDE）法从黄皮果核、黄皮果皮、黄皮枝叶3个部位提取挥发油，通过GC-MS计算机联用技术对分离的化合物进行结构检索，应用峰面积归一法得出各类化学成分的百分含量。结果表明，从黄皮果核挥发油中鉴定出42种成分，占挥发油总量的97.78%；从黄皮枝叶挥发油中鉴定出35种成分，占挥发油总量的91.36%；从黄皮果皮挥发油中鉴定出35种成分，占挥发油总量的95.10%。3个部位的挥发油中主要成分为烯类、醇类等，但主要成分的类型和含量差异很大；果核和果皮中的很多成分都有杀虫活性。

黄亚非等研究黄皮果药材中挥发油和微量元素的组成和含量。方法：采用二氧化碳超临界法萃取挥发油，用 HP6890GC-5973MS 进行分析，用归一法测定其相对含量，并用 GC-MS 鉴定化学成分；用 SPECTRO CIROS 等离子体原子发射光谱仪、Agilent7500a 型电感耦合等离子体发射质谱仪和 915- 塞曼测汞仪直接测定微量元素。结果：共鉴定出 36 种挥发油成分，占挥发油总量的 95% 以上；并测定出 11 种微量元素锌、钾、钙、铁、锰、镁、锶、铜、钴、镍、硒。

4. 黄酮

黄皮中含有的黄酮是一类重要的天然抗氧化剂生理活性物质，它具有多种功能，如抗肿瘤作用、对血管的防护作用、较强的抗氧化活性和抗真菌活性等。钟秋平等以芦丁为标准品测得黄皮果中总黄酮的含量，为 0.91 mg/mL，并在此基础上通过颜色反应和荧光鉴别对黄酮的种类进行了鉴别，确定黄皮果 95% 甲醇提取液中黄酮的种类主要为双氢黄酮、查尔酮和黄酮醇等。

5. 其他

黄亚非等从黄皮果中测定出锌、钾、钙、铁、锰、镁、锶、铜、钴、镍、硒等 11 种微量元素。戴宏芬等报道了黄皮果肉中含有酚酸类的绿原酸（chlorogenicacid，40）和黄烷醇类的表儿茶素（epicatechin，41）。张永明等研究发现，黄皮果中有多种氨基酸，其中苏氨酸、缬氨酸、异亮氨酸、亮氨酸、苯丙氨酸、赖氨酸等为必需氨基酸，天门冬氨酸、谷氨酸、甘氨酸、亮氨酸、苯丙氨酸、赖氨酸、精氨酸、酪氨酸等为药效氨基酸。戴宏芬等采用反相 HPLC 法对黄皮果肉中的氨基酸进行了测定。结果表明，从黄皮果肉中检测出天门冬氨酸、谷氨酸、丝氨酸、精氨酸、甘氨酸、苏氨酸、脯氨酸、丙氨酸、缬氨酸、异亮氨酸、亮氨酸、苯丙氨酸、赖氨酸和酪氨酸等 14 种氨基酸。1 g 黄皮鲜果肉中的氨基酸含量为 0.005 0 ~ 3.769 2 mg。李升锋等对无核黄皮的营养成分进行了分析检测，结果表明：无核黄皮含有丰富的蛋白质、脂肪、维生素、氨基酸、多糖等多种营养成分。

四、黄皮中活性成分的提取、纯化与分析

（一）黄皮果实中挥发油的分析

黄皮的营养成分的提取与纯化方法主要有水蒸气蒸馏法和有机试剂提取法等。

唐闻宁等采用水蒸气蒸馏法从黄皮果中提取挥发油，并用 GC-MS 法在最佳分析条件下对化学成分进行鉴定，用 GC 法测定各化合物在挥发油中的百分含量，得到了 92 种化合物的峰，鉴定了 43 个成分，占挥发油总量的 83.15% 以上。

1. 仪器和材料

仪器:HP5890/5973GC/MS 联用仪,美国惠普公司。

材料:黄皮果,阴干品,2001 年 7 月购于海南省海口市。

2. 实验方法

1)挥发油提取

将 100 g 切碎的黄皮果用挥发油提取器进行提取,时间为 6 h,油水经乙醚萃取、无水硫酸钠处理后过滤,经处理得到浅黄色的挥发油。

2)挥发油成分分析

黄皮果挥发油的分析在 HP5980/5973GC/MS 气相色谱/质谱联用仪上进行。气相色谱条件是:色谱柱为 HP-5MS5%PhenylMethylSiloxone30 m × 0.25 μm 弹性石英毛细管柱;升温程序为:初始温度 50 ℃,以 4 ℃/min 升温至 220 ℃,再以 8 ℃/min 升温至 280 ℃,保持 4 min 至完成分析;气化室温度为 250 ℃,载气为高纯 He(99.999%);柱前压为 7.61 kPa;载气流量为 1.0 mL/min;进样量为 1 μL(用乙醚将黄皮果挥发油稀释);分流比为 40 : 1。

3)质谱条件

离子源 EI 源;离子源温度 230 ℃;四极杆温度 150 ℃;电子能量 70 eV;发射电流 34.6 μA;倍增器电压 1 388 V;接口温度 280 ℃;溶剂延 4 min;质量扫描范围 10 ~ 550 amu。

3. 结果与讨论

用水蒸气蒸馏法提取黄皮果挥发油,得率为 0.39%。应用 GC-MS 法对黄皮果挥发油的化学成分进行分析,通过 HPMSD 化学工作站检索 Nist98 标准质谱图库和 WILEY 质谱图库,并结合有关文献人工谱图解析鉴定,峰面积相对含量分析通过 HPMSD 化学工作站数据处理系统,按峰面积归一化法进行。从中共鉴定出 43 种成分,已鉴定成分的总含量约占全油的 83.15%。

从分析结果可以看出,黄皮果挥发油的化学成分主要包括萜类、醇类、醛类、酯类和酮类。其中以萜及萜醇类物质居多且含量较高,主要有:萜品烯 -4- 醇(28.549%)、桧萜(14.539%)、γ- 松油烯(4.868%)、α- 松油烯(2.203%)、α- 异松油烯(1.538%)、α- 水芹烯(1.572%)、β-水芹烯(2.559%)、蒎烯(1.326%)、1- 萜品醇(1.186%)、隐酮(1.970%)、α- 萜品醇(2.155%)、石竹烯氧化物(1.178%)等。这些成分约占已鉴定成分的 76.54%。这与黄皮果核挥发油的主要成分为 α- 蒎烯、柠檬烯和黄皮叶挥发油的主要成分为倍半萜烯、倍半萜醇有一定程度的差别,这是首次对黄皮果挥发油的化学成分进行报道,为确定其药用价值提供了依据。

（二）黄皮果核、果皮、枝叶中挥发油的提取

殷艳华等采用同时蒸馏萃取（SDE）法从黄皮果核、黄皮果皮、黄皮枝叶 3 个部位提取挥发油，通过 GC-MS 计算机联用技术对分离的化合物进行结构检索，应用峰面积归一法得出各类化学成分的百分含量。结果表明，从黄皮果核挥发油中鉴定出 42 种成分，占挥发油总量的 97.78%；从黄皮枝叶中鉴定出 35 种成分，占挥发油总量的 91.36%；从黄皮果皮中鉴定出 35 种成分，占挥发油总量的 95.10%。3 个部位的挥发油的主要成分为烯类、醇类等。

1. 材料、试剂和仪器

黄皮果核、果皮和枝叶：对购买的新鲜果实（带枝叶）取果核、果皮和枝叶，用去离子水洗净后，晾干表面的水分再粉碎，于冰箱内保存备用。

主要试剂和仪器：无水乙醚（使用前重蒸处理），分析纯，天津市富宇精细化工；无水硫酸钠，分析纯；FinniganTRACEGC/MS 联用仪，德国 Finnigan 公司；同时蒸馏萃取装置，广州芊荟化玻仪器公司；RE-99 旋转蒸发仪，上海亚荣生化仪器厂；FW177 粉碎机，天津泰斯特仪器有限公司；SHZ-D（Ⅲ）循环水式真空泵，巩义市予华仪器有限责任公司。

2. 实验方法

1）精油的提取

分别称取样品 100 g，置于 2 000 mL 圆底烧瓶中，加入 800 mL 二次去离子水，连接到同时蒸馏萃取装置的一端，于电热套上加热保持微沸；另一端连接盛有 60 mL 重蒸乙醚的 250 mL 平底烧瓶，置于 45 ~ 48 ℃的水浴中加热，同时蒸馏萃取 3 h 后，去掉水层，收集乙醚层，用少量无水硫酸钠除去水分，除水后的萃取液经旋转蒸发减压浓缩为 2.0 mL 淡黄色液体，置于 -20 ℃的冰箱中冷藏备用。

2）色谱条件

环境条件：室温 20 ℃，相对湿度 60%；HP-1NNOWAX 毛细管柱：30 m × 0.25 mm × 0.25 μm；程序升温：45 ℃，保持 1 min，然后以 3 ℃/min 的速率升温至 80 ℃，保持 3 min，再以 8 ℃/min 的速率升温至 250 ℃，保持 5 min；进样口温度：250 ℃；载气：氦气；载气流速：1.0 mL/min；进样量：0.1 μL；分流比：50 ∶ 1。

3）质谱条件

电子轰击（EI）离子源；电子能量：70 eV；电子倍增器电压：330 V；质谱扫描范围：35 ~ 335 amu；传输线温度：250 ℃；离子源温度：250 ℃；MS 谱库：NIST 库。

3. 结果与分析

本实验提取的黄皮果核、枝叶、果皮挥发油均为淡黄色，出油率分别为 0.75%、0.10%、0.48%。对提取的挥发油进行 GC-MS 分析，经过 NIST.Wiley 谱库检索，从黄皮果核、枝叶、果皮中分别鉴定出 42、35、35 种成分，分别占挥发油总量的 97.78%、91.36%、95.10%。

其百分含量根据质谱的总离子流图,用质谱仪自带的工作站软件进行归一化测定。研究表明,3 个部位的挥发油的主要成分为烯类、醇类等。果核挥发油的主要成分为 2,7- 二甲基 -3- 辛烯 -5- 炔(10.62%)、β- 蒎烯(10.44%)、月桂烯(12.74%)、双戊烯(2.44%)、γ- 萜品烯(1.96%)、4,4- 二甲基 -6- 亚甲基 -2- 环己烯 -1- 酮(11.6%)、反式水化香桧烯(1.16%)、萜品油烯(4.11%)、芳樟醇(1.48%)、1- 松油醇(1.16%)、4- 萜烯醇(10.56%)、α- 松油醇(1.44%)、β- 石竹烯(1.38%)、α- 顺 - 雪松烯(5.13%);枝叶挥发油的主要成分为桧烯(5.86%)、苯乙醛(1.2%)、芳樟醇(1.69%)、4- 萜烯醇(3.25%)、1- 乙烯基 -1- 甲基 -2-(1- 甲基乙烯基)-4-(1- 甲基亚乙基)环己烷(5.11%)、β- 石竹烯(5.85%)、α- 葎草烯(1.76%)、雪松烯(1.9%)、姜烯(4.12%)、β- 红没药烯(1.52%)、γ- 依兰油烯(10.89%)、石竹素(2.45%)、橙花叔醇(1.2%)、β- 匙叶桉油烯醇(11.81%)、红没药醇(7.82%)、α- 酮醇(10.23%)、2,6,10- 三甲基 -2,6,9,11- 四烯酮(3.26%)、香柠烯醇(1.64%);果皮挥发油的主要成分为 α- 蒎烯(9.96%)、月桂烯(2.8%)、γ- 萜品烯(10.74%)、2- 蒈烯(5.85%)、反式异柠檬烯(37.03%)、萜品油烯(1.1%)、芳樟醇(1.02%)、1- 松油醇(2.33%)、反式 -p- 孟烯醇(1.61%)、4- 萜烯醇(5.3%)、α- 松油醇(3.95%)、p- 孟烯醛(1.08%)、反式 -γ- 红没药烯(1.07%)、2,6,10- 三甲基 -2,6,9,11- 四烯酮(1.78%)、香柠烯醇(1.19%)。3 个部位共同含有的成分有 γ- 萜品烯、芳樟醇、4- 萜烯醇、α- 松油醇、反式石竹烯、姜烯、β- 红没药烯等 10 种,但主要成分类型和含量差异很大。其中果核挥发油中的萜烯醇含量是枝叶中的 3 倍左右,是果皮中的 2 倍左右。果核中特有的成分为 2,7- 二甲基 -3- 辛烯 -5- 炔、β- 蒎烯、4,4- 二甲基 -6- 亚甲基 -2- 环己烯 -1- 酮、山梨酸和 α- 顺 - 雪松烯;枝叶中特有的成分为桧烯、雪松烯、γ- 依兰油烯和石竹烯;果皮中特有的成分为 α- 蒎烯、2- 蒈烯、反式 -p- 孟烯醇和反式 -γ- 红没药烯。

4. 结论与讨论

本研究分析表明,黄皮果核、果皮和枝叶 3 个部位的挥发油中主要成分为烯类、醇类等,但 3 个部位的主要成分类型和含量差异很大。挥发油中的很多主要成分具有杀虫活性。黄福辉等报道了 α- 蒎烯对大部分储粮害虫都有熏杀作用和驱避作用。Krishnarajah 等也证明 β- 蒎烯对麦蛾有驱避作用。Saad 等测试了香叶醇、薄荷醇等单萜物质对除杀尘螨的活性。Yatagai 等发现 α- 松油醇(α-terpineol)、橙花叔醇(nerolidol)、δ- 荜澄茄烯(δ-cadinene)、β- 桉叶油醇(β-eudesmol)对柳杉天牛有忌避活性。Bruce 等发现 β- 法呢烯对昆虫具有驱避活性。Koschier 等报道 p- 茴香醛(p-anisaldehyde)、苯甲醛(benzaldehyde)、芳樟醇(linalool)等精油成分对西花蓟马(frankliniella occidentalis)有引诱作用。Sampson 等发现含 γ- 萜品烯(γ-terpinene)的精油能在极低浓度下致萝卜蚜死亡,含有长叶薄荷酮(pulegone)、芳樟醇、香茅醛(citronellal)、1,8- 桉树脑等的杀虫活性次之。很多化学成分对杀虫活性有增效作用。Bekele 等的研究表明樟脑(camphor)、柠檬烯(limonene)、4- 松油醇(4-terpineol)、1,8- 桉叶油素(1,8-cineole)、莰烯(camphene)、t- 石竹烯

（*t*-caryophyllene）等单体均对玉米象没有毒性，但上述 6 种单体的混合物致死率为 100%。黄皮果核挥发油中含有大量的 *β*- 蒎烯、柠檬烯、芳樟醇、松油醇和 *γ*- 萜品烯，黄皮果皮挥发油中含有大量的 *α*- 蒎烯、柠檬烯、芳樟醇、松油醇和 *γ*- 萜品烯，因此，黄皮果核和果皮挥发油在防治农业害虫方面有很好的开发前景。采用同时蒸馏萃取法与水蒸气蒸馏法提取的挥发油成分有所不同。采用水蒸气蒸馏法，张建和等从黄皮果核挥发油中检索出的主要成分为 *β*- 蒎烯和柠檬烯；罗辉等从黄皮叶挥发油中检索出的主要成分为 *β*- 石竹烯、*α*- 法呢烯、顺 -*β*- 法呢烯；廖华卫等从黄皮果皮挥发油中检索出的主要成分为 *β*- 水芹烯、1R-*α*- 蒎烯、*α*- 水芹烯、*α*-bisabolol、6-（对 - 甲苯基）-2- 甲基 -2- 环己烯醇。这与采用同时蒸馏萃取法提取的相应挥发油的主要成分有所不同。因此，根据所需的主要成分选取不同的方法，可以获得更好的提取效果和更高的提取率。

黄亚非等采用二氧化碳超临界法萃取挥发油，用 HP6890GC-5973MS 进行分析，用归一法测定其相对含量，并用 GC-MS 鉴定化学成分，用 SPECTRO CIROS 等离子体原子发射光谱仪、Agilent7500a 型电感耦合等离子体发射质谱仪和 915- 塞曼测汞仪直接测定微量元素。

（三）黄皮中糖类成分的分析

许文举等采用苯酚 - 硫酸比色法测定黄皮果水提取物的总糖含量；采用 Fenton 法和 FRAP（ferric reducing antioxidant powder）法，以维生素 C 为阳性对照，测定、评价黄皮果水提取物的抗氧化作用。结果：黄皮果水提取物中总糖含量为 58.20%，在体外能明显清除羟自由基、还原 Fe^{3+}，并且体外抗氧化作用存在剂量依赖关系。结论：黄皮果水提取物中的糖类物质是主要的抗氧化活性物质。

1. 材料、试剂和仪器

黄皮果（市售）、葡萄糖标准品（中国药品生物制品检定所）、TPTZ（2，4，6- 三吡啶基三嗪，Sigma 公司），其他相关试剂均为国产分析纯。

UV-265 紫外 - 可见分光光度计（日本岛津）、AY-120 电子分析天平（日本岛津）、手动单道可调式移液器（上海大龙）。

2. 实验方法

1）FCW 制备

取黄皮果干品（去核）用刀切成小块，在 50 ℃下鼓风干燥，粉碎，过 80 目筛。称取样品 100 g，水煎 3 次，每次 2 h，抽滤并过滤，合并滤液，浓缩至 1 g/mL，放置于 4 ℃的冰箱中备用。

2）葡萄糖标准曲线绘制

准确称取 105 ℃、干燥的葡萄糖标准品 50 mg，双蒸水定容至 50 mL，得 1 mg/mL 的对照品供试液备用。分别移取供试液 2.0、4.0、6.0、8.0、10.0 mL 定容至 100 mL。各取

2.0 mL 稀释液，加入 6% 的苯酚 1.0 mL、浓硫酸 5.0 mL，静置 10 min，摇匀，在室温下放置 20 min，用分光光度法在波长 490 nm 处测定吸光度值，以蒸馏水为空白对照，求得吸光度 A 与葡萄糖浓度 c 的标准曲线方程。准确吸取 1 g/mL 的黄皮果水提取物供试液 0.5 mL，加水定容至 50 mL，用苯酚 - 硫酸比色法测出吸光度 A，代入标准曲线，算出总糖浓度 c。总糖含量的计算依据以下公式：

$$总糖 = 100cf/0.5 \times 100\%$$

式中：c 为供试品溶液中葡萄糖的质量浓度；f 为多糖的校正系数（取 0.9）；0.5 为黄皮果的质量。

3）Fenton 法测定 FCW 清除羟自由基的能力

取 6 mmol/L 的 $FeSO_4$ 溶液 1 mL，分别加入 5、10、20、40、80 μL 黄皮果提取物水溶液，60 mmol/L 的 H_2O_2 溶液 0.5 mL，定容至 3 mL，10 min 后离心，取 2 mL 上清液，加入 6 mmol/L 的水杨酸溶液 1 mL，摇匀，静置 30 min，作为供试品溶液；用 1 mL 蒸馏水代替 H_2O_2 溶液，按上述步骤制备空白溶液；在 515 nm 处分别测出其吸光度 A_i。以 1.5 mL 蒸馏水代替 FCW 水溶液，按上述操作配制样品溶液；同时用 0.5 mL 蒸馏水代替 H_2O_2 溶液，同上述操作配制空白溶液；在 517 nm 处测其吸光度 A_s。用维生素 C 溶液以同样的方法测定作为阳性对照。按以下公式计算：

$$清除率 = (A_s - A_i)/A_s \times 100\%$$

4）FRAP 法测定 FCW 的总还原力

加入 Fe^{3+}-TPTZ 工作液 4.4 mL（300 mmol/L、pH=3.6 的醋酸盐缓冲液 25 mL，10 mmol/L 的 TPTZ 溶液 2.5 mL，20 mmol/L 的 $FeCl_3$ 溶液 2.5 mL），5、10、20、40、80 μL FCW 水溶液，摇匀，静置 10 min，作为供试品溶液；用 2.5 mL 蒸馏水代替 $FeCl_3$ 溶液，同上述操作配制空白溶液，在波长 590 nm 处测定吸光度，代入以吸光度为纵坐标、Fe^{3+} 浓度为横坐标的标准曲线，求出 FRAP 值；阳性对照用维生素 C 溶液以同样的方法测定。

3. 测定结果

1）黄皮果水提取物总糖含量

依照实验方法得到标准曲线方程，求得其回归方程为 $A_{490\ nm} = 0.056\ 1c + 0.020\ 7$（$R$ = 0.997 1），计算得出黄皮果水提取物的总糖含量为 58.20%。

2）黄皮果水提取物清除羟自由基的能力

研究结果表明，FCW 和维生素 C 对羟自由基的清除作用都存在剂量依赖关系，清除作用明显。从效价分析，FCW 的效价仅为维生素 C 的十分之一。这表明 FCW 中存在能有效清除羟自由基的成分。

3）黄皮果水提取物总还原力

从研究结果可以看出，FCW 和维生素 C 都能还原 Fe^{3+}，还原能力与浓度呈线性关系，但 FCW 的总抗氧化能力明显弱于维生素 C。

4. 结果与讨论

氧化应激（oxidative stress，OS）指机体内氧自由基的产生与清除失去平衡，或外源性氧化剂的过量摄入导致活性氧（reactive oxygen species，ROS）在体内堆积而引起细胞毒性，被认为是导致衰老和疾病的一个重要因素。因此，通过适量补充外源性活性氧清除剂，可预防这类损伤和病变的发生与发展。目前通过体外实验评价氧化应激的定量方法主要包括 Fenton、DPPH 和 FRAP 三种。由于 DPPH 法以检测脂溶性成分为主，而我们的提取物主要评估抗氧化活性，因此没将其纳入实验体系。实验结果表明，黄皮果水提取物对 Fenton 和 FARP 的 2 个抗氧化评估体系均表现出良好的抗氧化活性，且呈剂量依赖关系，与文献报道的 •OH 自由基的清除率与膳食纤维中的多糖组分有关。但与维生素 C 相比，其效价较低。维生素 C 为单一组分，其多烯醇结构具有强烈的抗氧化作用，而 FCW 为混合物，化学成分和结构尚不明确，这可能是造成二者总抗氧化能力差异的原因之一。对 FCW 中总糖物质的含量进行测定，结果发现糖类物质占提取物总量的 50% 以上，表明糖类是 FCW 抗氧化体系中的主要成分。

（四）黄皮中蛋白质的分析

庞新华等采用 Tris-HCl 法、三氯乙酸（TCA）/丙酮沉淀法、尿素（Thi）/硫脲（Urea）法、酚 - 甲醇/醋酸铵沉淀法提取叶片组织蛋白质，对获得的蛋白质产量、单向电泳谱图和双向电泳谱图进行分析比较。

1. 材料

以杨妃山黄皮的嫩叶为供试材料，样品采集自广西壮族自治区亚热带作物研究所科普园种质资源圃。采摘时间为 2015 年 4 月 20 日，采摘后迅速放入装有冷冻袋的冰盒中，带回实验室用干净的纱布擦去叶片表面的浮尘和水分，并于液氮中保存。

2. 实验方法

1）采用三氯乙酸（TCA）/丙酮沉淀法提取

提取依据 Carpentier 的方法进行改良。取杨妃山黄皮叶片约 1 g，放入经液氮预冷的研钵中，用药匙放入少许石英砂，利用液氮研磨充分；将黄皮叶片粉末放入经液氮预冷的 10 mL 离心管内，加入 5 mL 预冷的 10% 的三氯乙酸/丙酮，上下颠倒混匀，在 −20 ℃的冰箱内沉淀过夜；以 10 000 r/min 离心 20 min，取上清液，加入 5 mL 预冷的丙酮，上下颠倒混匀，直至沉淀完全消失；以 10 000 r/min 离心 20 min，弃去上清液，沉淀用丙酮洗涤 3 次；抽真空浓缩成干粉，于 −70 ℃下保存待用。

2）采用 Tris-HCl 法提取

以 Dai 等和 Pan 等的方法为参考依据。将预先称取的供试材料叶片组织约 1 g 放入经液氮预冷的研钵中，加入少量石英砂，在液氮中充分研磨；将研磨粉末放入事先用液氮预冷的 10 mL 离心管内，加入事先预冷的 Tris-HCl 提取缓冲液 5 mL（50 mmol/L 蔗糖、

50 mmol/L EDTA、100 mmol/L KCl、50 mmol/L Tris-HCl），上下颠倒混匀，在 4 ℃下静置 1 h；在 4 ℃下以 10 000 r/min 离心 15 min，弃去上清液，抽真空浓缩成干粉，于 −70 ℃下保存待用。

3）采用尿素（Thi）/硫脲（Urea）法提取

以 Giribaldi 等和 Yang 等的方法为参考依据。称取 1 g 黄皮叶片组织，加入少许石英砂和 PVP 粉末，向研钵中加入液氮，将其研磨成干粉；转入经液氮预冷的 10 mL 离心管中，加入 5 mL 提取液（40 mmol/L Tris、5 mmol/L 尿素、2 mmol/L 硫脲、4% CHAPS、50 mmol/L DTT），上下颠倒混匀成悬浊液；在 4 ℃下以 10 000 r/min 离心 15 min，取上清液，加入 2 倍体积预冷的丙酮，置于 −20 ℃下过夜沉淀，将沉淀抽真空浓缩成干粉，于 −70 ℃下保存待用。

4）采用酚 - 甲醇/醋酸铵沉淀法提取

以 Gary 等和 Faurobert 等的方法为参考依据，并对其操作步骤进行改良。取样品 1 g，在液氮中研磨成干粉；向研钵中加入 5 mL Tris 提取液（70 mmol/L 蔗糖、50 mmol/L Tris、50 mmol/L EDTA、100 mmol/L KCl、50 mmol/L DTT、pH=8.0 的 1 mmol/L PMSF），溶解后再研磨 2 min；将研磨液转入离心管中，加入等体积的 Tris- 饱和酚，在 4 ℃下以 10 000 r/min 离心 20 min，获得酚类；将浓度为 100 mmol/L 的甲醇乙酸铵溶液 4 倍体积与酚类混匀，在 −20 ℃下静置 10 h；在 4 ℃下以 10 000 r/min 离心 20 min，留沉淀，用预冷的甲醇溶液洗涤 2 次，抽真空浓缩成干粉，于 −70 ℃下保存待用。

3. 电泳检测

1）SDS-PAGE 电泳检测

以 Sambrook 等的检测流程为参照依据。取适量的样品并且放入上样缓冲液（0.6 mmol/L pH=6.8 的 Tris-HCl、10% 甘油、2% SDS、溴酚蓝、0.04% β- 巯基乙醇）溶解，分离胶质量分数 12%，浓缩胶质量分数 5%，上样质量浓度 1 μg/μL，上样量 8 μL，在常温下电泳，先以 10 V/cm 泳动 0.5 h，蛋白质跑出浓缩胶，再以 25 V/cm 电泳，直至电泳指示剂跑到胶底部 1 cm 处停止电泳。蛋白显示采用银染法。

2）双向电泳检测

基本步骤包括等电聚焦电泳（IPG-IEF）、SDS-PAGE、胶条平衡、凝胶染色（电泳结束后采用考马斯亮蓝 R-250 染色）。具体操作步骤参照鲁丹等的方法。

4. 结果与分析

1）不同提取方法的比较

黄皮叶片含有大量的糖类、酚类、醌类等次生代谢物质，这些物质会干扰等电聚焦。为获得高质量的蛋白质，笔者采用了 4 种不同的提取方法，即 TCA/丙酮沉淀法、Tris-HCl 法、尿素/硫脲法和酚 - 甲醇/醋酸铵沉淀法提取黄皮叶片蛋白质。4 种提取方法获得的蛋白质产量和质量各有不同。

黄皮叶片的蛋白质含量分别为 6.43、6.55、6.09 和 3.21 mg/g。方法 A 与方法 B 无显著差异，方法 C、D 与方法 B 差异极显著；方法 D 与方法 A、B、C 差异达到极显著水平；方法 B 与方法 C 差异达到极显著水平；方法 B 提取的蛋白质含量最高，方法 C 提取的蛋白含量最低。方法 B 尽管具有步骤少、时间短、易操作的优点，但蛋白质提取样品颜色泛黄，说明蛋白质提取物存在杂质离子，纯度偏低，聚焦有阻碍，不利于双向电泳；方法 D 所提取蛋白质样品量少，色泽较白，纯度符合后续实验的要求，但操作复杂，用时长，损耗较多蛋白质，不利于后续实验的开展；方法 A 和方法 C 所提取蛋白质样品颜色、步骤、操作性、时间较相近，但方法 A 蛋白质得率较高。

2）单向电泳结果比较

采用 4 种提取方法获取黄皮叶片的蛋白质，经过一维 SDS-PAGE 电泳分离后，条带数目和条带走势存在明显的不同。Tris-HCl 法和尿素/硫脲法所提取黄皮叶片蛋白质的 SDS-PAGE 电泳谱图底色浓重，条带之间分离不够清晰，蛋白质条带数差异较小；酚 - 甲醇/醋酸铵沉淀法所提取黄皮叶片蛋白质的 SDS-PAGE 电泳谱图背景清晰，但蛋白质条带偏少，不够丰富；三氯乙酸/丙酮沉淀法所提取黄皮叶片蛋白质的电泳谱图底色适中，条带辨识度高且条带数量多，大部分条带分布于 20~97 kD；尿素/硫脲法较其他方法所提取黄皮叶片蛋白质的 SDS-PAGE 电泳谱图背景深，有可能是因为该法提取的蛋白质样品杂质未能有效去除，盐离子浓度较大；Tris-HCl 法亦存在这样的问题，只是相对于尿素/硫脲法提取蛋白质的效果较好；而酚 - 甲醇/醋酸铵沉淀法所提取黄皮叶片蛋白质的 SDS-PAGE 电泳谱图背景较浅且蛋白质条带数量少，笔者判断是因为该法的提取试剂虽然可以强效去除植物组织中的核酸与糖类等干扰物质，但是该法在较好地去除干扰杂质的同时也将部分蛋白质去除，从而引发蛋白质的损耗；三氯乙酸/丙酮沉淀法所提取黄皮叶片蛋白质的 SDS-PAGE 电泳谱图背景适宜，条带数多且分辨率较高，表明此法提取蛋白质的效果较理想。

3）双向电泳结果比较

采用 Bradford 法定量、2-DE 分离和银染经 4 种方法提取的黄皮叶片蛋白质。4 种方法提取的蛋白质 2-DE 谱图均存在明显的差异。三氯乙酸/丙酮沉淀法所提取的黄皮叶片蛋白质在 2-DE 谱图上的蛋白质点数为 1 623，Tris-HCl 法和尿素/硫脲法所提取的黄皮叶片蛋白质在 2-DE 谱图上的蛋白质点数分别为 1 424、1 124，酚 - 甲醇/醋酸铵沉淀法所提取的黄皮叶片蛋白质点数最少，只有 688。酚 - 甲醇/醋酸铵法所提取黄皮叶片的蛋白质经过二维双向电泳后，蛋白质点数明显较其他 3 种方法少，Tris-HCl 法、三氯乙酸/丙酮沉淀法和尿素/硫脲法的蛋白质点数相近，但 Tris-HCl 法和尿素/硫脲法所提取蛋白质横纹和纵纹多于三氯乙酸/丙酮沉淀法所提取蛋白质，说明样品中蛋白质杂质含量较多，对横向和竖向存在较大干扰。三氯乙酸/丙酮沉淀法所提取蛋白质点分布均匀、背景适宜、谱图清晰，多数蛋白质点呈近圆形，出现扫尾、纵横向扩散现象的蛋白质点不多，优于其他法。结合蛋白质提取率、一维和二维电泳结果数据分析,三氯乙酸/丙酮沉淀法不但可以有效去除黄皮叶片中含有的干扰杂质,而且能得到稳定且丰度高的蛋白质,单双向电泳后蛋白质分离效果较理想。因此,TCA/丙酮沉淀法较适用于黄皮叶片的蛋白质提取。

5. 讨论与结论

蛋白质组学研究的顺利进行需要理想的样品制备。制备样品质量直接关系到双向电泳的分辨率、稳定性。对黄皮叶片这样蛋白质含量低的材料,笔者采用 4 种方法制备黄皮叶片蛋白质,摸索适合黄皮叶片蛋白质提取的理想方法。研究结果表明,酚 - 甲醇/醋酸铵沉淀法能较好地除去黄皮叶片中存在的干扰杂质,但该法较其他 3 种方法提取的蛋白质点数明显偏少,有可能是蛋白质进入了酚相层,核酸、糖类进入了水相层,酚相层中的蛋白质可通过甲醇 - 醋酸铵溶液纯化,同时将部分蛋白质去除,在提高蛋白质纯度的同时也损耗了蛋白质的提取产量,因而进行蛋白质二维电泳时 2-DE 图存留的蛋白质点数明显较其他 3 种提取方法偏少;黄皮叶片细胞富含大量的酚类、醌类等大分子次生代谢物质, Tris-HCl 法中的裂解液虽然可以去除酚类、醌类等大分子质量的杂质,但是由于 Tris 碱存在正负电荷之间的吸引力作用,从而引入了杂质盐离子,因而一维 SDS-PAGE 图和 2-DE 图在紫外光成像时背景底色相对于其他 3 种提取方法的电泳图背景深,且由于盐离子的干扰,蛋白质点具有明显的纵横纹,成像效果较差,尽管蛋白质点数多、获取量充足,但不利于后续蛋白质的分析和研究;尿素对蛋白质具有促进溶解的作用,依据相似相溶原理,尿素与硫脲结合可以较好地促进其对蛋白质的溶解作用,但在提取过程中会增大带入盐离子杂质的概率,导致等电点聚焦电压过低,从而影响聚焦,2-DE 谱图上存在明显的纵向和横向条纹即印证了这一点; TCA/丙酮沉淀法尽管在提取时间上不占优势,但可使蛋白降解酶失去活力,减少蛋白质降解,同时三氯乙酸可以去除杂质,避免干扰蛋白质聚集, TCA 和丙酮联合使用可以降低提取过程中蛋白质组分的损失,这有可能是因为黄皮叶片中杂质成分和各成分的比例较适合采用 TCA/丙酮沉淀法来提取,且在 2-DE 谱图上蛋白质点较多,分布均匀,说明该法适用于黄皮叶片蛋白质的提取。由 4 种提取黄皮叶片蛋白质方法的比较研究可知:提取质量较高的蛋白质,产率不够理想;提取产率较高的蛋白质,质量不够理想;提取质量和产率满足后续实验要求的黄皮叶片蛋白质,消耗时间又较长。4 种方法各有优势。科研工作者可根据自身的研究需求有所侧重选择合适的方法。

(五)黄皮中氨基酸的分析

张永明等采用 HP1050 高效液相色谱仪测定了黄皮果鲜品和干品(药材)中的水解氨基酸、游离氨基酸。色谱条件: HypersilODS 色谱柱(4.0 mm × 125 mm, 5 μm);流动相 A, 10 mmol/L Na_2HPO_4 缓冲液(PB);流动相 B, PB+ 甲醇 + 乙腈(50+35+15)。结果表明:鲜品和药材均测定出 16 种氨基酸成分,其中必需和半必需氨基酸 10 种。鲜品游离氨基酸总量为 4.8 mg/g，水解氨基酸总量为 15.0 mg/g；药材游离氨基酸总量为 10.9 mg/g，水解氨基酸总量为 40.9 mg/g。

1. 材料、仪器和试剂

黄皮果采集于广东省广州市小洲，由广东省中药材公司提供，由广州中医药大学李薇教授鉴定。

惠普 HP1050 型高效液相色谱仪（四元梯度泵、自动进样器、柱温箱和 HP1046 A 荧光检测器）；日立 GL20 A 全自动 20 000 r/min 高速冷冻离心机；水解管；干燥箱。Sigma 公司生产的氨基酸对照品、衍生试剂邻苯二甲醛（OPA）、氯甲酸芴甲酯（FMOC）；分析纯 Na_2HPO_4；HPLC 级甲醇、乙腈。

2. 实验方法

HypersilODS 色谱柱，4.0 mm × 125 mm，粒径 5 μm；流动相 A，10 mmol/L、pH =7.2 Na_2HPO_4 缓冲液（PB）；流动相 B，PB+ 甲醇 + 乙腈（50+35+15）。洗脱梯度：在 0 ~ 25 min，流动相 B 以线性从 0% 上升到 100%；流速，1.0 mL/min；柱温，40 ℃。检测波长：0 min 时，激发波长 340 nm，发射波长 450 nm，检测一级氨基酸的 OPA 衍生物；20.5 min 后，将波长切换至激发波长 260 nm，发射波长 305 nm，测二级氨基酸（脯氨酸）的 FMOC 衍生物。

3. 供试品的制备

1）水解氨基酸供试品的制备

取黄皮果样品适量，去核，粉碎，过筛（60 目），混匀。精密称取适量置于水解管中，加入 6 mol/L 的 HCl 10 ~ 15 mL，滴加 2 滴新蒸馏的苯酚，将水解管置于冷冻剂中，冷冻 3 ~ 5 min，抽真空（接近 0 Pa），然后充入高纯氮气；再抽真空和充氮气，重复 3 次后，在充氮气状态下封口。将已封口的水解管置于（110 ± 1）℃的恒温干燥箱内水解 23 h，冷却，打开水解管，水解液过滤后置于 100 mL 量瓶中，用蒸馏水稀释至刻度，取样测定。

2）游离氨基酸供试品的制备

取黄皮果样品适量，去核，粉碎，过筛（60 目），混匀。精密称取适量置于烧杯中，加适量的水，超声波处理 30 min，用 0.45 μm 的滤膜过滤，滤液置于 25 mL 量瓶中，加入 15 mL 乙醇，用蒸馏水稀释至刻度，取样测定。

4. 氨基酸的分离效果

16 种氨基酸在 25 min 内得到很好的分离，分离度大于 1.5。

5. 精密度与回收率实验

对由 16 种氨基酸组成的标准溶液，进样 1 μL，连续进样 5 针，保留时间和峰面积的相对标准偏差 RSD 分别为 0.05% ~ 0.50% 和 0.7% ~ 2.9%，回收率均高于 93%。

6. 测定结果

黄皮果中共检测出 16 种氨基酸，其中 10 种为人体必需氨基酸和半必需氨基酸。黄皮果鲜品和药材中各种氨基酸的含量有差异且差异程度各异。黄皮果鲜品游离氨基酸总量为 4.8 mg/g，水解氨基酸总量为 15.0 mg/g；黄皮果药材游离氨基酸总量为 10.9 mg/g，水解氨基酸总量为 40.9 mg/g。与黄皮果鲜品相比，黄皮果药材（1 g 药材相当于 6 g 鲜品）氨基酸含量较低。

7. 结果与讨论

黄皮起源于华南地区，已有 1 500 多年的栽培历史，广东、广西是主产区，其根、叶、核已入药用，能解表行气、健胃、止痛，树皮有消肿、去疳积之功效。其果实是我国亚热带的特、稀、优水果之一，可以鲜食或加工制成果冻、果酱、盐渍、糖渍、蜜饯、果干、清凉饮料等食品。黄皮果含有丰富的氨基酸和多种人体需要的微量元素，具有较高的营养和药用价值，值得进一步开发利用。

氨基酸测定结果显示，黄皮果中含有丰富的氨基酸，至少有 16 种。其中 7 种为必需氨基酸（苏氨酸、缬氨酸、蛋氨酸、苯丙氨酸、异亮氨酸、亮氨酸和赖氨酸），3 种为半必需氨基酸（组氨酸、精氨酸、酪氨酸）。必需和半必需氨基酸在鲜品中占氨基酸总量的 29%，在药材中占 39%，具有较高的医药用价值。

本研究对黄皮果鲜品和药材中各种氨基酸的含量进行了比较，发现鲜品和药材中各种氨基酸的含量存在差异且差异程度各异，这可能是由于药材在加工过程中氨基酸发生改变和不同的氨基酸有不同的改变。

（六）黄皮中微量元素的分析

1. 仪器与试剂

Agilent7500a 型电感耦合等离子体发射质谱仪（ICP-MS）；德国 SPECTRO CIROS 等离子体原子发射光谱仪（ICP-AES）；RA-915+ 塞曼测汞仪。磷酸氢二钠为分析纯，HPLC 级甲醇、乙腈，优级硝酸；待测微量元素标准溶液均由国家标准物质研究中心提供。

2. 实验方法

ICP 工作条件（仪器方法）：功率 1.35 kW，氩气流量为辅助气 1.0 L/min、等离子气 15.0 L/min、载气 1.0 L/min，提升量 0.7 L/min，采样深度 6.2 mm，扫描方式跳峰，测量点/峰 3 点。ICP 工作条件（样品前处理方法）：功率 1.32 kW，氩气流量为冷却气 16.0 L/min、等离子气 1.0 L/min、载气 1.0 L/min，提升量 2.6 L/min，观察高度 15 mm，积分时间 12 s。

1）微量元素供试品的制备

ICP-MS 和 ICP-AES：取具有代表性的黄皮果样品若干，去核，用搅拌器进行粉碎，要求 60 目筛的过筛率为 95% 以上，均样。称取约 0.5 g（精确到 0.000 1 g）样品置于具塞锥形瓶中，加 10 mL 浓 HNO_3，摇匀后盖塞放置过夜，用小火（温度不超过 140 ℃）加热至硝化完全，再加入 30% 的 H_2O_2 2.5 mL 继续加热，硝化至终点，待溶液冷却后，定容于

25 mL 量瓶中，待测。RA-915+：取具有代表性的黄皮果样品若干，去核，用搅拌器粉碎后上机。

2）样品微量元素的测定

锌、钾、钙、铁、锰等元素用 SPECTRO CIROS 等离子体原子发射光谱仪进行测定，镁、锶、铜、钴、铅、镍、硒、镉等元素用 Agilent7500a 型电感耦合等离子体发射质谱仪进行测定，汞用塞曼测汞仪进行测定。

3. 实验结果

黄皮果挥发油中的主要成分为不饱和烯醇类，分别为 4- 松油醇（26.94%）、γ- 松油烯（14.39%）、β- 水芹烯（8.24%）、桧烯（5.58%）、对伞花烃（5.01%）、β- 倍半菲兰烯（4.99%）、反式 -γ- 没药烯（4.96%）、α- 松油烯（4.10%）、β- 没药烯（2.86%）、α- 异松油烯（2.47%）、α- 崖柏烯（2.32%）、反式 - 石竹烯（1.97%）、α- 香橙醛（1.78%）、棕榈酸甲酯（1.35%）、α- 松油醇（1.26%）、顺式桧烯水合物（1.24%）、α- 蒎烯（1.13%）。

（七）黄皮中生物碱类成分的分析

黄皮酰胺类化合物是黄皮中具有较强生理活性的一类重要生物碱。闫少羽等对生物碱类化合物进行了综述。

谭尔等采用高效液相色谱法测定秃叶黄皮树和黄皮树中黄柏碱、木兰花碱、巴马汀、小檗碱、黄柏酮的含量。测定条件：Xtimate C18 色谱柱（4.6 mm × 250 mm，5 μm），流动相乙腈（A）-0.1% 磷酸水溶液（B），梯度洗脱，检测波长 220 nm，流速 1.0 mL/min，柱温 30 ℃。结果：5 种成分在上述条件下分离良好，黄柏碱、木兰花碱、巴马汀、小檗碱、黄柏酮分别在 0.001 7~ 0.07、0.002~ 0.08、0.000 5~ 0.02、0.01~ 0.4、0.000 5~ 0.02 g/L 的范围内呈良好的线性关系，R 分别为 0.999 9、0.999 9、0.999 9、0.999 9、0.999 5，平均回收率均高于 97%，（RSD<3%，n=9）。

1. 材料、试剂和仪器

1200 型高效液相色谱仪（包括四元泵、自动进样器、DAD 检测器），ChemStation 色谱工作站（美国 Agilent 公司），ULUP-1-10T 型优普超纯水机（成都超纯科技有限公司），CQ-250 型超声波清洗器（上海必能信超声有限公司），BP211D 型 1/10 万电子天平（德国 Sartorius 公司）。小檗碱（批号 MUST-12122104）、黄柏碱（批号 MUST-12322302）、巴马汀（批号 MUST-12403201）、黄柏酮（批号 MUST-12532205）、木兰花碱（批号 MUST-12022901）对照品均购于成都曼斯特生物科技有限公司，对照药材（批号 121510-200904）为中国生物制品检定所提供，乙腈为色谱纯，水为超纯水，磷酸、甲醇（分析纯）均购于成都市科龙化工试剂厂。黄皮树和秃叶黄皮树样品共 16 批，均为自采，药材经成都中医药大学民族医药学院张艺研究员鉴定。

2. 实验方法

1)色谱条件

Xtimate C18 色谱柱(4.6 mm × 250 mm, 5 μm);流动相乙腈(A)-0.1% 磷酸水溶液(B),梯度洗脱(0 ~ 25 min, 10% ~ 18% A; 25 ~ 35 min, 18% ~ 25% A; 35 ~ 45 min, 25% ~ 40% A; 45~60 min, 40% ~ 60% A),检测波长 220 nm,流速 1.0 mL/min,柱温 30 ℃,进样量 10 μL。

2)对照品溶液的制备

精密称取黄柏碱、木兰花碱、巴马汀、小檗碱、黄柏酮对照品适量,置于不同的量瓶中,用甲醇溶解定容,分别配成 1.07 g/L 黄柏碱、1.66 g/L 木兰花碱、1.98 g/L 巴马汀、2.53 g/L 小檗碱、1.16 g/L 黄柏酮对照品的储备液。

分别精密吸取黄柏碱对照品储备液 4.1 mL、木兰花碱对照品储备液 3 mL、巴马汀对照品储备液 0.63 mL、小檗碱对照品储备液 10 mL、黄柏酮对照品储备液 1.08 mL,置于 25 mL 量瓶中,用甲醇溶解并稀释至刻度,摇匀,制成混合对照品储备液。

3)供试品溶液的制备

将药材粉碎,过 3 号筛,混合均匀,称取样品 0.1 g,置于 50 mL 锥形瓶中,加甲醇 30 mL,称重,超声提取 30 min,冷却后称重,补足差重,过滤,滤液过 0.45 μm 微孔滤膜,取续滤液作为供试品溶液。

4)线性关系考察

分别精密吸取混合对照品溶液 0.1、0.4、0.6、0.8、1.2、4 mL,置于 10 mL 量瓶中,用甲醇稀释至刻度,摇匀,制得不同浓度的混合对照品溶液。精密吸取不同浓度的混合对照品溶液 10 μL,在上述色谱条件下测定。以各对照品溶液的浓度(X)为横坐标,以各成分的色谱峰面积(Y)为纵坐标进行线性回归,即得 5 种成分的标准曲线,$Y_{黄柏碱} = 8\,108.1X - 1.137\,1$($R = 0.999\,9$),线性范围为 0.001 7 ~ 0.07 g/L;$Y_{木兰花碱} = 21\,408X - 6.399\,2$($R = 0.999\,9$),线性范围为 0.002 ~ 0.08 g/L;$Y_{巴马汀} = 32\,440X + 0.343\,9$($R = 0.999\,9$),线性范围为 0.000 5~ 0.02 g/L;$Y_{小檗碱} = 32\,955\,X + 31.839$($R = 0.999\,9$),线性范围为 0.01 ~ 0.4 g/L;$Y_{黄柏酮} = 14\,686X + 8.684$($R = 0.999\,5$),线性范围为 0.000 5 ~ 0.02 g/L。

3. 实验内容

1)精密度实验

精密吸取混合对照品溶液,重复进样 5 次,每次 10 μL,在上述色谱条件下测定。木兰花碱、黄柏碱、巴马汀、小檗碱、黄柏酮峰面积的 RSD 分别为 1.49%、0.94%、0.82%、0.59%、1.56%,表明仪器精密度良好。

2)稳定性实验

取编号为 14 的供试品溶液,分别在 0、1、2、4、8、12、24 h 时测定,进样量为 10 μL。在上述色谱条件下测定。黄柏碱、木兰花碱、小檗碱、黄柏酮峰面积的 RSD 分别为 0.45%、0.32%、0.98%、0.58%，表明供试品溶液在 24 h 内稳定性良好。

3）重复性实验

取同一批样品，称取 5 份，按上述方法制备供试品溶液，分别测定，每份进样量为 10 μL。黄柏碱、木兰花碱、巴马汀、小檗碱、黄柏酮峰面积的 RSD 分别为 1.53%、1.68%、1.49%、1.66%、1.76%，表明供试品溶液的制备方法重复性良好。

4）加样回收实验

取已知含量的同一批黄柏药材粉末 6 份，每份 0.05 g，精密称定，置于具塞锥形瓶中，精密加入 0.019 mL 黄柏碱对照品溶液（1.07 g /L）、0.060 mL 木兰花碱对照品溶液（1.66 g/L）、0.063 mL 巴马汀对照品溶液（1.98 g/L）、0.083 mL 小檗碱对照品溶液（2.53 g/L）、0.088 mL 黄柏酮对照品溶液（1.16 g/L）。然后按供试品溶液制备方法制备样品溶液，依次测定，计算回收率。

4. 样品含量测定

精密称取各批次样品各 0.1 g，按上述方法制备供试品溶液，并在上述色谱条件下测定。

5. 结果与讨论

通过对秃叶黄皮树与黄皮树中 5 种有效成分含量的测定，发现小檗碱含量最高，巴马汀、黄柏酮、木兰花碱、黄柏碱含量均较低，与文献报道相当；秃叶黄皮树中，采于重庆市南川区三泉镇金佛山（编号 13）的药材中小檗碱含量最高，采于四川省都江堰市虹口乡深溪村（编号 8）的药材中黄柏碱含量最高；秃叶黄皮树与黄皮树药材中 5 种有效成分的含量差异不大。在四川（雅安市、荥经县、峨眉山市、犍为县、都江堰市）和重庆（石柱县）等川黄柏主产地收集川黄柏药材的过程中，通过实地调查发现，四川省与重庆市黄皮树资源已濒危，在以上药材采集地中，仅在重庆市南川区金佛山发现 2 株黄皮树，其余各地均为秃叶黄皮树。相关文献报道，秃叶黄皮树与黄皮树中的小檗碱含量无明显的差异，且秃叶黄皮树已成为黄柏的主流商品，广泛栽培于四川的荥经、洪雅、雅安等地。因此，本课题组建议《中国药典》将秃叶黄皮树 P.chinenseSchneid.var.glabriusculumSchneid. 与黄皮树 P.chinenseSchneid. 均作为黄柏药材法定基源收载。

（八）黄皮中香豆素类成分的分析

任强等对芸香科黄皮属植物香豆素类成分进行研究，对该类成分的结构类型、生物活性进行了综述。

黄皮属植物在我国用于治疗上感、疟疾、腹痛、胃炎等症。现代药理研究表明，其粗提物和单一组分具有广泛的药理活性。该属植物中的香豆素类成分是其活性的主要物质基础之一。2002 年以前主要集中于抗菌作用、抗癌促进剂及细胞毒作用、抗疟原虫作用、保肝作用、抗血小板凝聚及降血脂作用等五大方面的研究工作。2002 年以后 Ng、Tzi B. 等人发现黄皮（Clausenalansium）具有抑制 HIV 病毒逆转录的作用，Sunthitikawinsakul 等从在溴黄皮（Clausenaexcavata）中分离出具有抗 HIV-1 病毒作用的柠檬苦素类化合物。A. Manosroi 等发现溴黄皮具有提高免疫力的活性。黄皮属植物中的溴黄皮和八角味黄皮（Clausenaanisata）多分布于南亚国家印度、巴基斯坦、孟加拉国、尼泊尔、不丹和我国台湾地区，在化学成分和药理作用等方面的研究比较系统和深入。而黄皮大部分分布于我国的广东、广西、福建、云南、海南等，民间多用于主治食积胀满、脘腹疼痛、疝疼、痰饮、咳喘等症，对其化学成分尤其是香豆素类成分及其药理活性的研究并不十分深入，有待今后深入地研究，为新药的开发提供先导化合物。综上所述，对黄皮属植物的化学成分特别是香豆素类成分的研究，将为我国合理开发利用该属植物提供科学依据。

邓会栋等采用硅胶柱色谱、SephadexLH-20 凝胶柱色谱等从黄皮果皮的乙醇提取物中分离得到 10 种化合物，经波谱学分析鉴定为 lansine（1）、3- 甲酰基咔唑（2）、3- 甲酰基 -6- 甲氧基咔唑（3）、6- 甲氧基咔唑 -3- 羧酸甲酯（4）、（6R，7E，9S）-9- 羟基 -4，7- 巨豆二烯 -3- 酮（5）、7- 羟基香豆素（6）、8- 羟基呋喃香豆素（7）、辛黄皮酰胺（8）、对羟基肉桂酸甲酯（9）和胡萝卜苷（10）。

1. 材料、仪器和试剂

黄皮 [Clausenalansium（Lour.）Skeels] 于 2011 年 5 月购于海南省儋州市，经海南大学园艺园林学院李绍鹏教授鉴定为黄皮。金黄色葡萄球菌（Staphylococcusaureus）ATCC-51650 由海南省药品检验所提供。

化合物分离采用青岛海洋化工厂的薄层色谱硅胶（GF254）和柱色谱硅胶（200 ~ 300 目，60 ~ 80 目），Merck 公司的 SephadexLH-20 和 RP-18 填料；熔点测定采用北京泰克 X-5 型显微熔点仪（温度未校正）；旋光度测定采用 Autopol Ⅲ旋光仪；质谱测定采用 Autospec-3000 质谱仪；核磁共振采用瑞士 Bruker 公司的 Brucker AV-500 型超导核磁仪（以 TMS 为内标）；活性分析采用上海博讯实业有限公司医疗设备厂的超净工作台；硫酸卡那霉素购自上海生工有限公司。

2. 提取和分离

黄皮果皮（12.0 kg）晒干后加工成粉末，用 95% 的乙醇浸提 3 次，每次用 40 L 乙醇，在室温下浸提，每次 7 d。所得滤液经真空减压浓缩得粗浸膏，将其分散于水中成悬浊液，依次用石油醚、乙酸乙酯、正丁醇萃取，得石油醚萃取物、乙酸乙酯萃取物、正丁醇萃取物、水溶液 4 部分。乙酸乙酯萃取物（90.0 g）经减压硅胶柱色谱，以氯仿 - 甲醇（1：0 ~ 0：1）梯度洗脱得到 10 个组分（Fr.1 ~ Fr.10）。Fr.3（4.2 g）经硅胶柱色谱，以石油醚 - 乙酸乙酯（1：0 ~ 0：1）梯度洗脱得到 14 个组分（Fr.3.1 ~ Fr.3.14）。Fr.3.5（332.7 mg）经 SephadexLH-20 柱色谱（乙醇）得到 8 个亚组分（Fr.3.5.1 ~ Fr.3.5.8），Fr.3.5.8（15.4 mg）经减压硅胶柱色谱，以氯仿为洗脱剂洗脱得到化合物 5（1.9 mg）。Fr.3.4（451.5 mg）经 SephadexLH-20 柱色谱(氯仿 - 甲醇，1：1)得到 7 个亚组分(Fr.3.4.1 ~ Fr.3.4.7)，Fr.3.4.5(43.8 mg)经 SephadexLH-20 柱色谱(乙醇)得到化合物 6(6.5 mg)。Fr.1(8.1 g)经硅胶柱色谱，以石油醚 - 乙酸乙酯(1：0 ~ 0：1)梯度洗脱得到 6 个组分(Fr.1.1 ~ Fr.1.6)。Fr.1.3(2.6 g)析出黄色粉末，经氯仿重结晶得到化合物 1(270.0 mg)，母液经 Sephadex-LH-20 柱色谱(甲醇)得到 8 个亚组分(Fr.1.3.1 ~ Fr.1.3.8)。Fr.1.3.3(995.1 mg)经硅胶柱色谱，以氯仿为洗脱剂洗脱得到化合物 8(42.5 mg)；Fr.1.3.5(92.9 mg)经硅胶柱色谱，以石油醚 - 乙酸乙酯(6：1)洗脱得到化合物 7(9.5 mg)；Fr.1.3.6(32.1 mg)经硅胶柱色谱，以石油醚 - 乙酸乙酯(10：1)洗脱得到化合物 2(5.5 mg)；Fr.1.3.7(54.7 mg)经硅胶柱色谱，以石油醚 - 乙酸乙酯(10：1)洗脱得到化合物 3(14.5 mg)；Fr.1.3.8(72.9 mg)经反复硅胶柱色谱，以石油醚 - 乙酸乙酯(10：1~12：1)洗脱得到化合物 4(8.2 mg)。Fr.2(17.3 g)经硅胶柱色谱，以石油醚 - 乙酸乙酯(1：0~0：1)梯度洗脱得到 12 个组分(Fr.2.1 ~ Fr.2.12)。Fr.2.3(470.9 mg)经 SephadexLH-20 柱色谱(氯仿 - 甲醇)得到 6 个亚组分(Fr.2.3.1 ~ Fr.2.3.6)。Fr.2.3.5(64.4 mg)经硅胶柱色谱，以石油醚 - 乙酸乙酯(8：1)洗脱得到化合物 9(22.4 mg)。Fr.6(18.0 g)有白色粉末析出，经甲醇重结晶，得到化合物 10(6.5 g)。

3. 抗菌活性测定

化合物的抗菌活性采用滤纸片法测定，以金黄色葡萄球菌为指示菌。供试无菌平板采用琼脂培养基，将金黄色葡萄球菌制成一定浓度的菌悬液(1×10^5~ 1×10^7 cfu/mL)，用棉签将其均匀涂布于供试无菌平板上，制成含菌平板，待用。将化合物配成浓度为 20 mg/mL 的样品溶液，并取 25 μL 样品溶液滴于直径为 6 mm 的灭菌滤纸片上，待溶剂挥干后置于含菌平板上，以 10 μL 浓度为 0.64 mg/mL 的硫酸卡那霉素为阳性对照，放置 20 min 后，再放入 37 ℃的培养箱内无光照恒温培养。24 h 后观察并测定抑菌圈直径，通过比较抑菌圈直径测定化合物的抗菌活性。

4. 结构鉴定

lansine(1)，黄色粉末，EI-MS m/z：241$[M]^+$；^{1}H NMR(DMSO-d_6，500 MHz)：δ3.66(3H，s，OCH_3-2)，6.69(1H，s，H-1)，6.81(1H，dd，J=8.7、2.5 Hz，H-7)，7.18(1H，d，J=8.7 Hz，H-8)，7.51(1H，d，J=2.5 Hz，H-5)，8.29(1H，s，H-4)，9.95(1H，s，CHO-3)，10.85(1H，s，OH-6)，11.20(1H，s，H-N)；^{13}C NMR(DMSO-d_6，125 MHz)：55.7(OCH_3-2)，96.2(C-1)，103.5(C-5)，111.8(C-8)，114.2(C-7)，115.7(C-3)，117.1(C-4a)，123.7(C-5a)，125.1(C-4)，135.3(C-8a)，146.3(C-1a)，154.1(C-6)，159.9(C-2)，192.7(CHO-3)。上述波谱数据与文献报道基本一致，鉴定为 lansine。3- 甲酰基咔唑(2)，黄色粉末，EI-MS m/z：195$[M]^+$；^{1}H NMR($CDCl_3$，500 MHz)：7.36(1H，m，H-5)，7.52(2H，t，J=2.2 Hz，H-2，1)，7.54(1H，s，H-8)，8.00(1H，dd，J=8.4，1.3 Hz，H-7)，8.16(1H，d，J=7.8 Hz，H-6)，8.63(1H，brs，H-4)，10.13(1H，s，CHO-3)；^{13}C NMR($CDCl_3$，125 MHz)：111.1(C-8)，111.3(C-

1),120.8(C-6),120.9(C-5),123.3(C-5a),123.7(C-4a),124.3(C-4),127.1(C-2),127.5(C-7),129.2(C-3),140.1(C-8a),143.5(C-1a),192.2(CHO-3)。上述波谱数据与文献报道基本一致,鉴定为3-甲酰基咔唑。3-甲酰基-6-甲氧基咔唑(3),黄色粉末,EI-MS m/z: 225[M]$^+$; ^{1}H NMR(CD_3COCD_3, 500 MHz): δ3.94(3H, s, OCH_3-6), 7.13(1H, dd, J=8.8、2.5 Hz, H-7), 7.52(1H, d, J=8.8 Hz, H-8), 7.63(1H, d, J=8.5 Hz, H-1), 7.86(1H, d, J=2.5 Hz, H-5), 7.95(1H, dd, J=8.5、1.6 Hz, H-2), 8.70(1H, brs, H-4), 10.09(1H, s, CHO-3), 10.76(1H, brs, H-N); ^{13}C NMR(CD_3COCD_3, 125 MHz): 56.1(OCH_3-6), 103.9(C-5), 112.2(C-1), 113.1(C-8), 116.9(C-7), 124.1(C-5a), 124.5(C-4a), 125.1(C-4), 127.0(C-2), 129.6(C-3), 136.2(C-8a), 145.2(C-1a), 155.4(C-6), 191.9(CHO-3)。上述波谱数据与文献报道基本一致,鉴定为3-甲酰基-6-甲氧基咔唑。6-甲氧基咔唑-3-羧酸甲酯(4),黄色粉末, EI-MS m/z: 255[M]$^+$; ^{1}H NMR(CD_3COCD_3, 500 MHz): δ3.93(3H, s, $COOCH_3$), 3.95(3H, s, OCH_3-6), 7.11(1H, dd, J=8.8, 2.5 Hz、H-7), 7.49(1H, d, J=8.8 Hz, H-8), 7.55(1H, d, J=8.2 Hz, H-1), 7.86(1H, d, J=2.5 Hz, H-5), 8.06(1H, dd, J=8.6、1.7 Hz, H-2), 8.82(1H, t, J=0.85 Hz, H-4), 10.63(1H, s, H-N); ^{13}C NMR(CD_3COCD_3, 125 MHz): δ51.9($COOCH_3$), 56.1(C-8), 103.7(C-5), 111.4(C-1), 112.9(C-8), 116.8(C-7), 121.2(C-3), 123.4(C-4), 123.8(C-5a), 124.4(C-4a), 127.6(C-2), 136.2(C-8a), 144.3(C-1a), 155.4(C-6), 168.0(C=O)。上述波谱数据与文献报道基本一致,鉴定为6-甲氧基咔唑-3-羧酸甲酯。(6R, 7E, 9S)-9-羟基-4, 7-巨豆二烯-3-酮(5),无色油状物, EI-MS m/z: 208[M]$^+$; ^{1}H NMR(CD_3OD, 500 MHz): δ1.00(3H, s, CH_3-12), 1.05(3H, s, H-11), 1.26(3H, d, J=9.5 Hz, H-10), 1.97(3H, m, H-13), 2.06(1H, d, J=16.8 Hz, H-2a), 2.43(1H, d, J=16.8 Hz, H-2b), 2.68(1H, d, J=9.3 Hz, H-6), 4.30(1H, m, H-9), 5.60(1H, dd, J=15.3、9.3 Hz, H-7), 5.72(1H, dd, J=15.3、6.0 Hz, H-8), 5.90(1H, s, H-4); ^{13}C NMR(CD_3OD, 125 MHz): δ23.7(C-10), 23.8(C-13), 27.3(C-11), 28.1(C-12), 37.1(C-1), 48.3(C-2), 56.7(C-6), 68.8(C-9), 126.1(C-4), 127.3(C-7), 140.2(C-8), 166.1(C-5), 202.1(C-3)。上述波谱数据与文献报道基本一致,鉴定为(6R, 7E, 9S)-9-羟基-4, 7-巨豆二烯-3-酮。7-羟基香豆素(6),黄色粉末, EI-MS m/z: 162[M]$^+$; ^{1}H NMR(DMSO-d_6, 500 MHz): 6.16(1H, d, J=9.4 Hz, H-3), 6.70(1H, s, H-8), 6.77(1H, d, J=8.5 Hz, H-6), 7.50(1H, d, J=8.5 Hz, H-5), 7.92(1H, d, J=9.4 Hz, H-4); ^{13}C NMR(DMSO-d_6, 125 MHz): δ102.3(C-8), 110.7(C-3), 110.8(C-4a), 113.7(C-6), 129.7(C-5), 144.7(C-4), 155.8(C-8a), 160.7(C-7), 162.7(C-2)。上述波谱数据与文献报道基本一致,鉴定为7-羟基香豆素。8-羟基呋喃香豆素(7),黄色粉末, EI-MS m/z: 202[M]$^+$; ^{1}H NMR(DMSO-d_6, 500 MHz): δ6.39(1H, d, J=9.6 Hz, H-3), 7.03(1H, d, J=2.2 Hz, H-2′), 7.45(1H, s, H-5), 8.06(1H, d, J=2.2 Hz, H-1′), 8.10(1H, d, J=9.6 Hz, H-4), 10.72(1H, brs, OH-8); ^{13}C NMR(DMSO-d_6, 125 MHz): δ107.2(C-2′), 110.3(C-5), 114.0(C-3), 116.4(C-4a), 125.4(C-6), 130.2(C-

8),139.9(C-8a),145.5(C-7),145.7(C-4),147.6(C-1′),160.3(C-2)。上述波谱数据与文献报道基本一致,鉴定为8-羟基呋喃香豆素。辛黄皮酰胺(8),白色粉末,EI-MS m/z: 279[M]$^+$; ^{1}H NMR(CDCl$_3$, 500 MHz): δ2.97(3H, s, CH$_3$-N), 4.17(1H, d, J=9.6 Hz, H-4), 5.13(1H, d, J=9.6 Hz, H-3), 6.21(1H, d, J=8.4 Hz, H-8), 6.86(1H, d, J=8.4 Hz, H-7), 7.15(2H, m, H-1″, 2″), 7.18(2H, m, H-2′, 6′), 7.19(1H, s, H-4′), 7.20(2H, m, H-3″, 4″), 7.27(2H, m, H-3′, 5′); ^{13}C NMR(CDCl$_3$, 125 MHz): δ33.6(CH$_3$-N), 59.9(C-4), 72.7(C-3), 126.4(C-3″), 126.9(C-4″), 127.9(C-2′, 6′), 128.6(C-2″), 128.7(C-3′, 5′), 128.8(C-7), 128.9(C-8), 129.4(C-1″), 131.0(C-6), 132.4(C-4′), 139.6(C-5), 144.2(C-1′), 173.2(C=O)。上述波谱数据与文献报道基本一致,鉴定为辛黄皮酰胺。对羟基肉桂酸甲酯(9),白色粉末, EI-MS m/z: 178[M]$^+$; ^{1}H NMR(CD$_3$COCD$_3$, 500 MHz): δ3.73(3H, s, COOCH$_3$), 6.37(1H, d, J=16.0 Hz, H-2′), 6.91(2H, d, J=8.6 Hz, H-2, 6), 7.57(2H, d, J=8.6 Hz, H-3, 5), 7.62(1H, d, J=16.0 Hz, H-1′); ^{13}C NMR(CD$_3$COCD$_3$, 125 MHz): δ51.5(COOCH$_3$), 115.3(C-2′), 116.7(C-2, 6), 126.9(C-4), 131.0(C-3, 5), 145.4(C-1′), 160.6(C-1), 167.9(C=O)。上述波谱数据与文献报道基本一致,鉴定为对羟基肉桂酸甲酯。胡萝卜苷(10),白色结晶(氯仿-甲醇),熔点292~294 ℃, Libenann-Burchard反应呈阳性。与胡萝卜苷对照品共薄层层析,在3种溶剂系统中R_f值相同,混合熔点不下降,故鉴定为胡萝卜苷。

5. 结果和讨论

本研究采用多种色谱分离方法,从黄皮果皮乙醇提取物的乙酸乙酯部分分离得到了10种化合物,通过波谱解析和相关文献对照确定各化合物的结构,分别为lansine(1)、3-甲酰基咔唑(2)、3-甲酰基-6-甲氧基咔唑(3)、6-甲氧基咔唑-3-羧酸甲酯(4)、(6R, 7E, 9S)-9-羟基-4,7-巨豆二烯-3-酮(5)、7-羟基香豆素(6)、8-羟基呋喃香豆素(7)、辛黄皮酰胺(8)、对羟基肉桂酸甲酯(9)和胡萝卜苷(10)。其中化合物5和9为首次从黄皮属植物中分离得到,并且本研究首次报道了化合物8的碳谱数据。化合物1～4为咔唑类生物碱,据报道化合物4有神经保护作用。据报道,黄皮属植物中的咔唑类生物碱和香豆素类化合物具有抗菌活性。用滤纸片法测定了化合物1~9的抗菌活性,结果表明化合物1、2、3、6、7和9对金黄色葡萄球菌有抑制作用,抑菌圈直径分别为12.8 mm、9.0 mm、12.0 mm、8.2 mm、13.0 mm和10.1 mm,活性均低于阳性对照硫酸卡那霉素(抑菌圈直径为26.0 mm)。化合物6和7为香豆素类化合物,均表现出了抑菌活性,这与张瑞明等的研究结果相吻合。本研究结果丰富了黄皮的化学成分和生物活性,为药食两用水果黄皮的开发利用提供了科学依据。

(九)黄皮中黄酮类成分的分析

李昌宝等采用超声强化提取山黄皮果中的总黄酮,利用分光光度计对黄酮的性质进行了分析。

1. 材料、试剂和仪器

山黄皮果采摘于广西龙州广西亚热带作物研究所实验站，挑选颜色（黄色）、成熟度（9 成熟）一致，无病虫害的果实作为原料，果实可溶性固形物含量为 17% ± 0.2%。芦丁（生化试剂，纯度≥98%）、亚硝酸钠、硝酸铝、氢氧化钠、95% 乙醇均为分析纯。BILON-2008 低温超声波萃取仪，上海比朗仪器有限公司；FW800 型高速万能粉碎机，天津市泰斯特仪器有限公司；UV-3200PCS 型紫外可见分光光度计，上海美普达仪器有限公司；101-2 型电热恒温鼓风干燥箱，上海跃进医疗器械厂；AR124CN 型电子天平，奥豪斯仪器有限公司；DKS-12 型不锈钢新型电热恒温水浴锅，杭州蓝天化验仪器厂。

2. 实验方法

1）工艺流程

山黄皮果→去核→在 60 ℃下干燥至水分含量为 3.37% ± 0.2% →粉碎→过 60 目筛→按一定的液料比加入乙醇溶剂→超声波处理→过滤→定容→测定吸光度。

2）回归方程的建立

采用亚硝酸钠 - 硝酸铝比色法，称取芦丁标准品 0.1 g，用 30% 的乙醇溶解并定容至 500 mL，分别取 0、0.5、1.0、2.0、3.0、4.0、4.5 mL 芦丁待测液置于 10 mL 具塞试管中，加入 5% 的亚硝酸钠 0.3 mL 后放置 6 min，加入 10% 的硝酸铝 0.3 mL 后再放置 6 min，加入 4% 的氢氧化钠 4 mL，最后用 30% 的乙醇溶液补充到 10 mL，静置 15 min，在 510 nm 处测吸光度，并建立回归方程：$c = 0.137\,5A - 0.000\,7$，$R^2 = 0.999\,7$。

3）总黄酮含量的测定

称取 1 g 山黄皮果粉末，用 95% 的乙醇溶解浸提 24 h，经超声波辅助提取、过滤并浓缩后，用 30% 的乙醇定容至 50 mL，吸取 2 mL 置于 10 mL 具塞试管中，测定吸光度。通过回归方程计算得到总黄酮含量。

4）超声提取工艺条件

准确称取一定量的山黄皮果干粉，在不同的乙醇浓度、提取温度、液料比和提取时间下在超声波仪中进行提取。将提取液过滤、定容，测定吸光度，计算总黄酮含量。以 1 g 干粉所提取的总黄酮（以芦丁计）的克数表示总黄酮得率。在单因素实验的基础上，选取提取时间、提取温度、液料比、乙醇浓度 4 个因素，每个因素 3 个水平，总黄酮得率为考察指标，进行 $L9(3^4)$ 正交实验，优化总黄酮提取的工艺条件。

5）DPPH 自由基清除率的测定

参考 Larrauri 和 Yokozawa 等的测定方法，并在此基础上进行了修改，分别取 2 mL 浓度为 25、50、100、200、300 μg/mL 的待测液置于具塞试管中，加入 2×10^{-4} mol/L 的 DPPH 溶液 2 mL，摇匀，30 min 后在 515 nm 处测定其吸光度 A_i；同时测定 2 mL DPPH 溶液与 2 mL 70% 的乙醇混合后的吸光度 A_c 和 2 mL 待测液与 2 mL 70% 的乙醇混合后的

吸光度 A_j，均以 70% 的乙醇做参比。根据下式计算清除率：

$$清除率=[1-(A_i-A_j)/A_c]\times 100\%$$

式中：A_c，DPPH 与溶剂混合液的吸光度；A_i，DPPH 与样液反应后的吸光度；A_j，样液与溶剂混合液的吸光度。

以抗坏血酸（维生素 C）做阳性对照。

6）羟自由基（·OH）清除率的测定

本实验在 Smironff 等报道的方法的基础上进行了改进，向具塞试管中依次加入 9 mmol/L 的 $FeSO_4$ 溶液 2 mL，9 mmol/L 的水杨酸 - 乙醇溶液 2 mL，25、50、100、200、300 μg/mL 的样液 2 mL 和 8.8 mmol/L 的 H_2O_2 2 mL，摇匀，于 37 ℃的水浴中反应 30 min，在 510 nm 下测定吸光度 A_X。并按相同的方法测定不加样液的溶液的吸光度 A_0、不加 H_2O_2 的溶液的吸光度 A_{X_0}，均以蒸馏水为参比。清除率计算公式如下：

$$清除率=[A_0-(A_X-A_{X_0})]/A_0\times 100\%$$

式中：A_0，空白对照液的吸光度；A_X，加入样液后的吸光度；A_{X_0}，不加样液的吸光度。

以抗坏血酸（维生素 C）做阳性对照。

3. 不同方法对总黄酮得率的影响

1）乙醇浓度对山黄皮果总黄酮得率的影响

在液料比 40∶1、提取温度 50 ℃、超声处理时间 60 min 的条件下，选取不同体积分数的乙醇溶液对材料进行超声提取，然后测定总黄酮含量。单因素方差分析得 F=330.05，P<0.01，表明乙醇浓度对山黄皮果总黄酮得率影响极显著。研究结果显示，随着乙醇浓度的增加，总黄酮得率呈先增大后减小的趋势。当乙醇浓度为 60% 时，总黄酮得率达到最大值，之后随着乙醇浓度的增加，黄酮类化合物得率呈下降趋势。原因可能是乙醇浓度增加后，一些醇溶性杂质和亲脂性色素等成分溶出量增加，导致黄酮类化合物的提取量下降。

2）超声处理时间对山黄皮果总黄酮得率的影响

在提取温度 50 ℃、乙醇浓度 60%、液料比 40∶1 的条件下，分别超声强化处理 15、30、45、60、75 min，然后测定总黄酮含量。单因素方差分析得 F = 29.56，P<0.01，表明超声处理时间对山黄皮果总黄酮得率影响极显著。总黄酮得率随处理时间的延长而逐渐升高，但 45 min 后总黄酮得率变化不大。这是因为用超声提取 45 min，总黄酮的浸出已经很充分了；而当时间超过 45 min 后，随着提取时间的延长，得率反而降低，这可能是由于超声的作用时间太长而破坏了其中的有效成分。

3）液料比对山黄皮果总黄酮得率的影响

在提取温度 50 ℃、乙醇浓度 60%、超声处理时间 45 min 的条件下，分别选取液料比为 10∶1、20∶1、30∶1、40∶1、50∶1 进行提取，然后测定总黄酮含量。单因素方差分析得 F= 33.34，P <0.01，表明液料比对山黄皮果总黄酮得率影响极显著。研究结果显示，随

着液料比的增大，总黄酮得率逐渐升高，当液料比达到 40∶1 后得率变化不大。由于液料比增大，溶剂的用量就会增加，导致提取成本增加，而且会增加除去溶剂的难度，因此选取 40∶1 为最佳液料比。

4）提取温度对山黄皮果总黄酮得率的影响

在乙醇浓度 60%、超声处理时间 45 min、液料比 40∶1、不同温度下进行提取，然后测定总黄酮含量。单因素方差分析得 $F=5.83$，$P<0.05$，表明提取温度对山黄皮果总黄酮得率影响显著。随着提取温度的升高，总黄酮提取量逐渐增加，当提取温度达到 60 ℃后得率变化不大。从降低能耗和提高总黄酮得率等角度考虑，选取 70 ℃为最佳提取温度。

主次顺序为：提取温度（B）> 液料比（C）> 超声处理时间（A）> 乙醇浓度（D）。超声波提取山黄皮果总黄酮的最佳组合为 A3B3C2D2，即超声处理时间 60 min、提取温度 70 ℃、液料比 40∶1、乙醇浓度 60%。对最佳工艺条件 A3B3C2D2 进行 3 次平行实验，结果山黄皮果总黄酮得率为 3.82% ± 0.02%，比梁云贞报道的微波方法提取山黄皮果黄酮类化合物得率 3.621% 高，可见，超声强化提取山黄皮果中的黄酮类物质效果优于微波提取。由方差分析看出，在超声波提取山黄皮果总黄酮正交实验所选择的因素和水平范围内，提取温度和液料比都达到显著水平（$P<0.05$），而其他因素影响不显著。

4. 山黄皮果总黄酮抗氧化活性实验结果

1）山黄皮果总黄酮对 DPPH 自由基的清除作用

以抗坏血酸（维生素 C）做对照，测定了山黄皮果总黄酮清除 DPPH 自由基的能力。统计分析得 $T=6.94$，$P=0.002\,3<0.01$，山黄皮果总黄酮和维生素 C 清除 DPPH·的效果差异显著。研究结果显示，山黄皮果总黄酮和维生素 C 对 DPPH·的清除能力随着浓度的增大而增强。当浓度大于 100 μg/mL 时，两者的提高速率变缓，山黄皮果总黄酮的清除率高于维生素 C，说明山黄皮果的黄酮提取物对 DPPH·具有较强的清除作用。

2）山黄皮果总黄酮对 OH 自由基的清除作用

以抗坏血酸（维生素 C）做对照，测定了山黄皮果总黄酮清除 OH 自由基的能力。统计分析得 $T=5.05$，$P=0.007\,3<0.01$，山黄皮果总黄酮和维生素 C 清除·OH 的效果差异显著。研究结果显示，山黄皮果总黄酮和维生素 C 对·OH 的清除能力随着浓度的增大而增强。在 25 ~ 300 μg/mL 的浓度范围内，山黄皮果总黄酮对·OH 的清除能力比维生素 C 强。

5. 结果与结论

采用超声波强化处理技术提取山黄皮果中的总黄酮，通过单因素实验和正交实验得出最佳工艺条件为超声处理时间 60 min、提取温度 70 ℃、液料比 40∶1、乙醇浓度 60%。在此工艺条件下，山黄皮果总黄酮得率为 3.82% ± 0.02%。山黄皮果总黄酮对羟自由基（·OH）和 1，1- 二苯基 -2- 苦苯肼自由基（DPPH·）均有较好的清除效果，是一种有效的外源性抗氧化剂，其清除机理有待进一步研究。

（十）黄皮中有机酸类成分的分析

戴宏芬等报道黄皮果肉中含有酚酸类的绿原酸（chlorogenicacid，40）和黄烷醇类的表儿茶素（epicatechin，41）。

1. 材料、试剂和仪器

氨基酸混合标准品为美国 Agilent 公司的产品，共 17 种，分别为天门冬氨酸（ASP）、谷氨酸（GLU）、丝氨酸（SER）、组氨酸（HIS）、精氨酸（ARG）、甘氨酸（GLY）、苏氨酸（THR）、脯氨酸（PRO）、丙氨酸（ALA）、缬氨酸（VAL）、蛋氨酸（MET）、胱氨酸（CYS-S）、异亮氨酸（ILE）、亮氨酸（LEU）、苯丙氨酸（PHE）、赖氨酸（LYS）和酪氨酸（TYR）。为便于计算，标准品含量均以 100% 来计。

Agilent1100 型高效液相色谱仪，带 Agilent 化学工作站和 VWD 检测器、手动进样器、20 μL 定量管，美国 Agilent 公司。色谱级乙腈，美国 Fisher 公司；2，4- 二硝基氟苯，广州铱能色谱材料贸易公司；实验用水为超纯水；其余试剂均为国产分析纯。

2. 实验方法

1）色谱条件

杨梅和黄皮果肉中氨基酸的分析按文献中介绍的色谱条件进行。色谱柱：爱尔兰产，150 mm × 4.6 mm，5 μm RP18 柱。流动相：A 为 0.04 mol/L 的 KH_2PO_4（pH=7.2 ± 0.05），B 为超纯水，C 为乙腈。检测波长 360 nm，柱温 40 ℃。梯度洗脱：6.3% B 和 7.7% C（0.65 mL/min）/0 min、6.3% B 和 7.7% C（0.6 mL/min）/4 min、20% B 和 20% C（0.5 mL/min）/10 min、40% B 和 40% C（0.4 mL/min）/22 min、45% B 和 55% C（0.6 mL/min）/23 min、45% B 和 55% C（0.8 mL/min）/28 min、6.3% B 和 7.7% C（0.8 mL/min）/33 min。

2）氨基酸的柱前衍生和标准曲线的绘制

氨基酸的柱前衍生参考文献中的方法进行。氨基酸的标准曲线按文献中的方法绘制，根据标准品的浓度和峰面积，经 Excel 计算，得线性回归方程和相关系数（R_2）。

3）样品的处理

东魁、乌梅、红梅和白梅等 4 个品种的杨梅果实采自广东省普宁市。选种大鸡心、长鸡心、无核黄皮和佛山大鸡心等 4 个品种的黄皮果实采自广东省农业科学院果树研究所果园。样品采回后在冰冻条件下保存备用。分别称取 4 个品种的杨梅果肉 1.0 g，4 个品种的黄皮果肉 0.5 g，置于 10 mL 安瓿瓶中，加入 6 mol/L 的 HCl 2 mL，封口后在 105 ℃下水解 24 h。水解后每个安瓿瓶中加入体积分数为 40% 的 KOH 1.5 mL 中和，用去离子水定容至 25 mL，以 12 000 r/min 离心 20 min，取上清液，按文献中的方法柱前衍生并上机分析，根据峰面积计算各样品中多种氨基酸的含量。以上实验均重复 3 次以上。

4）数据处理

实验数据先由 Agilent 化学工作站积分处理，然后用 SAS 软件进行差异显著性分析。

3. 结果与分析

1)4 个品种杨梅果肉中的氨基酸含量

杨梅果肉中的多种氨基酸基本得到很好的分离，根据标准曲线和峰面积的大小，可统计的氨基酸有 14 种，其中天门冬氨酸和谷氨酸含量最高，1 g 鲜果肉中的含量分别达 1.732 6 和 1.700 8 mg。经多重比较分析，4 个品种杨梅果肉中的 14 种氨基酸含量在 0.05 水平上存在显著的差异，均以红梅品种的含量最高。

2)4 个品种黄皮果肉中的氨基酸含量

与杨梅果肉中的氨基酸一样，4 个品种黄皮果肉中的多种氨基酸也基本得到良好的分离，可统计的氨基酸也有 14 种，其中天门冬氨酸、谷氨酸和丙氨酸含量最高，1 g 鲜果肉中的含量分别达 3.769 2、2.260 9 和 2.593 6 mg。经多重比较分析，4 个品种黄皮果肉中的 14 种氨基酸含量在 0.05 水平上存在显著的差异，均以无核黄皮的含量最高，长鸡心品种次之。

4. 结果与讨论

采用 RP-HPLC 法，分别从 4 个品种的杨梅和黄皮新鲜果肉中分离出 16 种氨基酸，并对 14 种氨基酸的含量进行统计分析。1 g 杨梅和黄皮新鲜果肉中的氨基酸总量分别为 4.317 6 ~ 8.056 6 mg 和 5.927 2 ~ 13.888 6 mg，明显高于云南野生大树杨梅果实和野生欧李果实中的总氨基酸含量（分别为 5.682 ~ 11.53 mg/kg 和 3.549 mg/g）。杨梅和黄皮这两类水果均含有苏氨酸、缬氨酸、异亮氨酸、亮氨酸、苯丙氨酸、赖氨酸等必需氨基酸和天门冬氨酸、谷氨酸、甘氨酸、亮氨酸、苯丙氨酸、赖氨酸、精氨酸、酪氨酸等药效氨基酸。杨梅和黄皮的必需氨基酸配比（占总氨基酸含量的百分数）分别为 19.76% ~ 24.74% 和 12.94% ~ 23.98%，杨梅中的必需氨基酸含量与火杨梅相当，黄皮中无核黄皮和佛山大鸡心的必需氨基酸含量明显低于火杨梅，其余的与火杨梅相当。杨梅中药效氨基酸的配比为 70.36% ~ 77.71%，高于猕猴桃中药效氨基酸的配比（61.97%），黄皮中药效氨基酸的配比为 57.64% ~ 63.98%，与猕猴桃中药效氨基酸的配比相当。杨梅和黄皮中的药效氨基酸皆以天门冬氨酸和谷氨酸含量最高，黄皮中还含有较多的精氨酸（0.330 7 ~ 0.514 9 mg/g）。谷氨酸有健脑的功能，精氨酸有强促胰岛素生成的作用，天门冬氨酸可镇咳祛痰等，因此杨梅和黄皮的药理功效可能与含有这些药效氨基酸有关。小浆果由于具有独特的营养保健价值，在国内市场已引起广泛的重视，目前已成为热门研究话题。杨梅和黄皮这两类水果在栽培、贮运、销售等方面没有直接的内在联系，但也存在共同之处。一是在各自的成熟季节均能起到调节水果淡季的作用；二是除作为水果食用之外，均具有重要的药理作用，如杨梅具有降血糖、抗氧化、保护肝脏等作用，黄皮具有消食健胃、消痰化气、润肺止咳等功效。随着科学技术的发展、人们生活水平的不断提高和保健意识的加强，药食两用水果将会迎来良好的商机。

（十一）黄皮中多酚氧化酶的分析

李升锋等对无核黄皮的营养成分进行了分析检测，结果表明：无核黄皮含有丰富的蛋白质、脂肪、维生素、氨基酸、多糖等营养成分。

张福平等研究了 pH 值、温度、底物浓度、抑制剂等因素对黄皮果实中多酚氧化酶（PPO）活性的影响，并利用分光光度计进行分析。结果表明，黄皮 PPO 具有同工酶，PPO 的最佳底物浓度为 0.14 mol/L，最适 pH 值为 7.0，最适温度为 40 ℃，当温度高于 60 ℃时，PPO 的活性明显降低，亚硫酸钠、抗坏血酸、柠檬酸、*L*- 半胱氨酸等 4 种抑制剂对黄皮 PPO 的活性表现出不同的抑制作用，抑制效果为亚硫酸钠 > 抗坏血酸 > 柠檬酸 >*L*- 半胱氨酸，其中抗坏血酸随着浓度的增加抑制效果变好，抑制率不断升高。

1. 材料与仪器

实验于 2007 年 7—8 月在韩山师范学院生物技术基础实验室进行。试材黄皮的品种为鸡心黄皮，采自潮州市潮安意溪黄皮果园。挑选无病虫害、无机械损伤、果形端正、成熟度大约为 90% 的黄皮果实，采后立即运至实验室。实验仪器为冷冻离心机（Model J-6M 型）、电子天平（JD2003 型）、高速组织捣碎机（DS-1 型）、酸度计（pHS-3C 型）、722 型分光光度计、水浴锅等。

2. 实验方法

1）PPO 粗酶液的制备

黄皮果实去皮，取果肉 5 g，按 1∶3 的比例加入 0.1 mol/L、pH 值为 6.86 的磷酸缓冲液 15 mL，低温快速匀浆， 6 000 r/min、4 ℃离心 10 min，吸取上清液即得粗酶液，在 0 ~ 4 ℃下保存备用。

2）黄皮 PPO 最大吸收波长的测定

反应体系包括 0.1 mol/L、pH 值为 6.86 的磷酸缓冲液 15 mL，再加入 0.2 mol/L 的邻苯二酚 10 mL、粗酶液 1 mL，在 40 ℃的水浴中反应 30 min 后，用 25 μL 浓盐酸终止反应。在 300 ~ 600 nm 的波长范围内每隔 2 nm 进行扫描，确定最大吸收波长 λ。

3）黄皮 PPO 活性的测定

按上述方法取样，在 λ 处测定样品的 PPO 吸光度 A，结果以 PPO 的相对活性表示。

4）pH 值对黄皮 PPO 活性的影响

以邻苯二酚为底物，用磷酸缓冲液（0.2 mol/L）、醋酸缓冲液（0.2 mol/L）调节反应体系的 pH 值（3.0 ~ 9.0），在不同的 pH 值、室温下测定 PPO 活性。

5）温度对黄皮 PPO 活性的影响和 PPO 的热稳定性

取样，分别在 10、20、30、40、50、55、60 ℃下保温 30 min，然后测定 PPO 活性。取 pH 值为 6.86 的磷酸缓冲液 3 mL、浓度为 0.2 mol/L 的邻苯二酚 2 mL 和 PPO 粗酶液

0.2 mL，分别在 60、80、90 ℃等的水浴中保温不同的时间，取出冷却至室温，在波长 λ 处测 PPO 活性。结果以 PPO 的相对活性表示，比较不同的灭酶方法对 PPO 反应体系的灭活效果。抑制率的计算公式为

$$抑制率=(1-处理组吸光度/对照组吸光度)\times 100\%$$

6）底物浓度对黄皮 PPO 活性的影响

取 pH 值为 6.86 的磷酸缓冲液 3 mL 和 PPO 粗酶液 0.2 mL，分别以浓度为 0.02、0.04、0.06、0.08、0.10、0.12、0.14、0.16、0.18、0.20 mol/L 的邻苯二酚作为底物，在 40 ℃的水浴中反应 30 min 后，用 25 μL 浓盐酸终止反应。在室温下在 λ 处测定吸光度，得到不同浓度下的 PPO 活性。

7）抑制剂对黄皮 PPO 活性的影响

用磷酸缓冲液配制 0.02 mol/L 的抗坏血酸、柠檬酸、亚硫酸钠、*L*-半胱氨酸，分别取上述抑制剂溶液 1.5 mL、0.2 mol/L 的邻苯二酚溶液 1.0 mL、PPO 粗酶液 0.1 mL，于 λ 处比色，测定吸光度 A，结果以 PPO 的相对活性表示，考察不同抑制剂对 PPO 活性的影响。在此基础上考察不同浓度的维生素 C 对黄皮 PPO 活性的影响，以确定维生素 C 的最佳浓度。

3. 测定结果

1）黄皮 PPO 的最大吸收波长

紫外分光光度计扫描（在 300～600 nm 的波长范围内每隔 2 nm 进行扫描）结果表明，黄皮 PPO 作用生成的产物最大吸收波长为 330 nm。

2）pH 值对黄皮 PPO 活性的影响

黄皮果实中 PPO 的最适 pH 值为 7.0。在 pH 值 5.0～6.0 之间有一个小峰，这说明酶液中可能存在 PPO 的同工酶。很多研究表明，在一些植物中也发现有 PPO 同工酶存在，如香蕉、莲藕、枣等。黄皮果实中的 PPO 对 pH 值的变化较敏感，当 pH 值降到 3.0 附近时，其活性仅为最高活性的 17.95%。pH 值越低，酶活性下降越多，当体系的 pH 值大于 7.0 时，随着 pH 值的增大，酶活性逐渐降低。其原因是 PPO 为一种含铜蛋白质，在 pH 值小于 2 的酸性环境中，酶中的铜被离解出来，使酶失活，因而可以防止褐变；在 pH 值大于 9 的碱性环境中，铜会离解成不溶性的氢氧化铜，使酶失活。因此，可以通过调节 pH 值来抑制 PPO 的活性，从而达到减轻褐变的目的。

3）温度对黄皮 PPO 活性的影响和 PPO 的热稳定性

从研究结果可以看出，黄皮 PPO 在 30～50 ℃具有较高的活性，其最适温度为 40 ℃，当温度达到 60 ℃后，黄皮 PPO 几乎完全失活。这与沈金玉等人对芦荟 PPO 特性的研究一致。本实验还研究了温度与灭酶所需时间的关系。研究结果显示，在 60 ℃以上处理均能使 PPO 活性降低，在相同的作用时间下，黄皮果实中 PPO 的活性随温度升高而下降；处理得越久，黄皮果实中 PPO 的活性越低；当温度达到 90 ℃以上时，只需要较短的时间

就可以取得很好的钝化抑制效果，处理 30 min 相较于处理 5 min，PPO 活性只降低了 6.82%。这主要是因为黄皮中蛋白质的最适温度是 40 ℃，高温会使蛋白质变性，营养价值损失。因此，在黄皮的采后保鲜加工过程中，经常采用热处理的方法防止酶促褐变对果蔬采后贮藏品质的影响，但要注意对营养价值和口味的影响。

4）底物浓度对黄皮 PPO 活性的影响

研究结果显示，在供试反应体系中，当邻苯二酚的浓度为 0.02 ~ 0.14 mol/L 时，酶活性呈上升趋势，当浓度为 0.14 ~ 0.20 mol/L，酶活性的变化趋于平缓。这说明该酶促反应存在一个适宜的邻苯二酚用量，当底物浓度达到这一适宜值时，再增加底物浓度对酶的活性作用不大。这是因为底物浓度较低时，有一些酶活性部位没有与底物结合，随着底物浓度增加，越来越多的酶活性部位与底物结合，使酶促反应进行，在达到一定浓度后，所有的酶活性部位都与底物结合，此时，酶活性部位被底物饱和，进一步提高底物浓度也不能提高酶活性，酶活性达到最大值。

5）抑制剂对黄皮 PPO 活性的影响

研究结果显示，4 种抑制剂对 PPO 表现出不同的抑制效果，浓度相同的单一抑制剂对黄皮 PPO 酶促褐变抑制效果的强弱次序为亚硫酸钠 > 抗坏血酸 > 柠檬酸 >*L*- 半胱氨酸。当亚硫酸钠、抗坏血酸、柠檬酸和 *L*- 半胱氨酸的浓度均为 0.02 mol/L 时，黄皮果实 PPO 的相对活性分别被抑制了 84.76%、78.67%、60%、26.73%。亚硫酸钠被普遍认为是一种非常有效的酶促褐变抑制剂，它对黄皮 PPO 的酶促褐变抑制效果很好，但是因安全性问题，在实际的黄皮采后加工中并不提倡使用；抗坏血酸、柠檬酸的抑制效果均次于亚硫酸钠，*L*- 半胱氨酸的抑制效果较差。亚硫酸钠、抗坏血酸、柠檬酸、*L*- 半胱氨酸可以与酶促褐变的中间产物醌生成稳定的无色产物，抑制了次级氧化和聚合反应，阻止了黑色素的生成，从而抑制了 PPO 的活性。抑制剂主要通过这种机制抑制酶促褐变的发生。

6）维生素 C 浓度对 PPO 活性的影响

抗坏血酸对 PPO 表现出明显的抑制作用，不同浓度的维生素 C 对 PPO 的活性有不同的抑制作用，并且这种抑制作用随着抗坏血酸浓度的提高而加强，抑制率不断升高。当抗坏血酸浓度为 0.01 mol/L 时，对 PPO 的抑制率为 26.33%；当抗坏血酸浓度达到 0.05 mol/L 时，对 PPO 的抑制率升高到 77.91%。这可能是由于抗坏血酸可作为酶分子中铜离子的螯合剂，抑制酶促褐变反应的发生，另外过多的抗坏血酸可作为酮的还原剂，将体系中原有的酮类还原为无色物质，使其具有抗氧化和抑制褐变的作用。亚硫酸钠被普遍认为是一种非常有效的酶促褐变抑制剂，它对黄皮 PPO 的酶促褐变抑制效果很好，但是因安全性问题，不提倡使用；抗坏血酸对黄皮 PPO 的抑制效果也非常明显，且维生素 C 是水果中的成分，因此在生产中可以广泛地应用。

4. 结果与讨论

研究显示，黄皮果实的褐变与黄皮果肉的 PPO 活性变化密切相关，而 PPO 活性的抑制是多因素综合作用的结果。

（1）黄皮果实中 PPO 的最适 pH 值为 7.0，在 pH 值 6.5 ~ 7.5 之间吸光度是最大的，因此通过控制 pH 值的大小可以达到减轻褐变的目的。

（2）黄皮果实中 PPO 的最适温度为 40 ℃，当温度高于 60 ℃时，可以降低 PPO 的活性，只需要较短的时间就可以达到较好的酶钝化效果。因此在黄皮采后保鲜加工的过程中，可以考虑用热处理的方法灭活，以减小酶促褐变对黄皮果实采后贮藏的影响，但由于高温加热对果实的色泽、风味有较大的影响，故在实际生产中应综合考虑多种因素来控制黄皮的褐变。

（3）底物浓度对黄皮 PPO 活性也有影响，该酶促反应存在一个适宜的邻苯二酚用量范围，低浓度时，随着底物浓度增加，PPO 的活性不断升高，当底物浓度为 0.14 mol/L 时，酶的活性最高，当超过这个值时，再增加底物浓度对酶的活性影响不大。

（4）抗坏血酸、*L*- 半胱氨酸、亚硫酸钠和柠檬酸等 4 种抑制剂对 PPO 活性都有一定的抑制作用。在相同的浓度下，各抑制剂对黄皮 PPO 的抑制效果为亚硫酸钠 > 抗坏血酸 > 柠檬酸 >*L*- 半胱氨酸。虽然亚硫酸钠对黄皮 PPO 的酶促褐变抑制效果比抗坏血酸好，但由于亚硫酸盐及其分解产生的二氧化硫对人体的健康有害，使用上受到限制，在实际的黄皮采后贮藏加工中不提倡使用。抗坏血酸随着浓度的增加抑制效果变好，抑制率不断升高。

（十二）黄皮中维生素的分析

李升锋等对无核黄皮的营养成分进行了分析检测，结果表明：无核黄皮含有丰富的蛋白质、脂肪、维生素、氨基酸、多糖等营养成分。

王娟等采用微波辅助法提取黄皮果胶，通过正交实验获得最优工艺条件为：微波功率 600 W，提取时间 8 min，液料比 30∶1，pH 值 2.0，果胶得率 3.61%，总半乳糖醛酸质量分数 78.75%。然后将小鼠分组，对其灌胃不同剂量的黄皮果胶，测其体质量，并通过力竭游泳实验，对小鼠的力竭游泳时间和血乳酸、丙二醛、血尿素氮、乳酸脱氢酶、肝/肌糖原等生化指标进行了检测。结果表明：小鼠灌胃果胶 2 周后，其体质量随果胶剂量的增大而增加，力竭游泳时间随果胶剂量的增大而延长，高剂量时可延长 47.95%，具有显著的差异。力竭游泳后，小鼠的血乳酸、丙二醛和血尿素氮的值均随灌胃果胶量的增加而减小，且高剂量组与对照组有显著的差异；而乳酸脱氢酶和肝/肌糖原的值则随灌胃果胶量的增加而增大，且中剂量组和高剂量组分别与对照组有显著和极显著的差异。黄皮果胶可以有效延缓运动性疲劳，具有良好的抗疲劳功效。

1. 材料、试剂与仪器

材料：大鸡心黄皮，购于广东省肇庆市农贸市场，全熟、无腐烂。

试剂：全血乳酸（LA）试剂盒、丙二醛（MDA）试剂盒、血尿素氮（SUN）试剂盒、乳酸脱氢酶（LDH）试剂盒、肝/肌糖原试剂盒，南京建成生物工程研究所；半乳糖醛酸标准品（分析纯），美国 Sigma-Aldrich 公司；其他试剂均为国产分析纯。

仪器：UV/VIS916 紫外可见分光光度计，澳大利亚 GBC 科学仪器公司；MG08S-2B 微波实验仪（0~800 W 连续可调），南京汇研微波系统工程有限公司；PHS-3C 精密酸度计，上海大谱仪器有限公司；HK-04A 手提式高速粉碎机，广州旭朗机械设备有限公司；202-2 电热恒温干燥箱，上海圣科仪器设备有限公司；YXJ-2 高速离心机和 FK-A 组织捣碎机，金坛市环宇科学仪器厂。

2. 实验方法

1）制备工艺

称取 50 g 黄皮果肉打浆，按一定的液料比加入蒸馏水，并用盐酸调节 pH 值后，置于微波实验仪中加热一定时间，以提取果胶，然后用 4 层纱布过滤，将滤液离心，取上清液即为果胶粗提液。

先将果胶粗提液于 60 ℃下旋蒸、浓缩至质量分数为 5%，然后用体积分数 95% 的乙醇沉淀 90 min，再将沉淀物果胶分别用 95% 和 80% 的乙醇洗涤、除杂，最后将果胶于 60 ℃下干燥至含水质量分数在 10% 以下，粉碎、过 80 目筛即得果胶成品。

2）正交实验

根据前期的研究结果，考察微波功率（A）、提取时间（B）、液料比（C）、pH 值（D）这 4 个因子对果胶得率（Y）的影响，设计 $L9(3^4)$ 正交实验。果胶得率 Y=（果胶成品质量/原料总质量）×100%。

3）动物实验

实验前，在温度为（22 ± 1）℃、相对湿度为（55 ± 15）% 的动物房内正常饲养小鼠 1 周，使其适应环境。将小鼠随机分为 4 组：对照组（a）、低剂量组（b）、中剂量组（c）、高剂量组（d），每组 10 只。将黄皮果胶溶于水，配成 0.1 g/mL 的溶液，分别对 b、c、d 组小鼠灌胃 10 mL/只、15 mL/只、20 mL/只，a 组小鼠每只灌胃 10 mL 纯水。各组小鼠每日灌胃 1 次，连续灌胃 2 周。小鼠每日定时进行 2 次习惯性游泳训练，每次 30 min，水温为（25 ± 1）℃，水槽长 60 cm、宽 40 cm、水深 30 cm。

3. 测定

1）体质量的测定

在小鼠灌胃饲养前和末次灌胃后，称量各组小鼠的体质量，然后计算灌胃前、后的体质量差，考察黄皮果胶对小鼠体质量的影响。

2)生化指标的测定

小鼠力竭游泳后,立即摘其眼球、取血。取部分血液,参照LA试剂盒的说明测定血乳酸含量;其他血液在5 000 r/min的转速下离心10 min,取血清,采用分光光度法,分别参照SUN试剂盒和LDH试剂盒的说明测定血尿素氮含量和乳酸脱氢酶活力。小鼠取血后处死,取肝脏和大腿肌肉,采用分光光度法,分别参照MDA试剂盒和肝/肌糖原试剂盒的说明测定肝脏丙二醛、肝糖原和肌糖原含量。

3)统计学处理

采用SAS8.2(SAS Institute Inc., Cary, NC, USA)软件进行数据处理,实验数据均以$x \pm s$表示,组间差异比较采用t检验法,$P<0.05$表示差异显著,$P<0.01$表示差异极显著。

4. 测定结果

1)体质量

小鼠灌胃不同量的黄皮果胶对其体质量的影响结果显示,对小鼠进行果胶灌胃2周后,各组小鼠灌胃前、后的体质量差无显著的差异($P>0.05$),但随着灌胃果胶量的增加,体质量差呈增大的趋势,表明摄食果胶有利于小鼠体质量的增加。

2)生化指标

灌胃不同量的黄皮果胶的各组小鼠在力竭游泳后,其血乳酸、丙二醛、血尿素氮、乳酸脱氢酶、肝/肌糖原等生化指标的变化情况如下:小鼠血乳酸、丙二醛和血尿素氮的指标值随灌胃果胶量的增加而减小,相较于对照组,高剂量组分别下降了38.21%、37.95%和43.01%,且高剂量组与对照组有显著的差异;而小鼠乳酸脱氢酶、肝糖原和肌糖原的指标值则随灌胃果胶量的增加而增大,相较于对照组,中、高剂量组分别增大了36.29%和48.04%、42.53%和56.05%、39.18%和51.46%,且中剂量组与对照组有显著的差异,高剂量组与对照组有极显著的差异。长时间剧烈运动时,因供氧不足体内会产生大量乳酸并发生血乳酸堆积,从而使体内H^+浓度上升,pH值下降,导致疲劳。乳酸的清除依赖于体内乳酸脱氢酶的活力,本研究表明,果胶可显著提高小鼠体内乳酸脱氢酶的活力,从而有效清除乳酸,减缓疲劳。机体运动时,肌肉中的肌糖原首先被消耗供能,当肌糖原不足时,开始消耗肝脏中的肝糖原,当肝糖原储量不足时,机体便会因供能不足而感到疲劳。果胶作为一种植物多糖,可显著提高体内的肝/肌糖原水平,从而达到补充能量、延长运动时间的效果。机体在应激或剧烈运动时会产生大量自由基,破坏细胞膜的完整性和通透性,影响细胞的功能,致使运动能力下降,因此清除自由基可延缓和消除运动性疲劳。当体内过多的自由基作用于脂质发生氧化反应时,终产物为丙二醛,因而体内丙二醛的含量可反映自由基的水平。黄皮果胶含有大量半乳糖醛酸,其可通过与自由基反应清除自由基,从而降低体内丙二醛的含量。

5. 结果与讨论

采用微波辅助法提取黄皮果胶，通过正交实验优化了工艺条件，果胶得率为 3.61%，总半乳糖醛酸质量分数高达 78.75%。给小鼠灌胃不同剂量的黄皮果胶后进行力竭游泳实验，通过对小鼠的力竭游泳时间和血乳酸、丙二醛、血尿素氮、乳酸脱氢酶、肝/肌糖原等生化指标的测定，发现小鼠的运动性能随着黄皮果胶灌胃剂量的增大而提高，黄皮果胶表现出良好的抗疲劳功效，其具体作用机理有待于进一步研究。

参考文献

[1] 刘传和，陈杰忠，李娟，等. 广东黄皮生产现状及发展对策 [J]. 柑桔与亚热带果树信息，2005，21（1）：16-17.

[2] 赵依杰，陈雪金，黄飞鹏. 福州地区发展黄皮生产的思路与对策 [J]. 福建农业科技，2003（2）：4-5.

[3] 冯贞国，陈毅伟，张泽煌. 福建黄皮的发展前景和策略 [J]. 福建果树，2005（134）：34-35.

[4] 王祥和，符青苗，李雯. 海南几种黄皮果实外观及理化性状比较实验 [J]. 中国南方果树，2008，37（2）：29-30.

[5] 王祥和，华敏，陈业光. 海南 11 份黄皮种质的性状比较 [J]. 中国南方果树，2011，40（1）：38-41.

[6] 王业群，吴尉. 海南黄皮早结丰产栽培技术 [J]. 中国热带农业，2008（2）：64.

[7] 石健泉. 广西黄皮果资源调查 [J]. 西南农业学报，1991，4（4）：15-19.

[8] 王惠君，卢诚，陈友，等. 广西优质黄皮种质资源探讨 [J]. 河北林业科技，2015（3）：65-66.

[9] 潘建平，袁沛元，曾杨，等. 华南地区黄皮良种、生产现状与发展对策 [J]. 广东农业科学，2007（1）：103-105.

[10] 覃振师，韦持章，何铣扬，等. 广西崇左市野生山黄皮种质资源调查与开发利用 [J]. 广东农业科学，2012（5）：138-139.

[11] 刘洁，李创军，杨敬芝，等. 黄皮茎枝的化学成分研究 [J]. 药学研究，2016，35（3）：125-129.

[12] 张瑞明，万树青，赵冬香. 黄皮的化学成分及生物活性研究进展 [J]. 天然产物研究与开发，2012，24（1）：118-123，88.

[13] 李芳，罗秀珍，谢忱. 黄皮化学成分研究 [J]. 科技导报，2009，27（10）：82-84.

[14] PRASAD K N，XIE H，HAO J，et al. Antioxidant and anticancer activities of 8-hydroxypsoralen isolated from wampee（Clausena lansium（Lour.）Skeels）peel[J]. Food chemistry，2010，118（1），62-66.

[15] 罗辉，蔡春，张建和，等. 黄皮叶挥发油成分的研究 [J]. 中药材，1998，21（8）：405.
[16] 殷艳华，万树青. 黄皮不同部位挥发油化学成分分析 [J]. 广东农业科学，2012（5）：99-102.
[17] 黄亚非，张永明，黄际薇，等. 黄皮果挥发油化学成分及微量元素的研究 [J]. 中国中药杂志，2006，31（11）：898-900.
[18] 钟秋平，林美芳. 黄皮果中黄酮含量的测定及其黄酮种类的鉴别 [J]. 食品科学，2007（28）：411-413.
[19] 戴宏芬，赖志勇，黄炳雄，等. 反相 HPLC 法测定杨梅和黄皮果肉中的氨基酸 [J]. 农业技术学院学报，2008，21（3）：7-11.
[20] 张永明，黄亚非，黄际，等. 黄皮果氨基酸成分分析 [J]. 中药材，2006（29）：921-923.
[21] 李升锋，陈卫东，徐玉娟，等. 无核黄皮的营养成分 [J]. 食品科技，2005（6）：96-98.
[22] 潘瑞乐，朱兆仪. 黄皮属药用植物研究进展 [J]. 国外医药（植物药分册），1990，5（6）：243-247.
[23] 张帅，董基，黄志明，等. 微波辅助提取黄皮果肉果胶工艺参数优化 [J]. 农业工程学报，2012，28（15）：264-269.
[24] 屈红霞，蒋跃明，李月标，等. 黄皮耐贮性与果皮超微结构的研究 [J]. 果树学报，2004，21（2）：153-157.
[25] 张云竹，何金兰，袁成宇. 超声波法提取黄皮果皮中的总黄酮 [J]. 食品研究与开发，2009，30（8）：66-68.
[26] 纳智. 三种黄皮属植物叶挥发油化学成分的研究 [J]. 生物质化学工程，2006，40（2）：19-22.
[27] 唐闻宁，康文艺，穆淑珍，等. 黄皮果挥发油成分研究 [J]. 天然产物研究与开发，2002，14（2）：26-28.
[28] 廖华卫，邓金梅，黄敏仪. 黄皮果皮挥发油成分研究 [J]. 广东药学院学报，2006，22（2）：139-141.
[29] 刘序铭，马伏宁，万树青. 黄皮甲醇提取物的抑真菌作用 [J]. 植物保护，2008，34（2）：64-66.
[30] 刘序铭，万树青. 黄皮不同部位（*E*）-*N*-（2- 苯乙基）肉桂酰胺的含量及杀菌活性 [J]. 农药，2008，47（1）：15-16.
[31] 刘艳霞，巩自勇，万树青. 黄皮酰胺类生物碱的提取及对 7 种水果病原真菌的抑菌活性 [J]. 植物保护，2009，35（5）：53-56.
[32] 万树青，郑大睿. 几种植物提取物对萝卜蚜的光活化杀虫活性 [J]. 植物保护，2005，31（6）：55-57.
[33] 卢海博，万树青，周丽兴. 黄皮果核有机溶剂浸提物对稗草光活化生长抑制活性 [J].

杂草科学，2005（2）：11-13.
[34] 卢海博，万树青. 黄皮甲醇提取物活性成分对稗草蛋白和氨基酸含量的影响 [J]. 河北北方学院学报（自然科学版），2008，24（2）：27-29.
[35] 马伏宁，万树青，刘序铭，等. 黄皮种子中杀松材线虫成分分离及活性测定 [J]. 华南农业大学学报，2009，30（1）：23-26.
[36] 庞新华，张宇，黄国弟，等. 4 种黄皮叶片蛋白质提取方法的比较 [J]. 2017，35（1）：59-63.
[37] 国家中医药管理局《中华本草》编委会. 中华本草 [M]. 上海：上海科学技术出版社，1999.
[38] 中国科学院昆明植物研究所. 云南植物志（第六卷）[M]. 北京：科学出版社，1995.
[39] 江苏省植物研究所，中国医学科学院药物研究所，中国科学院昆明植物研究所. 新华本草纲要（第 2 册）[M]. 上海：上海科学技术出版社，1988.
[40] HE H P，SHEN Y M，HONG X，et al. Two new ring A-rearranged clerodane diterpenes，dunniana acids A and B from Clausena dunniana[J]. Journal of natural products，2002，65（3）：392-394.
[41] MILNER P H，COATESN J，GILPIN M L，et al. SB-204900，a novel oxirane carboxamide from Clausena lansium[J]. Journal of natural products，1996，59（4）：400-402.
[42] HE H P，CHEN S T，SHEN Y M，et al. A novel dimeric coumarin from Clausena lenis[J]. Chinese chemical letters，2003，14（11）：1150-1153.
[43] 朱亮锋，曾幻添，李毓敬，等. 异大茴香脑新资源——齿叶黄皮的研究 [J]. 植物学报，1987，29（4）：416-421.
[44] MASADA Y. Analysis of essential oils by gas chromatography and mass spectrometry[M]. New York：John Wiley & Sons，Inc.，1976.
[45] 丛浦珠. 质谱学在天然有机化学中的应用 [M]. 北京：科学出版社，1987.
[46] 国家医药管理局中草药情报中心站. 植物药有效成分手册 [M]. 北京：人民卫生出版社，1986.
[47] 徐汉虹，赵善欢，朱亮锋，等. 齿叶黄皮精油的杀虫作用与有效成分研究 [J]. 华南农业大学学报，1994，15（2）：56-60.
[48] 江苏新医学院. 中药大辞典 [M]. 上海：上海科学技术出版社，1977.
[49] 中国医学科学院药物研究所. 中草药现代研究（第二卷）[M]. 北京：北京医科大学中国协和医科大学联合出版社，1996.
[50] 王刚，陈荣达，林炳承. 中药中微量元素测定的研究进展 [J]. 药物分析杂志，2002，22（2）：151.
[51] 黄雪松，罗丽君. 黄皮果、黄皮核中黄皮酰胺的测定 [J]. 食品工业科技，2006，27

(6): 172-173.

[52] WU Y Q, LIU L D, WEI H L, et al. Different effects of nine clausenamide ennatiomers on liver glutathione biosynthesis and glutathione S-transferase activity in mice[J]. Acta pharmacologica sinica, 2006, 27(8): 1024-1028.

[53] PRASAD K N, HAO J, YI C. Antioxidant and anticancer activities of wampee (Clausena lansium (Lour.) skeels) peel[J]. Journal of biomedicine and biotechnology, 2009, 11(55): 1-6.

[54] SIMONIAN N A, COYLE J T. Oxidative stress in neurodegenerative diseases[J]. Annual review of pharmacology and toxicology, 1996(36): 83-106.

[55] 程安玮,杜方岭. 膳食纤维抗氧化作用及其机理的研究 [J]. 农产品加工, 2009(1): 68.

[56] 翁德宝,顾娟娟. 黄皮种子黄酮类化合物和多糖的提取与测定研究 [J]. 江苏教育学院学报(自然科学版),2010, 26(1): 29-32.

[57] 许文举,唐小荷,庄丽. 黄皮果水提物总糖含量与体外抗氧化活性的研究 [J]. 中国医药指南,2012, 10(11): 112-114.

[58] 何新益,刘仲华. 苦瓜多糖的改良苯酚—硫酸法测定和提取工艺 [J]. 食品与机械, 2007,23(4): 72-75.

[59] 苏秀芳,甘海妹,黄智想. 微波辅助法提取细叶黄皮果仁总黄酮及其清除羟自由基活性的测定 [J]. 精细化工,2010, 27(12): 1184-1186, 1212.

[60] 李翔,上官新晨,蒋艳,等. 紫红薯多糖的提取纯化及抗氧化作用研究 [J]. 江西农业大学学报,2011, 33(4): 823-829.

[61] 翁树章. 华南特种果树栽培技术 [M]. 广州:广东科技出版社,1997.

[62] 黄慧茵,王承南,周欢,等. 黄皮种子育苗技术 [J]. 经济林研究, 2009, 27(2): 147-149.

[63] 朱积余,侯远瑞,刘秀. 广西岩溶地区优良造林树种选择研究 [J]. 中南林业科技大学学报,2011, 31(3): 81-84.

[64] 张宇,许真,赵志常,等. 黄皮 CHS 基因的克隆机器表达 [J]. 贵州农业科学, 2014, 42(11): 14-18.

[65] GORG A, WEISS W, DUNN M J. Current two-dimensional electrophoresis technology for proteomics[J]. Proteomics, 2004(4): 3665-3685.

[66] 乌云塔娜, 张党权, 谭晓风. 蛋白质组学及其在植物研究中的应用 [J]. 中南林学院学报,2005, 25(4): 115-119.

[67] 周蕴薇,戴思兰. 低温诱导下山茶蛋白质的变化 [J]. 经济林研究, 2010, 28(3): 118-121.

[68] 张宏一. 蛋白质组学研究技术及其进展 [J]. 生物技术通报，2005（4）：31-35.
[69] 宋健，熊宏，朱东阳，等. 樟叶越桔糖基转移酶 VdUGT1 基因克隆及序列分析 [J]. 中南林业科技大学学报，2015，35（6）：80-86.
[70] 刘美兰，谭晓风，龙洪旭. 油桐烯脂酰 CoA 还原酶的克隆与表达模式分析 [J]. 中南林业科技大学学报，2014，34（11）：9-17.
[71] 张宇，黄国弟，唐志鹏，等. 芒果总 DNA 提取方法比较分析 [J]. 经济林研究，2014，32（2）：62-65.
[72] CARPENTIER S C，WITTERS E，LAUKENS K，et al. Preparation of protein extracts from recalcitrant plant tissues：an evaluation of different methods for two-dimensional gel electrophoresis analysis[J]. Proteomics，2005，5（10）：2497-2507.
[73] DAI S J，CHEN T T，CHONG K，et al. Proteomics identification of differentially expressed proteins associated with pollen germination and tube growth reveals characteristics of germinated Oryza sativa pollen[J]. Molecular & cellular proteomics，2007，6（2）：207-230.
[74] PAN Z Y，GUAN R，ZHU S P，et al. Proteomic analysis of somatic embryogenesis in Valencia sweet orange（Citrus sinensis Osbeck）[J]. Plant cell reports，2009，28（2）：281-289.
[75] GIRIBALDI M，PERUGINI I，SAUVAGE F X，et al. Analysis of protein changes during grape berry ripening by 2-DE and MALDI-TOF[J]. Proteomics，2007，7（17）：3154-3170.
[76] YANG Q S，WANG Y Q，ZHANG J J，et al. Identification of aluminum-responsive protein in rice roots by a proteomic approach：Cysteine synthase as a key player in Al response[J]. Proteomics，2007，7（5）：737-749.
[77] HARRIS G C，ANTOINE V，CHAN M，et al. Seasonal changes in photosynthesis protein composition and mineral content in Rhododendron leaves[J]. Plant Science，2006，170（2）：314-325.
[78] CARPENTIER S C，WITTERS E，LAUKENS K，et al. Preparation of protein extracts from recalcitrant plant tissues：an evaluation of different methods for two dimensional gel electrophoresis analysis[J]. Proteomics，2005（5）：2497-2507.
[79] FAUROBERT M，MIHR C，BERTIN N，et al. Major proteome variations associate with cherry tomato pericarp development and ripening[J]. Plant Physiology，2007，143（3）：1327-1346.
[80] KALB V F，BERNLOHR R W. A new spectrophotometric assay for protein in cell extracts[J]. Analytical biochemistry，1977，82（2）：362-371.

[81] SAPAN C V, LUNDBLAD R L, PRICE N C. Colorimetric protein assay techniques[J]. Biotechnology and applied biochemistry, 1999, 29(2): 99-108.

[82] SMITH P K, KROHN R I, HERMANSON G T, et al. Measurement of protein using bicinchoninic acid[J]. Analytical biochemistry, 1985, 150(1): 76-85.

[83] WHITAKER J R, GRANUM P E. An absolute method for protein determination based on difference in absorbance at 235 and 280 nm[J]. Analytical biochemistry, 1980, 109(1): 156-159.

[84] SAMBROOK J, RUSSELL D W. Molecular cloning: laboratory manual[M]. New York: Cold Spring Harbor Laboratory Press, 2003.

[85] 鲁丹,赵明明,张瑞,等. 红桤木嫩枝韧皮部双向电泳体系的建立 [J]. 林业科技开发, 2013, 27(2): 46-50.

[86] MCLAFFERTY F W. The Wiley/NBS registry of mass spectral data[M]. New York: A Wiley Interscience Publication, 1989.

[87] 梁龙,李光玉. 秃叶黄皮树化学成分研究 [J]. 中药材,1995, 18(2): 85.

[88] 秦民坚,王衡奇. 黄皮树树皮的化学成分研究 [J]. 林产化学与工业,2003,23(4): 42.

[89] 刘仁俊. 高效液相色谱法测定黄柏中盐酸小檗碱含量 [J]. 中国卫生工程学, 2011, 10(5): 428.

[90] 王新琪,李卓. 反相高效液相色谱法测定川黄柏中盐酸小檗碱的含量 [J]. 吉林中医药,2006, 26(5): 55.

[91] 彭爱华,杨宏,杨林,等. RP-HPLC 测定不同采收期川黄柏中小檗碱、黄柏碱的含量 [J]. 华西药学杂志,2006, 21(4): 377.

[92] 陈天朝,翟来超. HPLC 梯度洗脱测定黄柏中盐酸小檗碱与盐酸黄柏碱的含量 [J]. 中医研究,2011, 24(4): 23.

[93] 沈娟,伊莲,段金廒. HPLC 法测定黄柏生物碱成分含量及在二妙丸类方中的比较研究 [J]. 中国实验方剂学杂志,2010, 16(13): 31.

[94] 刘丽梅,王瑞海,陈琳,等. 黄柏总生物碱提取方法及工艺研究 [J]. 中国实验方剂学杂志,2010, 16(2): 3.

[95] 高峰,王宇. 高效液相色谱法测定关黄柏与川黄柏的有效成分的含量分析 [J]. 黑龙江医药,2011, 24(2): 174-175.

[96] 朱志明,赖潇潇,苏慕霞. 不同产地黄柏及关黄柏有效成分的含量测定 [J]. 临床医学工程,2011, 18(1): 106.

[97] 刘钊圻,叶萌. 四川黄柏资源现状及可持续利用对策 [J]. 四川林业科技, 2007, 28(3): 84.

[98] 黄明远,周仕春,弓加文,等. 四川的川黄柏资源调查 [J]. 乐山师范学院学报, 2002,

17（4）：45.

[99] 沈力，付绍智，马羚，等. 川黄柏野生资源调查研究 [J]. 中国野生植物资源，2009，28（4）：25.

[100] 邬家林. 川黄柏药材资源的研究 [J]. 华西药学杂志，1994，9（2）：132.

[101] 雷旭珍. 黄柏等生药的真伪鉴定 [J]. 中国药物与临床，2011，11（6）：670.

[102] 邹昭明，舒元瑜，杨安东. 秃叶黄皮树质量研究 [J]. 中药材，1991，14（4）：16.

[103] ZHU S L，DOU S S，LIU X R，et al. Qualitative and quantitative analysis of alkaloids in Cortex Phellodendri by HPLC-ESI-MS/MS and HPLC-DAD[J]. Chemical research in Chinese universities，2011，27（1）：38.

[104] 方清茂，曹浩，舒光明. 川黄柏中盐酸小檗碱的含量及其道地性研究 [J]. 华西药学杂志，2004，19（4）：275.

[105] 申竹芳，陈其明，刘海帆，等. 黄皮香豆精的降血糖作用 [J]. 药学学报，1989，24（5）：391.

[106] 纳智. 小叶臭黄皮叶挥发油化学成分的研究 [J]. 西北植物学报，2006，26（1）：193.

[107] 商立坚，文光裕，周俊，等. 臭假黄皮中的新大环内酰胺——黄皮素 [J]. 云南植物研究，1993，15（3）：299-302.

[108] 张飞飞，周成合，颜建平. 咔唑类化合物研究新进展 [J]. 有机化学，2010，30（6）：783-796.

[109] 薛薇，张威，陈乃宏. 手性黄皮酰胺的研究进展 [J]. 中国新药杂志，2008，17（4）：268-271.

[110] 戴好富，梅文莉. 黎族药志 [M]. 北京：中国科学技术出版社，2008.

[111] 崔书亚，程东亮，田军，等. 齿叶黄皮的化学成分研究 [J]. 天然产物研究与开发，2000，13（2）：11-13.

[112] 赵青，李创军，杨敬芝，等. 黄皮叶的化学成分研究 [J]. 中国中药杂志，2010，35（8）：997-999.

[113] MANEERAT W，PRAWAT U，SAEWAN N，et al. New coumarins from Clausena lansium twigs[J]. Journal of the Brazilian chemical society，2010，21（4）：665-668.

[114] SRIPISUT T，LAPHOOKHIEO S. Carbazole alkaloids from the stems of Clausena excavata[J]. Journal of Asian natural products research，2010，12（7）：614-617.

[115] ZHAO Q，YANG J Z，LI C J，et al. A new megastigmane glucoside and a new amide alkaloid from the leaves of Clausena lansium（Lour.）Skeels[J]. Journal of Asian natural products research，2011，13（4）：361-366.

[116] SONGSIANG U，THONGTHOOM T，BOONYARAT C，et al. Claurailas A-D，cytotoxic carbazole alkaloids from the roots of Clausena harmandiana[J]. Journal of natural

products, 2011, 74(2): 208-212.

[117] SHEN D Y, CHAO C H, CHAN H H, et al. Bioactive constituents of Clausena lansium and a method for discrimination of aldose enantiomers[J]. Phytochemistry, 2012, 82(1): 110-117.

[118] MANEERAT W, RITTHIWIGROM T, CHEENPRACHA S, et al. Carbazole alkaloids and coumarins from Clausena lansium roots[J]. Phytochemistry letters, 2012, 5(1): 26-28.

[119] SONGSIANG U, THONGTHOOM T, ZEEKPUDSA P, et al. Antioxidant activity and cytotoxicity against cholangiocarcinoma of carbazoles and coumarins from Clausena harmandiana[J]. Science Asia, 2012, 38(1): 75-81.

[120] LIU H, LI C J, YANG J Z, et al. Carbazole alkaloids from the stems of Clausena lansium[J]. Journal of natural products, 2012, 75(4): 677-682.

[121] 申文伟，李雯，王国才，等. 黄皮核的化学成分 [J]. 暨南大学学报(自然科学与医学版)，2012，33(5)：506-509.

[122] 徐绍成，周汉林，廖艳云，等. 黄皮不同部位生理活性物质的提取与抗菌作用 [J]. 食品研究与开发，2010，31(11)：65-68.

[123] 崔海滨，梅文莉，韩壮，等. 海洋真菌 095407 的抗菌活性代谢产物的研究 [J]. 中国药物化学杂志，2008，18(2)：131-134.

[124] MA C Y, CASE R J, WANG Y H, et al. Anti-tuberculosis constituents from the stem bark of Micromelum hirsutum[J]. Planta medica, 2005, 71(3): 261-267.

[125] LI W S, MC CHESNEY J D, EL-FERALY F S. Carbazole alkaloids from Clausena lansium[J]. Phytochemistry, 1991, 30(1): 343-346.

[126] CUTILLO F, DELLAGRECA M, PREVITERA L, et al. C_{13} norisoprenoids from brassica fruticulosa[J]. Natural product research, 2005, 19(2): 99-103.

[127] MINHAS F A, AZIZ S, HABIB-UR-REHMAN, et al. Antiplasmodial activity of compounds isolated from Elaeagnus umbellata[J]. Journal of medicinal plants research, 2013, 6(7): 277-283.

[128] HARKAR S, RAZDAN T K, WAIGHT E S. Steroids, chromone and coumarins from angelica officinalis[J]. Phytochemistry, 1984, 23(2): 419-426.

[129] YANG M H, CHEN Y Y, HUANG L. Studies on the chemical constituents of Clausena lansium (Lour.) Skeels: Ⅲ. The structural elucidation of homo- and zeta-clausenamide[J]. Chinese chemical letters, 1991, 2(4): 291-292.

[130] 黄峰，何铣扬，雷艳梅. 极具发展前景的山黄皮果 [J]. 中国热带农业，2005(4)：30-31.

[131] 黄峰，何铳扬. 广西山黄皮生产发展面临的问题及对策 [J]. 广西热带农业，2006（4）：15-16.

[132] 唐传核，彭志英. 类黄酮的最新研究进展（Ⅰ）——抗氧化研究 [J]. 中国食品添加剂，2001（5）：12-16.

[133] 唐传核，彭志英. 类黄酮的最新研究进展（Ⅱ）——生理功能 [J]. 中国食品添加剂，2002（1）：5-10，14.

[134] 于晶，郝再彬，苍晶，等. 黄酮类化合物的活性研究进展 [J]. 东北农业大学学报，2008，39（12）：125-130.

[135] 李巧玲. 黄酮类化合物提取分离工艺的研究进展 [J]. 山西食品工业，2003，12（4）：6-7.

[136] KAMALJIT V，RAYMOND M，LLOYD S，et al. Applications and opportunities for ultrasound assisted extraction in the food industry—a review[J]. Innovative food science & emerging technologies，2008，9（2）：161-169.

[137] 梁云贞，彭金云，李怡，等. 微波辅助提取山黄皮叶黄酮类物质的工艺研究 [J]. 广东农业科学，2010（8）：153-155.

[138] LARRAURI J A，SANCHEZ-MORENO C，SAURA-CALIXTO F. Effect of temperature on the free radical scavenging capacity of extracts from red and white grape pomace peels[J]. Journal of agricultural and food chemistry，1998，46（7）：2694-2697.

[139] YOKOZAWA T，DONG E，NATAGAWA T，et al. In vitro and in vivo studies on the radical-scavenging activity of tea[J]. Journal of agricultural and food chemistry，1998，46（6）：2143-2150.

[140] SMIRONFF N，CUMBES Q J. Hyroxyl radical scavenging activity of compatible solutes[J]. Phytochemistry，1989，28（3）：1057-1060.

[141] 华景清，蔡健. 苦瓜总黄酮提取工艺 [J]. 食品与发酵工业，2004，30（6）：131-134.

[142] 单宇，王鸣，冯煦，等. 小麦麸皮中总黄酮的最佳提取工艺研究 [J]. 中药材，2005，28（3）：223-225.

[143] 耿晓玲，张白曦，徐丽丽，等. 杨梅果实提取物抑菌特性的研究 [J]. 食品科技，2007（3）：120-125.

[144] 迟文，徐静，郭凌燕，等. 杨梅多酚对核辐射损伤的血细胞与造血组织的保护作用 [J]. 解放军药学学报，2003，19（3）：168-170.

[145] 董良云，董传万，闫强，等. 微波辅助提取杨梅果肉中的黄酮类化合物 [J]. 生物质化学工程，2006，40（4）：31-34.

[146] 戴宏芬，赖志勇，李建光，等. 黄皮、杨梅果肉中绿原酸、表儿茶素、芦丁含量的 HPLC 测定 [J]. 华中农业大学学报，2008，27（3）：445-449.

[147] 黄炳雄，赖志勇，李建光，等. 黄皮和杨梅果肉中核苷含量的 HPLC 测定 [J]. 仲恺农业技术学院学报，2007，20（4）：16-19.
[148] 刘鸿洲，尤瑞琛. 2，4 - 二硝基氟苯柱前衍生法测定的改进 [J]. 亚热带植物通讯，1999，28（1）：47 -50.
[149] 肖维强，赖志勇，戴宏芬，等. HPLC 法测定余甘子果实中的游离氨基酸 [J]. 仲恺农业技术学院学报，2008，21（2）：9-13，39.
[150] 李正丽，陈守智，张自翔，等. 云南野生大树杨梅果实营养成分分析 [J]. 云南农业大学学报，2006，21（4）：541-544.
[151] 曹琴，杜俊杰，刘和，等. 野生欧李营养特性分析 [J]. 中国野生植物资源，1999，18（1）：34-35.
[152] 揣冰洁. 猕猴桃果中氨基酸含量分析与利用 [J]. 农业与技术，1999，19（5）：67-68，78.
[153] 唐霖，张莉静，王明谦. 杨梅中活性成分杨梅素的研究进展 [J]. 中成药，2006，28（1）：121-122.
[154] 申竹芳，陈其明，刘海帆，等. 黄皮香豆精的降血糖作用 [J]. 药学学报，1989，24（5）：391-392.
[155] 陈丽晖，陈杰忠，李军，等. 不同成熟度黄皮果实品质及贮藏特性的差异 [J]. 中国南方果树，2006，35（3）：49-50.
[156] 吴锦程，夏海玲，唐朝晖，等. 白肉枇杷多酚氧化酶酶学特性研究 [J]. 中国农学通报，2005，21（11）：96-98.
[157] 汤凤霞，魏好程，曹禹. 芒果多酚氧化酶的特性及抑制研究 [J]. 食品科学，2006，27（12）：156-159.
[158] 程建军，马莺，杨咏丽，等. 苹果梨中多酚氧化酶酶学特性的研究 [J]. 园艺学报，2002，29（3）：261-262.
[159] 熊何健，卢玉兰. 荔枝壳中多酚氧化酶活性研究 [J]. 食品科学，2006，27（12）：182-185.
[160] 沈金玉，黄家音，李晓莉. 芦荟多酚氧化酶特性的研究 [J]. 食品与发酵工业，2005，3（5）：21-25.
[161] 许传俊，李玲. 植物多酚氧化酶的研究进展 [J]. 生命科学研究，2002，6（1）：45-55.
[162] 唐小俊，张名位，池建伟，等. 苦瓜多酚氧化酶特性研究 [J]. 广东农业科学，2006，11（5）：89-93.
[163] SHI C，DAI Y，XU X，et al. The purification of polyphenol oxidase from tobacco[J]. Protein expression and purification，2002，24（1）：51-55.
[164] PAUL S，COLIB B，SIMON P，et al. Molecular cloning and characterization of ba-

nana fruit polyphenol oxidase[J]. Planta，2001（213）：748-757.

[165] DEMEKE T，MORRIS C F. Molecular characterization of wheat polyphenol oxidase（PPO）[J]. Theoretical and applied genetics，2002（104）：813-818.

[166] 张泽煌，许家辉，李维新，等. 黄皮的适宜贮藏温度及 MAP 保鲜 [J]. 福建农林大学学报（自然科学版），2006，35（6）：593-597.

[167] 张帅，董基，黄志明，等. 微波辅助提取黄皮果肉果胶工艺参数优化 [J]. 农业工程学报，2012，28（15）：264-269.

[168] KANG J Q，HUA X，YANG R J，et al. Characterization of natural low-methoxyl pectin from sunflower head extracted by sodium citrate and purified by ultrafiltration[J]. Food chemistry，2015（180）：98-105.

[169] THAKUR B R，SINGH R K，HANDA A K. Chemistry and uses of pectin—a rewiew[J]. Critical reviews in food science and nutrition，1997，37（1）：47-73.

[170] 杨文领，薛文通，程永强，等. 复合中药制剂对小鼠抗运动疲劳能力影响的实验研究 [J]. 食品科学，2005，26（S）：77-79.

[171] 杨爱华，申伟华，汤华，等. 牛磺酸对丙二醛诱导疲劳大鼠的保护作用 [J]. 北京体育大学学报，2011，34（3）：71-74.

[172] 马惠玲，盛义保，张丽萍，等. 苹果渣果胶多糖的分离纯化与抗氧化活性研究 [J]. 农业工程学报，2008，24（S1）：218-222.

[173] 董银萍，李拖平. 山楂果胶的抗氧化活性 [J]. 食品科学，2014，35（3）：29-32.

[174] GEORCIA S，VASILIKI E，Antonio E K，et al. The effect of pectin and other constituents on the antioxidant activity of tea[J]. Food hydrocolloids，2014（35）：727-732.

[175] 刘迪，尚华，宋晓宇. 杜仲叶树脂分离纯化产物的抗疲劳功效 [J]. 食品科学，2013，34（5）：251-254.

[176] 李大勇，贺永贵，刘丽萍，等. 黄芪水提取液对小鼠抗疲劳作用及 ANP 分泌的影响 [J]. 吉林体育学院学报，2011，27（2）：77-78.

[177] SCHOUSBOE A，SICKMANN H M，BAK L K，et al. Neuron-glia interactions in glutamatergic neurotransmission：roles of oxidative and glycolytic adenosine triphosphate as energy source [J]. Journal of neuro-science research，2012，89（12）：1926-1934.

[178] 马向前，胡颖. 桑叶总黄酮抗运动疲劳作用及相关机制研究 [J]. 中国实验方剂学杂志，2013，19（11）：216-219.

[179] 申明月，聂少平，谢明勇，等. 茶叶多糖的糖醛酸含量测定及抗氧化活性研究 [J]. 天然产物研究与开发，2007（19）：830-833.

第二节　角豆树

一、角豆树概述

角豆树，学名长角豆（*Ceratonia siliqua* Linn.），长角豆属，豆科，常绿小乔木植物，雌雄异株，偶尔也有雌雄同株出现。成年树高 10 m 以上，有光滑的灰色树皮，树干笔直。有偶数羽状复叶，长 8~17 cm；其上有小叶 2~4 对，叶面有光泽，革质，无毛，叶片呈倒卵形或近圆形，长 3.5~5.5 cm，宽 3~3.5 cm，侧脉显著隆起，基部呈楔形或宽楔形，边缘全缘，先端圆形，微缺，或有显著的心形凹陷。花小，呈淡红色，生长于长 5~13 cm 的总状花序上，每个总状花序上长有 30~50 朵小花，花序轴被浓密的黄褐色短柔毛。子房具短柄，有胚珠多数。荚果扁平弯曲，呈暗红色，表面起皱，成熟后会变成皮革，长 10~25 cm，宽 2.5 cm，不开裂，果肉甜，可食，内含 5~15 粒坚硬的棕色种子，种子含有白色和半透明的胚乳（含有半乳甘露聚糖），也称为角豆树胶。

角豆树树叶秋天不会脱落，而是在第二年的 7 月脱落，在春季只更新部分叶子。角豆树在夏末至秋季（9 月至 11 月中旬）开花，果实在树上发育成熟的时间长达 10~11 个月，其生长期呈 s 形，冬季生长缓慢，春季生长迅速，夏季生长缓慢，6—8 月果实成熟、脱水、着色停止。果实成熟的确切时间可能受到多种因素的影响，包括生长环境（特别是海拔高度）、作物年和非作物年的交替生育和基因型，果荚自然脱落标志着成熟过程的结束。

在地中海最热和最干燥的地区，角豆树是稀疏覆盖着多年生灌木的稀薄土壤上顶级系统的主要物种。角豆树通常在距离海岸 25 km 和海拔 500 m 以下的地带生长，它能很好地适应地中海地区的石灰质土壤（包括红土、石灰土、红棕色土壤和棕色碱化土壤），也能忍受高达 3% 的盐分。角豆树性不耐寒，在 −7 ℃以下易受冻害，但其覆盖裸露地面的能力强且适应性广，极耐干旱，这是由于角豆树的根系渗透力强，主根可深入地下 20 m，侧根长达 30~40 m，在降水量达 250 mm 的地区和贫瘠的土壤中均能生长，其寿命一般可达 100 年左右。

二、角豆树的产地与品种

（一）角豆树的产地

角豆树是一种历史悠久的树种，根据考古证据可以追溯到公元前 8000 年到公元前 6000 年，在耶利哥（以色列）发现了第一个由角豆木制成的木炭。角豆树在地中海周围的半干旱地区具有悠久的种植历史，例如希腊、意大利、西班牙、摩洛哥、土耳其和叙利亚。古希腊人将其从中东带到希腊和意大利，阿拉伯人则将其沿北非海岸向北传播到西班牙和葡萄牙。现如今,角豆树已经分布在气候类似于地中海气候的某些地区,例如美国加利福尼亚州、亚利桑那州,墨西哥,智利,阿根廷,澳大利亚,南非和印度。美国于 2005 年引种种植角豆树,近年来,我国广东、广西、四川等地也零星栽培。据估计,目前世界上的角豆荚产量约为每年 31 万 t,收获面积约为 20 万 ha,产量取决于品种、地区和耕作方式。联合国粮农组织(FAO)的数据显示,2016 年角豆荚产量最大的国家是葡萄牙(40 385 t)、意大利(28 925 t)、西班牙(26 185 t)、摩洛哥(22 032 t)和土耳其(13 405 t),其次是希腊(12 150 t)、塞浦路斯(8 280 t)和阿尔及利亚(3 257 t)。

角豆树通常在形态(如形状、大小)、营养(如风味、营养成分含量)和农艺性状上有所不同。尽管品种差异很大,人们仍可以采用傅里叶变换红外光谱技术(FTIR)并结合化学计量学区分角豆树的来源和类型。地中海地区拥有角豆树重要的遗传物质资源,与其他果种相比,角豆树品种之间的遗传变异较低,遗传基因具有地区特点,因此野生角豆树品种非常重要。野生角豆树基因型多见于阿拉伯、埃及、以色列、约旦、黎巴嫩、叙利亚、突尼斯和土耳其。研究表明,摩洛哥和土耳其是角豆树的重要野生基因来源。在商业果园中最常见的角豆树品种是雌性植株而不是雌雄同体的植株,这是因为雌性树能生产质量更好的荚果,只有少数雌雄同株品种被种植在果园中。角豆树的授粉方式有两种,一种是在果园中种植雄性植株作为授粉树,1 棵雄树可以给 20 棵雌树授粉;另一种是在萌芽的雌性植株砧木上嫁接雄性枝条。此外,雌雄同株作为传粉媒介逐渐引起人们的兴趣。角豆树冠幅大且浓密,抗污染性强,有利于降低工厂、公路、铁路等环境噪声;此外,角豆树可以增加土壤水分,帮助防止径流和侵蚀,在恢复地中海周围退化地区及世界其他干旱地区的植被和提高土地生产力方面具有巨大的潜力。从环境和经济的角度来看,在边缘钙质土壤上进行栽培具有十分重要的意义。由于其花期较长且荚果为暗红色,因此还可栽培用于园林观赏。角豆树木材为硬木,可作为家具木材原料,具有较高的经济价值。

在地中海地区,角豆树一直被认为是人类和动物廉价营养物质的来源。一般来说,角豆树主要用来生产荚果、树胶和一些衍生产品。例如角豆粉和角豆片被用作蛋糕和饼干的原料。角豆粉被用作可可粉的替代品(不含咖啡因),同时角豆粉已被证明能有效缓解婴儿腹泻。从种子中提取的胚乳可以产生半乳甘露聚糖,形成槐豆胶(LBG)——一种有价值的天然食品添加剂。角豆树的衍生产品还有角豆糖浆和诸如泻药、利尿剂之类的药物。此外,角豆树还可以作为生产乙醇的廉价碳水化合物来源,每千克干的豆荚可产生 160 g 乙醇。近年来,人们对角豆树的研究兴趣不断增加。一些研究将角豆荚作为生产柠檬酸的底物,作为生产生物乙醇的容易获得和廉价的材料,角豆提取物由于具有多种有益的活性成分而成为人们研究的对象。角豆的蛋白质含量很低,外壳的含糖量取决于品种和树木的耕作。据报道,未嫁接的品种比嫁接的品种总可溶性糖含量低。这可能是由于未嫁接的品种中单宁 - 木质纤维素材料的含量较高。

（二）角豆树的品种

角豆属植物种类繁多，随着农作物的迁移遍布世界各地，目前世界不同地区的主要角豆树品种：美国有 SantaFe、Clifford、Bolser、Grantham；澳大利亚有 Bath、Irlam、Maitllan；塞浦路斯有 Tylliria、Koundourka、Koumbota；希腊有 Hemere、Tylliria；意大利有 Gibiliana、Saccarata、Bonifacio；葡萄牙有 Mulata、Galhosa、Canela、AIDA；西班牙有 Negra、Matalafera、Duraió。

三、角豆树的主要营养成分和活性成分

角豆树果实为荚果，由果肉和种子组成，其中种子约占总干重的 11%。荚果中脂肪和蛋白质含量较低，而总糖含量高达 48%~56%。

（一）角豆树的营养成分

荚果含有 18% 的纤维、半纤维和钾、钙、镁、钠、铁、铜、锰、锌等多种矿物质，可作为矿物质的替代来源。荚果中蛋白质含量低，大多数蛋白质是在种子中发现的，约占总干重的 17%，占种子总干重的 45%~47%。种子中胚乳的主要作用是储备多糖，其含有 19∶81.6 的 *D*- 半乳糖与 *D*- 甘露糖，该比率在豆科物种中通常是恒定的，是该物种的特征。此外，胚芽粉还含有高含量的不饱和油脂、多酚、原花青素、鞣花和没食子鞣质。角豆荚富含维生素 A、B，含有大量的碳水化合物（40%~60%）、多酚化合物，特别是单宁（18%~20%），在角豆树多个部位发现的多酚化合物主要为没食子酸、(+)- 儿茶素、(−)- 表儿茶素、(−)- 表庚酸酯、(−)- 表没儿茶素、(−)- 表没儿茶酸酯、杨梅素、槲皮素及其衍生物和单宁化合物。角豆树的不同部分具有不同的组成，角豆树果肉和叶片中酚类化合物含量最高。值得一提的是，在不同区域生长和处于不同生长阶段的角豆树具有不同的化学成分，主要受影响的成分有水分、糖、膳食纤维、蛋白质、脂肪、灰分和多酚类化合物，这些成分的变化反映了角豆树的质量特征。

（二）角豆树的活性成分

角豆树的叶子富含多酚和类黄酮，研究表明多酚类物质是一种重要的抗氧化活性物质，探究角豆树中的多酚类物质一直是研究的热点课题。Kumazawa Shigenori 等以角豆荚为原料，提取了多酚类物质，并对粗多酚（CPP）的体外抗氧化活性进行了评价。多酚类物质的制备过程为：用冷水提取干燥、粉碎的角豆荚（角豆荚粉），在 3 ℃下静置 12 h；过滤提取物，以去除角豆荚中的糖，该提取过程进行两次；在室温下用水提取角豆荚残渣，搅拌煮沸 10 min；样品在 25 ℃下静置 12 h，过滤后将滤液浓缩并喷雾干燥，得到

CPP。CPP 中的总多酚含量用 Folin-Ciocalteu 方法测定为 19.2%。由香草醛和原花青素测定系统测定的缩合单宁含量分别为 4.37% 和 1.36%。利用 β- 胡萝卜素漂白、1，1- 二苯基 -2- 苦基肼（DPPH）自由基清除、红细胞影抑制脂质过氧化、微粒体检测系统评价抗氧化活性。结果表明，CPP 对 β- 胡萝卜素的变色有较强的抑制作用，优于儿茶素和原花青素等其他多酚化合物。在相同的浓度下，CPP 在清除 DPPH 自由基、红细胞影和微粒体系统中的抗氧化活性比真正的多酚化合物弱。然而，通过调节浓度可使其活性与真正的多酚化合物相当。目前大多数角豆荚被丢弃，未得到有效利用，可将其作为功能性食品或食品配料加以利用。

在加压液体萃取和固相萃取后，使用高效液相色谱 - 紫外吸收 - 电喷雾离子阱质谱法对角豆荚和不同的角豆荚加工产品中可提取的主要多酚进行鉴定和定量。在角豆纤维中，可以鉴定出 41 种多酚化合物。此外，使用 Folin-Ciocalteu 和香兰素测定分光光度，并通过研究产品对 1，1- 二苯基 -2- 苦基肼自由基的清除活性确定其抗氧化活性。角豆荚含有 448 mg/kg 的可提取多酚，包括没食子酸、可水解和缩合的单宁、黄酮醇苷和痕量异黄酮。在所研究的产品中，角豆纤维是一种富含不溶性膳食纤维（总多酚含量为 4 142 mg/kg）的角豆制品，其黄酮醇苷和可水解单宁的浓度最高，而烤角豆制品的没食子酸含量最高。结果表明不同的生产加工过程可能对角豆树产品中多酚的形态和数量有重要影响。

四、角豆树中活性成分的提取、纯化与分析

（一）角豆树果实中肌醇的提取与分析

涛等研究不同溶剂、不同提取温度和不同提取时间对角豆树果实中肌醇提取率的影响，确定粗提工艺后对粗提物采用正交实验法确定最佳精制条件，并用气相色谱法对其中的肌醇进行定量分析。研究确定了角豆树果实中肌醇的粗提工艺为：溶剂 40% 的乙醇、提取温度 80 ℃、提取时间 3 h；最佳酶解条件为：pH 值 4.5、植酸酶浓度 4.0%、酶解温度 40 ℃，精制后肌醇含量达 10.76%。该提取工艺快速、高效，可为其他豆科植物的肌醇提取提供参考。

1. 试剂和仪器

主要试剂：乙醇、吡啶、乙酸乙酯，均为分析纯；HZ202 型阴离子交换树脂；肌醇标准品，纯度为 99%，Sigma 公司。

主要仪器：FZ102 微型植物粉碎机，天津泰斯特仪器有限公司；721 型分光光度计，上海精密科学仪器有限公司；DHG-9023A 型电热鼓风干燥箱，上海一恒科技有限公司；BT25S 型电子分析天平，北京赛多利斯仪器有限公司；GC-9860 型气相色谱仪，上海奇阳信息科技有限公司。

2. 分析步骤

1）提取

（1）确定粗提工艺。

以 100 g 长角豆为原料，经清洗、干燥、置于粉碎机中粉碎成粉末后，将长角豆粉置于圆底烧瓶中，料液比为 1∶35 g/mL，先加入 2 L 溶剂，搅拌提取、离心、滤渣，再加入 1.5 L 溶剂提取 1 次，离心弃渣，合并 2 次的滤液，减压浓缩至原体积的 1/30，在 105 ℃下干燥得长角豆粗提物。

（2）用不同溶剂提取长角豆中的肌醇。

分别以 80% 的乙醇、40% 的乙醇、纯水为溶剂提取，固定提取温度和提取时间，确定出最佳溶剂。

（3）在不同提取温度下提取长角豆中的肌醇。

固定溶剂和提取时间，提取温度分别设为 40、60、80、100 ℃，确定出最佳提取温度；并采用 GC 法对其中的肌醇进行定量分析。

（4）以不同提取时间提取长角豆中的肌醇。

（5）固定溶剂和提取温度。

提取时间分别设为 2、3、4 h，确定出最佳提取时间；并采用 GC 法对其中的肌醇进行定量分析。

（6）用正交实验法确定酶解精制工艺。

向上述得到的粗提物中加入乙酸缓冲溶液和植酸酶，在一定温度下酶解 3 h，减压浓缩至体积的 1/5，并去除乙酸，调节 pH 值至中性，得到酶解液；酶解液通过 HZ202 型阴离子交换树脂进行柱层析，用 500 mL 去离子水清洗树脂，收集洗脱液，将洗脱液减压浓缩，在 105 ℃下干燥得到含肌醇的长角豆提取物样品。

2）测定

由预实验得到的结果结合参考文献，植酸酶水解影响肌醇得率的因素主要有 3 个，即乙酸缓冲溶液的 pH 值、植酸酶的浓度、酶解温度。每个因素分 3 个水平进行正交实验，对精制条件进行优化，并采用 GC 法对其中的肌醇进行定量分析。因素水平设计如表 2.2.1 所示。

表 2.2.1 长角豆中肌醇提取工艺正交实验的因素水平设计

水平	因素		
	乙酸缓冲溶液的 pH 值（A）	植酸酶的浓度（B）/%	酶解温度（C）/℃
1	3.5	2.5	30
2	4.5	3.5	40
3	5.5	4.0	50

长角豆提取物用 60% 的乙腈溶液溶解，以正十八烷为内标物，经过硅烷化处理后，采用毛细管柱和氢火焰离子化检测器（FID），程序升温对样品中肌醇的含量进行测定。色谱柱：DB-5MS 石英毛细管色谱柱（30 m × 0.25 mm，0.25 μm）；柱温：200 ℃（保持 2 min）→ 300 ℃（保持 10 min）；升温速度：15 ℃/min；载气（流量）：He（1.0 mL/min）；分流比：15 ∶ 1；进样量：1 μL。分别吸取标准溶液和样品溶液置于 1.5 mL 安瓿瓶中，水浴加热，用 N_2 吹干，依次加入 30.0 μL 硅烷化试剂、30.0 μL 吡啶、50.0 μL 乙酸乙酯，用煤气灯火焰封口，在 120 ℃下反应 30 min。冷却至室温后，各加入 10.0 μL 内标物，进行气相色谱测定，计算肌醇含量，测定结果均以长角豆粉计。

3. 测定结果

1）粗提工艺的验证

称取长角豆粉 3 份，每份 100 g，分别置于圆底烧瓶中，先加入 2 L 40% 的乙醇，在 80 ℃下回流提取 3 h，离心，滤渣，再加入 1.5 L 40% 的乙醇提取 1 次，离心弃渣，合并 2 次的滤液，减压浓缩至原体积的 1/30，在 105 ℃下干燥得长角豆粗提物。测定其中肌醇的含量，3 批测定结果均在 5.2% 以上，由此表明，单因素实验筛选出的粗提工艺稳定、可行。

2）溶剂的确定

分别以 80% 的乙醇、40% 的乙醇、纯水为溶剂进行回流提取，测定粗提物中肌醇的含量。纯水的提取效果没有乙醇好，但乙醇浓度增大，提取效果略有下降。因此，选择 40% 的乙醇进行提取即可。

3）提取温度的确定

提取温度分别设为 40、60、80、100 ℃，提取温度越高，肌醇含量越高，可能是因为长角豆粉质地硬密，需提高温度才能将其中的肌醇提取出来，采用 40% 的乙醇在 80 ℃下即可达到回流效果，为节省能源设定提取温度为 80 ℃。

4）提取时间的确定

提取时间分别设为 2、3、4 h，随着提取时间延长，肌醇含量增加，但提取 4 h 与 3 h 差异不大，故设定提取时间为 3 h。

5）酶解条件的确定

向上述粗提物中加入乙酸缓冲溶液和植酸酶，酶解 3 h，减压浓缩至体积的 1/5，并去除乙酸，调节 pH 值至中性，得到酶解液；酶解液通过 HZ202 型阴离子交换树脂进行柱层析，用 500 mL 去离子水清洗树脂，收集洗脱液，将洗脱液减压浓缩，在 105 ℃下干燥得到含肌醇的长角豆精制物。采用 GC 法对精制物中的肌醇进行定量分析。由实验结果（表 2.2.2）可以看出，乙酸缓冲溶液的 pH 值和酶解温度对肌醇含量有显著的影响，而植酸酶的浓度影响不明显，因此，乙酸缓冲溶液的 pH 值和酶解温度是主要因素，植酸酶的浓度是次要因素。由表 2.2.3 可以得出，3 种因素对肌醇含量的影响大小顺序为 A>C>B。选取 3 个因素的最高水平，得到粗提物的优化精制条件为 A2B3C2，即进行酶解，加入 pH 值为 4.5 的乙酸缓冲溶液和 4.0% 的植酸酶，在 40 ℃下酶解 3 h，肌醇的含量最高。

表 2.2.2 L9(4^3)正交实验结果

实验号	因素				肌醇含量/%
	乙酸缓冲溶液的 pH 值	植酸酶的浓度	酶解温度	空列	
1	1	1	1	1	4.29
2	1	2	2	2	8.85
3	1	3	3	3	5.85
4	2	1	2	3	10.30
5	2	2	3	1	9.04
6	2	3	1	2	10.48
7	3	1	3	2	4.83
8	3	2	1	3	6.30
9	3	3	2	1	9.09
k_1	6.33	6.47	7.02	7.47	
k_2	9.94	8.06	9.41	8.05	
k_3	6.74	8.47	6.57	7.48	
R	3.61	2.00	2.84	0.58	

表 2.2.3 正交实验的方差分析

方差来源	F	显著性
A	35.440 3	0.027 4
B	10.124 3	0.089 9
C	21.137 3	0.045 2

4. 结果分析

1）最佳精制条件的验证

称取长角豆粉 3 份，每份 100 g，根据确定的粗提工艺和最佳精制条件对样品进行处理，测定肌醇的含量，结果得 3 份长角豆粉在最佳精制条件下的肌醇含量分别为 10.72%、10.91%、10.65%，平均值为 10.76%。由此可见，考察指标的含量处于较高的水平，验证实验的结果与正交实验预测的结果接近，表明正交实验得出的酶解条件稳定、可靠。

2）结论与讨论

肌醇广泛存在于各种天然动物、植物、微生物组织中，往往以磷酸肌醇的形式存在，或者与多糖类通过糖苷键连接起来，通过回流提取只能得到磷酸肌醇结合体，且含量较低，采用植酸酶酶解可有效地释放出粗提物中的肌醇单体。通过考察不同的酶解因素对肌醇含量的影响，正交实验筛选出最适酶解条件，其中，乙酸缓冲溶液的 pH 值和酶解温度对肌醇含量有显著的影响，而植酸酶的浓度影响不明显，这可能与选取的植酸酶浓度范围小有关。酶解后采用柱层析方法分离、纯化得到纯度较高的长角豆提取物，其肌醇含量高于米糠、南瓜。该提取工艺快速、高效，可为其他豆科植物的肌醇提取提供参考。

（二）角豆中挥发性物质的分析

班强等人将角豆用溶剂浸提，减压浓缩后得到角豆提取物，采用气相色谱 - 质谱联用法对其挥发性成分进行分析鉴定。

1. 材料和仪器

材料：角豆提取物（广西中烟工业有限责任公司）、乙酸苯乙酯（色谱级，北京百灵威科技有限公司）、二氯甲烷（色谱级，天津迪马科技有限公司）。

电子天平（EL204，美国 Mettler Toledo 公司）、气相质谱联用仪（7890B/5977A，美国 Agilent 公司）、高速离心机（LG10-2.4A，北京京立离心机有限公司）、振荡器（QL-901 型，梅特勒 - 托利多仪器有限公司）。

2. 实验方法

1）内标溶液的配制

称取乙酸苯乙酯 0.05 g 置于 100 mL 量瓶中，向量瓶中加入二氯甲烷定容，得到带内标的萃取剂。

2）角豆提取物中挥发性成分的提取

精确称取 3 g 样品置于 50 mL 离心管中，依次向离心管中加入 10 mL 蒸馏水、5 mL 带内标的二氯甲烷萃取剂，经旋涡振荡器振荡 5 min，使其充分混合，以 6 000 r/min 的转速离心 5 min，静置后取下层有机相，经有机滤膜过滤，待 GC-MS 进样分析。

3）色谱条件

色谱柱为 HP-5（60 m × 0.25 mm × 0.25 μm）；载气为氦气；柱流速为 1.0 mL/min；进样口温度为 280 ℃；分流比为 5∶1；程序升温为初始温度 45 ℃（保持 2 min），以 2 ℃/min 的速度升温至 280 ℃（保持 20 min）；进样量为 1.0 μL。电子轰击离子源（EI），电子能量为 70 eV，电子倍增器电压为 1 750 V，离子源温度为 230 ℃，四极杆温度为 150 ℃，传输线温度为 280 ℃，溶剂延迟为 7 min。

3. 实验结果

取适量角豆提取物萃取液进行气相色谱 - 质谱分析，记录谱图，采用内标法以峰面积计算其含量。角豆提取物的主要成分为咖啡因（46.71%）、亚油酸乙酯（16.56%）、亚麻酸乙酯(6.90%)、棕榈酸乙酯(6.67%)、油酸乙酯(5.36%)、棕榈酸(1.90%)、1,3,12-十九碳三烯(1.87%)、香兰素(1.79%),所有化学成分及其含量如表2.2.4所示。

表2.2.4 角豆提取物的化学成分及其含量

序号	化学名称	含量/(g/g)	质量分数/%
1	乙酰丙酸乙酯	7.98	0.23
2	山梨酸	15.67	0.45
3	葫芦巴内酯	16.37	0.47
4	苯乙醇	3.52	0.10
5	乙酸苏合香酯	3.32	0.10
6	麦芽酚	8.72	0.25
7	5-羟甲基糠醛	14.62	0.42
8	苹果酸二乙酯	39.46	1.14
9	4-乙基-4H-1,2,4-三唑-3-胺	7.94	0.23
10	酒石酸二乙酯	50.61	1.46
11	香兰素	62.05	1.79
12	十一酸乙酯	7.61	0.22
13	蒎烷	29.08	0.84
14	咖啡因	1 623.24	46.71
15	1-甲基二环[6,4,0]十二烷-11-酮	16.36	0.47
16	棕榈酸	65.97	1.90
17	9-十六碳烯酸乙酯	38.60	1.11
18	棕榈酸乙酯	231.83	6.67
19	植醇	27.01	0.78
20	亚油酸乙酯	575.39	16.56
21	油酸乙酯	186.36	5.36
22	亚麻酸乙酯	239.76	6.90
23	硬脂酸乙酯	36.68	1.06
24	9,17-十八碳二烯醛	45.01	1.30
25	油酸甘油酯	14.57	0.42
26	亚麻醇	42.72	1.23
27	1,3,12-十九碳三烯	65.05	1.87

经GC-MS分析,共鉴定出27种成分。其中,咖啡因(46.71%)、亚油酸乙酯(16.56%)、亚麻酸乙酯(6.90%)、棕榈酸乙酯(6.67%)、油酸乙酯(5.36%)等成分构成了角豆提取物的主体香韵,这些主要成分占角豆提取物挥发性成分总量的82.20%。咖啡因

在食品加工中常作为苦味剂和兴奋剂；亚油酸乙酯和亚麻酸乙酯具有蜡质味；棕榈酸乙酯具有微弱的、甜的蜡质香气；油酸乙酯具有花果香气，带有微弱的、甜的、似油的味道。角豆提取物可作为食用香料、天然食物增稠剂和稳定剂，常用于糖果、冰激凌、饮料和牙膏等产品中；角豆提取物具有自然、浓郁的香气，如添加于烟草制品中可有效改善和增强卷烟的香气，增强透发力，提升卷烟的品质；角豆提取物由于含有丰富的咖啡因，也可作为天然草本兴奋剂。

4. 实验结论

为了了解角豆提取物的挥发性成分的组成和含量，以旋涡振荡辅助溶剂萃取挥发性成分，并采用气相色谱 - 质谱（GC-MS）联用法对角豆提取物的挥发性成分进行定性、定量分析，共检测出 27 种香味成分，为角豆提取物的合理使用提供了科学依据。其主要成分为咖啡因、亚油酸乙酯、亚麻酸乙酯、棕榈酸乙酯、油酸乙酯等物质，占角豆提取物挥发性成分总量的 82.20%，这些成分构成了角豆提取物的主体香韵。角豆提取物可用作食用香料、天然食物增稠剂和稳定剂，也可在烟草产品中使用来改善和提升卷烟香气，提高卷烟品质。

（三）从角豆树中分离、提纯植物凝集素

蔡建华等人从角豆树中分离、提纯出一种具有血细胞凝结活性的植物凝集素。该实验在 4 ℃下进行，将 100 g 角豆树种子粉碎后加入一定量的磷酸盐缓冲液，经匀浆、静置 24 h 后过滤，滤液调酸后再静置 4 h，高速离心得到澄清的蛋白粗提液，进行柱层析分离得到角豆树凝集素。

（四）角豆树种子化学成分的分析

Gohar 等人从角豆树的种子中分离、鉴定了 6 种黄酮醇苷，其中 ceratoside（5）为新发现的黄酮醇苷，另外 5 种为已知的 afzelin（3）、auriculain（4）、quercetin-3-O-*α*-*L*-rhamnopyranoside（6）、*β*-sitosterol（1）和 *β*-sitosterol-3-O-*β*-*D*-glucoside（2）。通过 UV、IR、MS 和 NMR 光谱数据确定了 6 种化合物的结构。样品的分离提取过程如下。干燥的粉状种子样品（75 g）用甲醇（3 L）萃取，萃取液在 40 ℃下旋转蒸发至干。残留物（22 g）悬浮在蒸馏水中，先用氯仿萃取，然后用乙酸乙酯萃取。氯仿提取物（9.5 g）在硅胶柱上进行色谱分离，用正已烷、正已烷 - 乙酸乙酯梯度洗脱。收集洗脱馏分（各 250 mL），浓缩后通过 TLC 筛选，将相似的部分合并在一起。用正已烷 - 乙酸乙酯（95：5）洗脱的馏分 14 ~ 16 用甲醇蒸馏结晶得到化合物 1（30 mg）；用正已烷 - 乙酸乙酯（50：50）洗脱的馏分 32~34 得到化合物 2（20 mg）。乙酸乙酯可溶部分（5 g）在硅胶柱上进行色谱分离，用乙酸乙酯 - 甲醇梯度洗脱。收集洗脱馏分（各 250 mL），浓缩后通过 TLC 筛选，将相似的部分合并在一起。馏分 11 ~ 14 用 10% 的乙酸乙酯 - 甲醇混合物洗脱，含有2个类黄酮斑点，馏分15～18含有另外2个类黄酮斑点。在硅胶柱上对第一个馏分再次进行色谱层析，以CH_2Cl_2-CH_3OH混合物梯度洗脱，收集100 mL馏分，得到化合物3（馏分5～6，用10%的混合物洗脱，得到15 mg）和化合物4（馏分8～13，用10%的混合物洗脱，得到16 mg）。在硅胶柱上重新色谱分离第二个馏分，用CH_2Cl_2-CH_3OH混合物梯度洗脱，收集100 mL馏分，得到化合物5（馏分6～9，用10%的混合物洗脱，得到28 mg）和化合物6（馏分12～14，用20%的混合物洗脱，得到54 mg）。研究人员对分离出的化合物进行了抗氧化活性研究，显示出了明显的抗氧化活性。由于对健康有益，近年来天然抗氧化剂已被广泛使用。因此，角豆树种子的甲醇提取物可能是天然抗氧化剂的潜在来源。

（五）角豆纤维中多酚类物质的分析

R. W. Owen等分析了角豆纤维中的多种多酚类物质，主要多酚化合物通过有机溶剂提取，在硅酸中经正相柱层析分离，通过液相色谱电喷雾-电离质谱、纳米电喷雾-电离质谱、气相色谱-质谱进行分析。此外，对分离得到的gallotannins-1，6-di-、1，2，6-tri-和1，2，3，6-tetra-O-galloyl-*β*-*D*-glucose进行了^{1}H和^{13}C NMR谱分析。角豆纤维中含有丰富的酚类抗氧化剂，共鉴定出24种多酚化合物，收率为3.94 g/kg（干重）。该谱图以各种形式的没食子酸为主：游离没食子酸（重量占多酚的42%）、没食子酚（29%）和没食子酸甲酯（1%），而以肉桂酸为主的简单酚约占多酚的2%。其中黄酮类化合物占26%，主要成分为myricetin-和quercetin-3-O-*α*-*L*-rhamnoside（约9%和10%）。这些数据表明，角豆纤维含有丰富的酚类抗氧化物质，其加入膳食中可能具有化学预防的特性。

（六）角豆树种子中脂质的分析

在一项比较土耳其梅尔辛省栽培和野生角豆树种子中的脂质的研究中，研究人员以石油醚为溶剂在50 ℃下索氏提取6 h并蒸发浓缩后得到角豆树种子的油提取物。在进一步的研究中，脂肪酸的分析按照ISO 5509：2000执行；采用高效液相色谱法测定生育酚的含量；而甾醇的分析则按照ISO 12228：1999执行。研究结果表明，以干重计，栽培和野生角豆树种子的产油率分别为1.73%和1.84%，其中主要脂肪酸为亚油酸（49.1%和51.0%）、油酸（30.4%和26.5%）、棕榈酸（10.3%和12.0%）和硬脂酸（3.5%和4.6%）（表2.2.5）；栽培和野生角豆树种子的生育酚含量分别为208.45 mg/100 g和223.14 mg/100 g（表2.2.6）；两种角豆树种子的甾醇含量分别为16 400.94 mg/kg和30 191.55 mg/kg（表2.2.7）。该项研究在营养科学中具有非常重要的应用价值。

表 2.2.5　角豆树种子的产油率和脂肪酸组成

脂肪酸	浓度/%	
	栽培（产油率 1.73%）	野生（产油率 1.84%）
棕榈酸	10.3	12.0
棕榈油酸	0.2	0.1
16:1n-7	0.4	0.5
硬脂酸	3.5	4.6
油酸	30.4	26.5
18:1n-7	1.4	1.6
亚油酸	49.1	51.0
18:4D6,9,12,15	0.4	0.2
20:1n-9	0.6	0.6
18:3D9,12,15	1.7	1.4
合计	98.0	98.5

表 2.2.6　角豆树种子的生育酚含量

生育酚	含量/（mg/100 g）	
	栽培	野生
α-T	69.06	70.39
α-T3	4.94	1.78
β-T	2.30	1.85
γ-T	101.15	114.29
β-T3	0.0	0.0
P8	22.29	24.78
γ-T3	0.0	0.0
δ-T	8.70	10.66
δ-T3	0.0	0.0
合计	208.44	223.75

表 2.2.7　角豆树种子的甾醇含量

甾醇	含量/（mg/100 g）	
	栽培	野生
菜籽甾醇	0.0	0.22
24- 亚甲基胆固醇	0.58	0.32
菜油甾醇	5.33	5.32
菜油甾烷醇	0.22	0.20

续表

甾醇	含量/(mg/100 g)	
	栽培	野生
豆甾醇	0.58	11.43
7- 菜油甾醇	0.35	0.26
胆固醇	1.33	1.00
β- 谷甾醇	78.62	72.04
二氢谷甾醇	1.28	0.03
5- 燕麦甾醇	2.19	0.02
5,23- 豆甾二烯醇	1.27	1.19
7-stigmsastenol	2.16	2.40
7- 燕麦甾醇	3.35	3.03
合计	97.26	97.46

（七）角豆花、果实和粉末中挥发性物质的分析

Krokou A. 等人对角豆花、果实和粉末进行了固相微萃取/气相色谱 - 质谱（SPME/GC-MS）分析，并对检测到的挥发性有机化合物（VOCs）进行了介绍和讨论。结果发现，来自角豆果实和粉末的最突出的化学成分是酸，其次是酯类和醛/酮，而角豆花突出的化学成分是萜类化合物。在角豆果实和粉末中最强的 VOCs 是丙酸、2- 甲基（异丁酸）和花乙醇。在角豆果实和粉末中，酸类挥发性成分最多，其次是酯类，而在角豆花中，萜类挥发性成分最多。在角豆果实和粉末中，含量最高的 VOCs 是异丁酸，而在角豆花中，乙醇含量最高。

（八）角豆种子中化学成分的分析

由于角豆树有益的健康效果和功能特性，人们对角豆荚作为功能性食品成分的兴趣不断增加。Fidan Hafize 等研究了角豆种子的化学成分、抗氧化潜力和其分离的半乳甘露聚糖部分的功能特性，同时分析了脂质、蛋白质、碳水化合物和酚类成分。所得结果表明，角豆种子中检测到的主要脂肪酸为油酸（45.0%）、亚油酸（32.4%）和棕榈酸（16.6%）；生育酚馏分中主要是 γ- 生育酚（53.1%）；β- 谷甾醇（74.2%）和豆甾醇（12.8%）在甾醇部分中占主导地位。角豆种子的特点是蛋白质含量高（25.7%），甘露糖和半乳糖是主要的单糖。从角豆种子中分离出的半乳甘露聚糖表现出良好的溶胀特性（30.1 mL/g 样品）和持油能力（27.9 g/g 样品）。角豆种子的总多酚含量以没食子酸当量计为 1.76 mg/g 干重，类黄酮含量以槲皮素当量计为 0.30 mg/g 干重。通过铜还原测定，角豆种子显示出最大的抗氧化潜力，以 Trolox® 当量计为 -15.71 mM/g 干重。此外，还对角豆种子中的矿物质进

行了分析，结果表明 Ca 和 Mg 元素是其中的主要矿物质。通过实验研究得知角豆种子不仅是酚类化合物和抗氧化剂的宝贵来源，也是蛋白质、脂质、半乳甘露聚糖的重要来源，具有提高食物的营养价值的特性。

参考文献

[1] 中国热带作物学会热带园艺专业委员会. 南方优稀果树栽培技术 [M]. 北京：中国农业出版社，2000.

[2] 林尤奋. 热带亚热带果树栽培学 [M]. 北京：中国农业出版社，2004.

[3] 农业部发展南亚热带作物办公室组. 中国热带南亚热带果树 [M]. 北京：中国农业出版社，1998.

[4] NYANGA L K，GADAGA T H，NOUT M，et al. Nutritive value of masau（Ziziphus mauritiana）fruits from Zambezi Valley in Zimbabwe[J]. Food chemistry，2013，138（1）：168-172.

[5] 尼章光，黄家雄，张林辉，等. 云南滇刺枣的开发利用 [J]. 中国果菜，2001（2）：40.

[6] 李立，杨星池，李义龙. 毛叶枣的利用价值及栽培 [J]. 中国林副特产，1996（1）：19-20.

[7] 欧继昌. “热带苹果”——毛叶枣 [J]. 资源开发与市场，1999（3）：38-39.

[8] PANSEETA P，LOMCHOEY K，PRABPAI S，et al. Antiplasmodial and antimycobacterial cyclopeptide alkaloids from the root of Ziziphus mauritiana[J]. Phytochemistry，2011，72（9）：909-915.

[9] SRIVASTAVA SANTOSH K. Nummularogenin，a new spirostane from Zizyphus nummularia[J]. Journal of natural products，1984，47（5）：781-783.

[10] 袁瑾，钟惠民，刘国清，等. 野生植物滇刺枣的营养成分 [J]. 植物资源与环境，1998（2）：64-65.

[11] 袁瑾. 分光光度法测定滇刺枣中的锗 [J]. 光谱实验室，2002（3）：371-372.

[12] 袁瑾，曹玮，曲波，等. 滇刺枣中 β- 胡萝卜素含量的反相高效液相色谱测定 [J]. 浙江化工，2004（2）：32.

[13] 邓国宾，李雪梅，林瑜，等. 滇刺枣挥发性成分的研究 [J]. 精细化工，2004（4）：318-320.

[14] 杨守娟. 酸枣仁与滇枣仁镇静催眠作用成分——皂苷及黄酮苷含量的比较研究 [J]. 辽宁中医杂志，2006，33（1）：105.

[15] 徐小艳，吴锦铸. 台湾青枣的营养成分分析与利用 [J]. 食品科技，2009，34（10）：32-34.

[16] MEMON A，MEMON N，LUTHRIA D，et al. Phenolic compounds and seed oil compo-

sition of Ziziphus mauritiana L. fruit[J]. Polish journal of food & nutrition sciences，2012，62（1）：15-21.

[17] 沈瑞芳，杨叶昆，魏玉玲，等. 滇刺枣的化学成分研究 [J]. 云南大学学报（自然科学版），2013，35（S2）：332-335.

[18] 郭盛，段金廒，赵金龙，等. 滇枣仁化学成分研究 [J]. 中药材，2014，37（3）：432-435.

[19] 叶昆. 天然香料内源性风险物质识别研究及其在烟草中的应用 [D]. 昆明：云南大学，2016.

[20] RAMAR M K，DHAYANANDAMOORTHY Y，RAMACHANDRAN S S，et al. HPLC-ESI-QqQ based standardization，mutagenic and genotoxic potential of methanol extract of Ziziphus mauritiana Lam leaves[J]. Journal of ethnopharmacology，2020（246）：112216.

[21] 何月秋，李顺德，杨定发，等. 浅谈毛叶枣的综合利用 [J]. 云南农业大学学报，2002，17（4）：411-413.

[22] 梁瑞璋，王钊，蒋俊兰，等. 野香橼小果型毛叶枣云南移栎的营养价值研究 [J]. 西南林学院学报，1989，9（1）：20-24.

[23] PRAKASH O，USMANI S，SINGH R，et al. A panoramic view on phytochemical，nutritional and therapeutic attributes of Ziziphus mauritiana Lam.：a comprehensive review[J]. Phytotherapy research，2021，35（1）：63-77.

[24] 郭盛，段金廒，唐于平，等. 中国枣属药用植物资源化学研究进展 [J]. 中国现代中药，2012（8）：1-5.

[25] 车勇，张永清. 枣属植物化学成分研究新进展 [J]. 天然产物研究与开发，2011，23（5）：979-982.

[26] SINGH A K，PANDEY M，SINGH V K，et al. Mauritine-K，a new antifungal cyclopeptide alkaloid from Zizyphus mauritiana[J]. Journal of the Indian chemical society，2007，84（8）：781-784.

第三节 枇杷

一、枇杷概述

枇杷 [*Eriobotrya japonica*（Thumb.）Lindl.]，蔷薇科、枇杷属植物。常绿小乔木，高可达 10 m；小枝粗壮，黄褐色，密生锈色或灰棕色茸毛。叶片革质，披针形、倒披针形、倒卵形或椭圆形，长 12～30 cm，宽 3～9 cm。圆锥花序顶生，长 10～19 cm，具多花；总花梗和花梗密生锈色茸毛；花梗长 2～8 mm；苞片钻形，长 2～5 mm，密生锈色茸毛；花直径 12～

20 mm。果实球形或长圆形，直径 2 ~ 5 cm，黄色或橘黄色，外有锈色柔毛，不久脱落；种子 1 ~ 5，球形或扁球形，直径 1 ~ 1.5 cm，褐色，光亮，种皮纸质。花期 10—12 月，果期 5—6 月。

二、枇杷的产地与品种

（一）枇杷的产地

枇杷原产于中国甘肃、陕西、河南、江苏、安徽、浙江、江西、湖北、湖南、四川、云南、贵州、广西、广东、福建、台湾；各地广行栽培，四川、湖北有野生者。日本、印度、越南、缅甸、泰国、印度尼西亚也有栽培。公元前 1 世纪西汉司马迁所撰《史记·司马相如传》引《上林赋》中记载："卢桔夏熟，黄甘橙楱，枇杷然柿……"湖北江陵发掘的汉代古墓随葬品中有枇杷等果品。这些史料证据说明公元前 1 世纪我国已经开始种植枇杷。枇杷在医疗、食用方面发挥着重要的作用。枇杷果实柔软多汁、味道甘酸，富含多种营养元素和功能成分。明代医学家李时珍在《本草纲目》中记载："枇杷乃和胃降气，清热解暑之佳品良药。"此外，《本经逢原》中也记载：枇杷"必极熟，乃有止渴下气润五脏之功。若带生味酸，力能助肝伐脾，食之令人中满泄泻"。枇杷富含纤维素、果胶、胡萝卜素、苹果酸、柠檬酸、钾、磷、铁、钙和维生素 A、B、C。维生素 B、胡萝卜素具有保护视力、保持皮肤健康润泽、促进儿童身体发育的功用，维生素 B_{17} 还是防癌的营养素，因此，枇杷也被称为"果之冠"。它可促进食欲、帮助消化，也可预防癌症、防止老化。

（二）枇杷的品种

1. 普通枇杷

普通枇杷果大，橙红色或橙黄色。种子 2 ~ 6 粒。各栽培品种群均属木种。特点是冬花夏果。原生种分布于陕西、湖北、四川等地。

2. 杭州塘栖枇杷

杭州塘栖枇杷主产于杭州市余杭区塘栖镇，果形美观，色泽金黄，果大肉厚，汁多味甜，甜酸适口，风味较佳，营养丰富。

3. 歙县三潭枇杷

歙县三潭枇杷久负盛名，历史上是贡品。果实近球形或长圆形，黄色或橘黄色；果面洁净，茸毛完整，光滑细腻；皮薄肉厚，甜酸适度；柔嫩多汁，细腻化渣，清香爽口。

4. 台湾枇杷

台湾枇杷又称赤叶枇杷，原产于台湾恒春。叶薄，果小，圆形，10 月成熟，味甜可食，有治热病之功效，耐寒力弱。特点是夏花秋果。台湾、广东有分布。

5. 南亚枇杷

南亚枇杷又称云南枇杷、光叶枇杷，云南和印度北部有原生种。果小，椭圆形，种子1～2粒。特点是冬花夏果。

6. 大花枇杷

大花枇杷在四川西部有原生种。果较大，近圆形，橙红色，光滑。种子1～2粒。分布于四川、贵州、湖北、湖南、江西、福建。特点是春花秋果。

7. 栎叶枇杷

栎叶枇杷产于云南蒙自和四川西部。果小，肉薄可食，独核。果实卵形至卵球形，直径6～7 mm，暗褐色。花期9—11月，果期4—5月。生于河旁或湿润的密林中，海拔800～1 700 m。

8. 怒江枇杷

怒江枇杷产于云南怒江沿岸。果实球形，直径约15 mm，肉质，具颗粒状凸起，基部和顶端全有棕色柔毛。花期4—5月，果期6—8月成熟。特点是春花秋果。

9. 洛阳青

洛阳青为国内著名品种群。平均果重32 g，高产，但果实酸度大，果形偏小，外观欠佳，商品性能差，以加工食用为主。

10. 白沙枇杷

白沙枇杷又叫白玉枇杷，是我国特有的品种群。果肉细嫩，皮薄汁多，并富含多种营养成分，是上乘的保健水果。品质较佳，果形偏小，平均果重25～30 g，过熟后风味变淡。一般于5月底至6月上旬成熟。

11. 早五星

早五星有“早熟枇杷之王”的美誉，由成都的科技人员从实生树中选出。平均果重66 g，极早熟，在成都地区一般在4月10日左右成熟，比晚五星早熟20天左右，其他性状与晚五星基本相同。该品种群苗木数量极少，十分珍贵。

12. 晚五星

晚五星又叫红灯笼，是“晚熟枇杷之王”。果实卵圆形或近圆形，极大，平均果重65 g。果皮橙红色，果面无锈斑或极少，果粉中厚，鲜艳美观。果肉橙红色，肉极厚，肉质细嫩，汁液特多，风味浓甜。

三、枇杷的主要营养成分和活性成分

（一）枇杷的营养成分和活性成分

目前已经从枇杷中分离出黄酮、酚类、萜类和苦杏仁苷等成分，其药理作用主要集中在抗氧化、抗炎止咳、抑菌、抗肿瘤、保护胃黏膜、降血糖和抗过敏等方面。

1. 萜类

萜类是广泛存在于植物组织中的次生代谢物质。枇杷中主要是由6个异戊二烯单位组成的乌苏烷型、齐墩果烷型（游离或以酯、苷的形式存在）五环三萜类和少量单萜化合物，主要分布在枇杷叶、花和果实中。《中国药典》中记录的药用枇杷叶质量要求为：齐墩果酸（oleanolic acid，OA）和乌苏酸（ursolic acid，UA）的总量不少于0.70%（以干质量分数计，下同）。

2. 酚类和黄酮

目前枇杷中已鉴定出酚类（羟基肉桂酸和羟基苯甲酸）和黄酮（黄酮醇、黄烷酮、黄烷醇和黄酮木脂素）等物质50余种。从枇杷中分离出的主要酚类物质有：绿原酸、咖啡酸、邻香豆酸、5-阿魏酰奎宁酸、阿魏酸、对羟基苯甲酸、3-对香豆酰奎宁酸、原儿茶酸、没食子酸、鞣花酸；主要黄酮物质有：表儿茶素、槲皮素、槲皮素-3-O-半乳糖苷、槲皮素-3-O-葡萄糖苷、槲皮素-3-O-鼠李糖苷、山柰酚-3-O-半乳糖苷、山柰酚-3-O-鼠李糖苷、山柰酚-3-O-葡萄糖苷、芦丁、原花青素B2、辛可耐因Ib。

3. 挥发性成分

挥发性成分主要由萜类（倍半萜和单萜）、脂肪族、芳香族化合物组成。枇杷花和种子中主要含苯甲醛、苯乙醇和苯甲酸等挥发性成分。张丽华等采用固相微萃取技术结合GC-MS分析，从枇杷花提取物中分离鉴定出49种组分，包括酸（20.69%）、醛（16.86%）、醇（13.2%）、酯（8.18%）、萘（3.35%）和苯酚（0.95%）等，其中苯乙醇含量最高，其次为苯甲醛。不同品种、地域环境的枇杷花香气成分有所差异。闫永芳发现宁海枇杷花的香气组分主要有32种，苯甲醛含量最高，占20.86%，其次为二十八烷（14.94%）。李长虹等从枇杷核中分离出39种化合物，鉴定出20种，占挥发性成分总量的89.69%，其中苯甲醛（65.31%）和苯甲酸（20.42%）含量最高。

4. 苦杏仁苷

苦杏仁苷是芳香族氰苷，其在苦杏仁苷酶、樱叶酶等β-葡萄糖苷酶的作用下水解，生成野樱皮苷和杏仁氰，后者遇热分解生成的带苦杏仁味的苯甲醛和氢氰酸有止咳平喘、抗炎等药理作用。枇杷种子、花和果皮中都含有大量苦杏仁苷。目前医药用苦杏仁苷主要来自蔷薇科杏属（E. Prunus）植物的种子，枇杷种子还未被大量应用，这可能与其中苦杏仁苷含量低于标准3.0%有关。

枇杷的成分如表2.3.1所示。

表2.3.1　枇杷成分表

食品中文名	枇杷	食品英文名	loquat
食品分类	水果类及其制品	可食部	62.00%
来源	食物成分表2009	产地	中国

续表

营养素含量（100 g 可食部食品中的含量）			
能量/kJ	170	蛋白质/g	0.8
脂肪/g	0.2	不溶性膳食纤维/g	0.8
碳水化合物/g	9.3	维生素 E/mg（α- 生育酚当量）	0.24
钠/mg	4	维生素 B_1（硫胺素）/mg	0.01
维生素 B_2（核黄素）/mg	0.03	维生素 C（抗坏血酸）/mg	8
烟酸（烟酰胺）/mg	0.3	磷/mg	8
钾/mg	12	镁/mg	10
钙/mg	17	铁/mg	1.1
锌/mg	0.21	铜/mg	0.06
硒/μg	0.7	锰/mg	0.34

（二）枇杷的活性作用

1. 止咳平喘作用

枇杷叶在临床上主要用于止咳，其中起主要作用的是三萜类物质。在实验中常以枸橼酸喷雾、辣椒素、浓氨水法，组胺、乙酰胆碱法和 SO_2 法等建立小鼠、豚鼠咳嗽模型，以酚红排泌法建立生痰模型，用小鼠耳肿胀法研究枇杷叶、花和种子提取物的止咳平喘祛痰活性。

鞠建华等研究枇杷叶乙醇提取物的醋酸乙酯和正丁醇萃取物的镇咳作用，发现可以显著缩短咳嗽潜伏期，减少咳嗽次数；枇杷叶醇提取物中的乌苏酸、2- 羟基齐墩果酸和总三萜酸对二甲苯引起的小鼠耳肿胀显示出很强的抗炎活性。陈晓芳以辣椒素刺激 C- 纤维释放 P 物质，用格列本脲阻断 ATP K 离子通道，研究枇杷花醇提取物的止咳机制，FEJ 可以极显著地减少 P 物质的生成，但格列本脲不会对 FEJ 的镇咳作用造成影响，止咳机制可能是 FEJ 减少 C- 纤维 P 物质的表达而非抑制 ATP 钾离子通道。林国荣等发现醇提枇杷核苦杏仁苷与对照清肺糖浆表现出相似的止咳效果。

2. 抗炎作用

三萜酸对关节炎、慢性支气管炎和呼吸系统疾病有明显的抑制作用，可通过调控相关基因的表达抑制炎症的发生。葛金芳等发现枇杷叶三萜酸（triterpene acids of loquat leaf，TAL）可明显减少支气管腔内的分泌物和黏膜上皮细胞脱落，并抑制支气管黏膜上皮细胞增生，使支气管内径增大、通气量增大；TAL 灌胃给药对大鼠腹腔毛细血管渗出、肉芽肿和原发性、继发性佐剂性关节炎等炎症病变有明显的抑制作用。Takuma 等用 5- 氟尿嘧啶（5-fluorouracil，5-FU）给药建立仓鼠黏膜炎模型，研究枇杷种子提取物（E. japonica seed extract，ESE）的抗炎作用，发现 ESE 可能通过预防、控制黏膜炎部位细菌感染、使用抗癌药物后体内过度氧化应激，促进化疗引起的黏膜炎痊愈。

3. 抗氧化作用

枇杷黄酮提取物有抗油脂氧化活性。蒋企洲等研究枇杷叶黄酮提取物对芝麻油和猪油的抗氧化性能，结果显示枇杷叶黄酮提取物可以降低贮藏过程中芝麻油和猪油的过氧化值，对芝麻油抗氧化效果和0.05%的叔丁基对苯二酚（tert-butyl hydroquinone，TBHQ）相近；枇杷叶黄酮提取物与抗坏血酸有协同作用，可以显著抵抗猪油氧化。Delfanian等研究枇杷果皮多酚提取物在大豆油煎炸（24 h、180 ℃）和贮藏（60 d、25 ℃）过程中的抗氧化作用，发现在大豆油煎炸过程中枇杷果皮多酚提取物具有抗氧化活性，表明枇杷果皮多酚提取物是潜在的天然植物油抗氧化剂。

枇杷黄酮和酚类等提取物有清除体内外自由基的能力。许丽旋发现枇杷叶黄酮提取物能减少小鼠肝线粒体和肝匀浆丙二醛（malondialdehyde，MDA）的生成，抑制H_2O_2诱导的小鼠红细胞溶血。枇杷核总黄酮提取液对羟自由基的清除率最高可达55%。李长虹等研究发现25%的枇杷核挥发油的抗氧化性强于2.00 mg/mL的维生素C。

4. 抗菌免疫作用

枇杷中的三萜类挥发性成分有抗菌、抗过敏活性。Tan Hui等研究了枇杷叶中的18种三萜酸对皮肤痤疮丙酸杆菌（Propionibacterium acnes）的抑制作用，其中12种三萜酸对P. acnes表现出抑制作用，以乌苏酸、山楂酸、科罗索酸和蔷薇酸的抑制作用最强，这4种三萜酸的最小抑制（生长）浓度（minimum inhibitory concentration，MIC）均为50 μg/mL，最低杀死菌浓度分别为100、150、100、50 μg/mL。肖新生等发现枇杷叶水提取物、乙醇提取物、正己烷提取物对食品中常见的污染菌大肠杆菌（Escherichia coli）、金黄色葡萄球菌（Staphylococcus aureus）、枯草芽孢杆菌（Bacillus subtilis）均有抑制作用，其中乙醇提取物抑菌效果最好。Hong Yanping发现香花、普通枇杷叶精油提取物对白念珠菌（Canidia albicans）和木霉菌（Trichoderma spp.）有抑制作用。

Tan Hui等以β-氨基己糖苷酶释放量为指标建立大鼠嗜碱性粒细胞系（rat basophilic leukemia，RBL-2H3）过敏性疾病模型，研究枇杷叶三萜酸提取物的抗过敏性，结果发现乌苏酸[1 μg/mL（质量浓度，下同）、72.5%（抑制率，下同）]、3-表科罗索酸（9 μg/mL、54.4%）和蔷薇酸（12 μg/mL、74.5%）可以显著抑制β-氨基己糖苷酶的释放，有很好的抗过敏活性。Onogawa等探明枇杷种子醇提取物（E. japonica seed extract，ESE）含有抗组胺剂，能通过抑制豚鼠肥大细胞释放组胺而缓解Ⅰ型过敏即时反应引发的背部血管扩张、通透性增强等过敏性症状；建立豚鼠过敏性鼻炎实验模型，发现ESE能降低豚鼠打喷嚏和抓鼻子的频率，增加鼻腔黏液的分泌。

5. 保肝护肾作用

枇杷提取物对乙醇、病毒等所致肝肾损伤有保护作用。Wu Shaokang等证明枇杷花黄酮提取物能通过降低丙氨酸氨基转移酶、天冬氨酸氨基转移酶、甘油三酯、丙二醛和肝脏指数，减少乙醇代谢对肝脏细胞的损害；通过促进脂肪型甘油三酯脂肪酶和血红素加氧酶-1（heme oxygenase-1，HO-1）mRNA的表达最终减轻肝细胞脂肪变性程度，对小鼠急性酒精性肝损伤有保护作用。何玉琴等以尿素氮和肌酐为主要指标研究枇杷叶提取物对鸡传染性支气管炎病毒（infectious bronchitis virus，IBV）人工感染鸡肝肾功能的影响，实验表明与阳性对照相比，枇杷叶提取物均能降低尿素氮和肌酐等生化指标的含量，以质量分数0.8%效果最佳（$P<0.05$）；0.8%和1.0%的枇杷叶提取物能极显著地提高血清IBV抗体水平（$P<0.01$），抑制IBV对鸡肝肾功能的破坏。以二甲基亚硝胺和CCl_4建模，发现枇杷核提取物能改善二甲基亚硝胺和CCl_4造成的大鼠肝损害，但对CCl_4类型改善稍弱；进一步以不同时间给予不同剂量的CCl_4建立大鼠肝损害模型，发现建模8周时枇杷核提取物对肌酐中的视黄醛、TGF-β和羟脯氨酸量呈改善状况，肝纤维化减弱，与对照组无明显差异。

6. 抗肿瘤作用

枇杷中的乌苏烷型、齐墩果烷型三萜和部分黄酮化合物对淋巴瘤、乳腺癌细胞、胰腺癌细胞和白血病细胞有抑制作用。从枇杷叶中分离出的玫瑰苷和原花青素B-2对淋巴瘤早期抗原细胞具有抑制作用。枇杷叶、种子醇提取物可以抑制人类乳腺癌细胞系（MDA-MB-231）的增殖。枇杷叶提取物对人胰腺癌细胞（MIA PaCa-2）的活性呈剂量依赖性抑制。

研究证明三萜酸能诱导白血病细胞凋亡。李琪发现齐墩果酸、乌苏酸和2α-羟基齐墩果酸对白血病细胞K562（人慢性白血病细胞）有抑制效果，其中乌苏酸质量浓度为20 μg/mL时对癌细胞生长的抑制率达91.96%。Uto等发现枇杷叶三萜酸提取物（UA、OA、CA、MA），尤其是CA能有效诱导HL-60细胞（白血病原髓细胞）凋亡，凋亡机制除线粒体通路外还涉及死亡受体通路，具体为CA能诱导凋亡蛋白酶Caspase-8和Caspase-9的活化，Caspase-8的活化通过诱导tBid介导的细胞凋亡相关基因Bax的活化而触发线粒体功能障碍。

7. 降血糖作用

枇杷叶、果实和种子提取物有降血糖功能。Tommasi等以糖尿病小鼠和正常小鼠进行实验，首次发现了倍半萜苷的降血糖作用，并指出乌苏烷型三萜酸3β，6α，19α-trihydroxy-urs-12-en-28-oic acid和2α, 3β-dihydroxy-urs-12-en-28-oic acid这2种物质可以显著控制糖尿病小鼠的血糖并降低正常小鼠血液中的糖含量。

Shih等探究了枇杷提取物（cell suspension culture of Eriobotrya japonica，TA）对高脂喂养小鼠的糖尿病和高血脂症状的调节作用机理，发现TA可以增加肝脏和脂肪组织中AMPK-α（Thr172）磷酸化蛋白的含量，有效预防高脂喂养引发的血糖、瘦素和胰岛素水平提高。Shafi等以四氧嘧啶建模，评价枇杷果实醇提物的抗糖尿病和降血脂作用，发现200 mg/kg mb给药10 d能显著降低小鼠的血糖、血脂水平，其机制可能为果实醇提物刺

激 β 细胞分泌胰岛素或增强组织对糖的吸收。

四、枇杷中活性成分的提取、纯化与分析

（一）枇杷中三萜酸的分离、纯化

1. 仪器、材料与试剂

UV1900PC 型紫外分光光度计，上海亚研电子有限公司；SHB-Ⅲ型循环水真空泵、HH-4 型智能数显恒温水浴锅，巩义市予华仪器有限公司；1100 型高效液相色谱仪、Eclip-seXDB-C18 型色谱柱，美国安捷伦有限公司。

枇杷叶，产地浙江，上海华宇药业有限公司；熊果酸标准品，上海同田生物有限公司；香草醛（分析纯）、冰醋酸（分析纯）、高氯酸（分析纯）、乙醇（化学纯）、甲醇（光谱纯）等，国药集团化学试剂有限公司；大孔吸附树脂（D315、D293、717、HD-2、HZ-806、HZ-816、HZ-818、HZ-820），上海华震科技有限公司。

2. 实验方法

1）分析方法

（1）紫外 - 可见分光光度法。

本实验采用香草醛 - 高氯酸显色法对枇杷叶中三萜酸的含量进行分析。精密称取熊果酸标准品，配制成质量浓度为 0.1 mg/mL 的熊果酸标准品溶液。分别吸取一定量的熊果酸标准品溶液和枇杷叶提取液置于 10 mL 具塞试管中，待溶剂挥发后加入 5% 的香草醛 - 冰醋酸溶液 0.5 mL、高氯酸 2.0 mL，在 60 ℃下加热 15 min，用冰醋酸定容至 10 mL，并置于紫外 - 可见分光光度计中进行波长扫描，得到三萜酸的检测波长为 545 nm。

（2）HPLC 法。

本实验采用 0.1 mg/mL 的熊果酸 - 甲醇溶液作为对照品进行 HPLC 检测，将枇杷叶三萜酸分离产物的甲醇溶液作为考察对象，以 $V_{乙腈}:V_{0.5\%甲酸}$=85 : 15 的溶液为流动相，进样量为 100 μL，进样流速为 1.0 mL/min，检测波长为 215 nm。

2）分离方法

（1）树脂预处理。

用去离子水反复冲洗树脂，再用 95% 的乙醇浸泡树脂过夜，期间不断搅拌使树脂充分溶胀，然后用水冲净乙醇，分别用 5% 的 HCl 和 2% 的 NaOH 溶液浸泡 3 h，并用去离子水冲洗至中性备用。

（2）树脂筛选。

分别称取预处理后的 D315、D293、717、HD-2、HZ-806、HZ-816、HZ-818 和 HZ-820 大孔吸附树脂，置于三角烧瓶中，加入过量的枇杷叶提取液进行吸附，在吸附达到饱和之

后，检测吸附液中三萜酸的含量。再将达到饱和吸附的树脂快速抽干，用去离子水迅速冲洗后置于三角烧瓶中，用 95% 的乙醇进行脱附，达到脱附平衡后检测脱附液中三萜酸的含量。计算不同树脂的吸附率与脱附率，选择最佳树脂。

(3)静态实验。

向一定质量的大孔吸附树脂中加入一定体积的枇杷叶提取液，恒温搅拌，每隔一段时间取样检测其中三萜酸的含量，计算吸附量和平均吸附速率。

(4)动态实验。

将预处理后的大孔吸附树脂与水混合，倒入玻璃层析柱中，通过玻璃棒引流，并上下抽动玻璃棒，静置过夜，使树脂充分沉降，确保树脂层均匀、无气泡。将一定浓度的枇杷叶提取液从上端注入，提取液以一定的流速从下端流出，收集流出液。再以一定浓度的乙醇溶液对大孔吸附树脂进行脱附，收集脱附液。分别对流出液和脱附液进行检测，计算吸附率和脱附率。待脱附液中的溶剂挥发后，称量固体的质量，计算三萜酸的纯度，并用一定浓度的 NaOH 进行树脂再生处理。

3)计算方法

依据分析方法对枇杷叶中的三萜酸进行检测，得到相应的吸光度 A，利用标准曲线的回归方程计算出三萜酸的浓度，从而进一步计算其得率。

$$Y=\frac{\rho_1 V_1}{1\,000 m_1}\times 100\%$$

式中 Y——枇杷叶三萜酸的得率，%；

ρ_1——提取液中三萜酸的质量浓度，mg/mL；

V_1——提取溶剂的体积，mL；

m_1——提取所用枇杷叶的质量，g。

3. 实验结果

通过树脂筛选、静态实验和动态实验，建立了吸附动力学模型和动态洗脱曲线，得到最佳分离纯化工艺条件：树脂类型 HZ-816，上样流速 $2BV/h$，上样质量浓度 0.6 mg/mL，上样体积 470 mL，洗脱液乙醇体积分数 95%，洗脱流速 $2BV/h$，洗脱剂用量 $6BV$。

根据本实验得到的大孔吸附树脂的最佳分离纯化工艺条件，可将三萜酸的纯度从 34.08% 提高至 92.29%，与碱溶酸沉法相比，前者的纯度比后者提高了 9.64%，表明大孔吸附树脂能够较好地去除杂质，是一种非常有效的分离纯化方法，具有较好的应用前景。

(二)枇杷中三萜类成分的分析

1. 仪器、材料与试剂

齐墩果酸、熊果酸和科罗索酸标准品购自成都普瑞法科技有限公司；色谱柱：Shimpack VP-ODS C18（4.6 m × 250 mm，5 μm）。

从国家果树种质福州枇杷圃中筛选枇杷 [Eriobotrya japonica（Thunb.）Lindl.]、栎叶枇杷（E. prinoides Rehder & E. H. Wilson）和麻栗坡枇杷（E. malipoensis Kuan）共 53 份，来源地分别为中国、日本、美国、西班牙、越南等 5 国，中国种质来源于福建、广东、广西、云南、贵州、浙江、江苏、四川、安徽、重庆、江西等地；种质类型分为主栽品种、地方资源、野生资源等。所有枇杷栽培条件一致，在盛花期结合疏花采集无病虫害花穗各 1 kg，烘干至恒重，在 4 ℃下密封保存待用。

2. 实验方法

1）液相色谱条件

流动相：甲醇：乙腈：4% 的磷酸（体积）60：29.5：10.5，检测波长 205 nm，柱温 30 ℃，流速 1.0 mL/min，进样量 10 μL。每份枇杷种质重复 3 次。

2）科罗索酸、熊果酸、齐墩果酸的提取和测定

将干燥的枇杷花粉碎，过 80 目筛，精确称取 2.000 g 枇杷花粉末，用甲醇浸泡 2 h 后超声波提取 20 min，静置放冷 1 h，收集上清液，定容至 50 mL，过 0.45 μm 微孔滤膜后上液相。

3. 实验结果

利用 HPLC 可从 53 份枇杷种质资源花中均分离出熊果酸、齐墩果酸和科罗索酸等三萜类物质。结果表明，53 份枇杷花中的 3 种三萜类物质平均含量为 0.439%，其中，科罗索酸平均含量为 0.084%，高于麻栗坡枇杷（0.073%）而低于栎叶枇杷（0.103%）；熊果酸平均含量为 0.288%，低于栎叶枇杷（0.349%）和麻栗坡枇杷（0.488%）；齐墩果酸平均含量为 0.067%，低于栎叶枇杷（0.075%）和麻栗坡枇杷（0.089%）。可见，枇杷种质资源花的 3 种三萜类物质中熊果酸含量最高，科罗索酸含量次之，齐墩果酸含量最低，分别占 65.6%、19.1% 和 15.3%，与栎叶枇杷相似，而与麻栗坡枇杷不同（科罗索酸含量最低）。

（三）枇杷中油类成分的分析

1. 仪器、材料与试剂

枇杷仁：枇杷购自杭州余杭塘栖枇杷交易市场，枇杷仁清洗干净后在 60 ℃的恒温干燥箱中烘干备用。石油醚（沸点 60~90 ℃），分析纯，安徽易普化工有限公司；正己烷，分析纯，杭州双林化工试剂厂。SK10GT 型超声波清洗器，上海科导超声仪器有限公司；SHZ-Ⅲ型循环水真空泵，巩义予华仪器有限责任公司；RE-52A 型旋转蒸发器，上海亚荣生化仪器厂。

2. 实验方法

准确称取一定量经粉碎的枇杷仁粉，用滤纸包裹装入烧瓶中，于设置的条件下进行

萃取，超声结束后减压抽滤，滤液经旋转蒸发器蒸馏，将提取物放入干燥箱中干燥直到恒重，计算枇杷仁油的提取率。(提取条件：抽提溶剂石油醚，料液比 1∶5(g/mL)，提取温度 60 ℃，超声时间 25 min，超声功率 180 W)

$$枇杷仁油的提取率=(m_2-m_1)/m\times100\%$$

式中 m_2——空瓶和枇杷仁油的质量，g；

m_1——空瓶的质量，g；

m——枇杷仁的质量，g。

3. 实验结果

枇杷是一种营养价值非常高的水果，其果肉除了含有丰富的基本营养素之外，钙、磷、胡萝卜素含量都显著高于其他水果，并含有人体必需的 8 种氨基酸。与果肉类似，枇杷仁也含有丰富的碳水化合物(71.92%)、蛋白质(3.61%)、脂肪(12.88%)、水分(8.45%)、灰分(3.14%)等营养成分。测得枇杷仁油的提取率为 12.8%。

参考文献

[1] 陆胜民，汪文浩，郑美瑜. 枇杷生物活性成分及药理作用研究进展 [J]. 生物技术进展，2013，3(6)：453-458.

[2] 张丽华，杨生婷，徐怀德，等. 枇杷花香气成分固相微萃取 GC-MS 分析研究 [J]. 食品科技，2008，34(3)：108-110.

[3] 闫永芳. 枇杷花主要营养成分、酚类物质及其干燥工艺研究 [D]. 杭州：浙江大学，2012.

[4] 国家药典委员会. 中华人民共和国药典(四部)[M]. 北京：中国医药科技出版社，2015.

[5] 李长虹，秦小梅，张璐璐，等. 枇杷核挥发油化学成分及体外抗氧化活性研究 [J]. 华中师范大学学报(自然科学版)，2014，48(1)：58-61.

[6] 陈晓芳. 枇杷花醇提物镇咳、平喘、祛痰作用及其机制研究 [D]. 苏州：苏州大学，2011.

[7] 葛金芳，李俊，姚宏伟，等. 枇杷叶三萜酸的抗炎作用 [J]. 安徽医科大学学报，2007，42(2)：174-178，214.

[8] 葛金芳. 枇杷叶三萜酸的抗炎免疫作用及对慢性支气管炎的治疗作用与机制研究 [D]. 合肥：安徽医科大学，2004.

[9] TAKUMA D，GUANGCHEN S，YOKOTA J，et al. Effect of Eriobotrya japonica seed extract on 5-fluorouracil-induced mucositis in hamsters[J]. Biological and pharmaceutical bulletin，2008，31(2)：250-254.

[10] 蒋企洲，欧瑜，何执中. 枇杷叶黄酮对油脂的抗氧化性能研究 [J]. 医学综述，2008，14(10)：1583-1585.

[11] 季晨怡，郭瑞昕. 枇杷核中黄酮类物质的提取与清除自由基效果的研究 [J]. 广东化工，2016，43（2）：17-18.
[12] 肖新生，林倩英. 枇杷叶提取物抑菌作用研究 [J]. 现代食品科技，2010，26（1）：59-62.
[13] HONG YANPING，LIN BIAOSHENG，CA HONGYUN，et al. Chemical constituent and antimicrobial activity of essential oil from fragrant loquat and common loquat[J]. Applied mechanics and materials，2011（138/139）：974-980.
[14] TAN HUI，SONAM TAMRAKAR，SHIMIZU KUNIYOSHI. The potential of triterpenoids from loquat leaves（Eriobotrya japonica）for prevention and treatment of skin disorder[J]. International journal of molecular sciences，2017，18（5）：1030.
[15] ONOGAWA M，SUN G，TAKUMA D，et al. Animal studies supporting the inhibition of mast cell activation by Eriobotrya japonica seed extract[J]. Journal of pharmacy and pharmacology，2009，61（2）：237-241.
[16] WU SHAOKANG，ZHANG NA，SHEN XIANRONG，et al. Preparation of total flavonoids from loquat flower and its protective effect on acute alcohol-induced liver injury in mice[J]. Journal of food and drug analysis，2015，23（1）：136-143.
[17] 何玉琴，林标声，黄素华，等. 枇杷叶提取物对人工感染 IBV 生化指标及抗体影响 [J]. 龙岩学院学报，2013，31（5）：59-62.
[18] 国外医学中医中药分册编辑部. 枇杷核提取物改善肝纤维化的作用（1）：引起肝损害的物质对改善肝纤维化作用的影响 [J]. 国外医学（中医中药分册），2004，26（2）：124.
[19] ITO H，KOBAYASHI E，TAKAMATSU Y，et al. Polyphenols from Eriobotrya japonica and their cytotoxicity against human oral tumor cell lines[J]. Chemical and pharmaceutical bulletin（Tokyo），2000，48（5）：687-693.
[20] KIM M，YOU M，RHUY D，et al. Loquat（Eriobotrya japonica）extracts suppress the adhesion，migration and invasion of human breast cancer cell line[J]. Nutrition research and practice，2009，3（4）：259.
[21] LU QINGYI，ZHANG XUEMEI，YANG JIEPING，et al. Triterpenoid-rich loquat leaf extract induces growth inhibition and apoptosis of pancreatic cancer cells through altering key flux ratios of glucose metabolism[J]. Metabolomics，2017，13（4）：1-10.
[22] 李琪. 枇杷花化学成分及生物活性的研究 [D]. 成都：四川师范大学，2009.
[23] UTO T，SAKAMOTO A，TUNG N H，et al. Anti-proliferative activities and apoptosis induction by triterpenes derived from Eriobotrya japonica in human leukemia cell lines[J]. International journal of molecular sciences，2013，14（2）：4106-4120.

[24] TOMMASI N D, SIMONE F D, CIRINO G, et al. Hypoglycemic effects of sesquiterpene glycosides and polyhydroxylated triterpenoids of Eriobotrya japonica[J]. Planta medica, 1991, 57(5): 414-416.

[25] SHIN C, CIOU J, LIN C, et al. Cell suspension culture of Eriobotrya japonica regulates the diabetic and hyperlipidemic signs of highfat-fed mice[J]. Molecules, 2013, 18(3): 2726-2753.

[26] SHAFI S, TABASSUM N. Antidiabetic and hypolipidemic activities of ethanolic extract of Eriobotrya japonica fruits in alloxan induced diabetic rats[J]. International journal of pharmaceutical, chemical and biological science, 2013, 3(2): 398-405.

[27] 韩伟,刘曦. 枇杷叶三萜酸的大孔树脂分离纯化工艺 [J]. 南京工业大学学报(自然科学版),2014, 36(6): 66-71.

[28] 严小平,童建颖,胡文浪,等. 超声波辅助提取枇杷仁油最佳工艺的研究 [J]. 中国粮油学报,2017, 32(2): 94-97.

第四节 刺梨

一、刺梨概述

野刺梨系蔷薇科落叶灌木植物,别名缫丝花、刺蘼、山刺梨、赛哇(西藏)、刺石榴、野石榴(陕西)、刺梨子、木梨子、刺梨蔷薇、茨梨、送春归、文光果。散生灌木,高 1 ~ 2.5 m;树皮灰褐色,呈片状剥落;斜向上升,小枝圆柱形,有基部稍扁而成对的皮刺。小叶 9 ~ 15,连叶柄长 5 ~ 11 cm,小叶椭圆形或长圆形,稀倒卵形,长 1 ~ 2 cm,宽 6 ~ 12 mm,顶端急尖或圆钝,基部宽楔形,边缘有细锐锯齿,两面无毛,下面中脉突起,网脉明显,叶轴和叶柄有散生小皮刺;托叶大部贴生于叶柄,离生部分呈钻形,边缘有腺毛。

花单生或 2 ~ 3 朵,生于短枝顶端;花直径 5 ~ 6 cm;花梗短;小苞片 2 ~ 3 枚,卵形,边缘有腺毛,萼片通常宽卵形,先端渐尖,有羽状裂片,内面密被茸毛,外面密被针刺;花瓣重瓣至半重瓣,淡红色或粉红色,微香,倒卵形,外轮花瓣大,内轮较小;雄蕊多数着生在杯状萼筒边缘;心皮多数着生在花托底部;花柱离生,被毛,不外伸,短于雄蕊;果扁球形,直径 3 ~ 4 cm,绿红色,外面密生针刺;萼片宿存,直立。花期 5—7 月,果期 8—10 月。

二、刺梨的产地

刺梨广泛分布于我国亚热带地区的陕西、甘肃、江西、安徽、浙江、福建、湖南、湖北、四川、云南、贵州、西藏等地。刺梨生长于海拔 500~2 500 m 的向阳山坡、沟谷、路旁和灌木丛中。

贵州是刺梨最主要的产地，以缫丝花和人工选育的“贵农5号”品种为主，分布以毕节市的大方、黔西、七星关、织金和六盘水市的盘州、黔西南州的兴义等县(区、市)最多、最密集；贵州刺梨种植面积在78万亩(520 km^2)以上，主要集中在毕节、安顺、黔西南等地。仅贵州省鲜果年收购量就达6 000 t，实际产量为1 000～1 500 t。贵州地区的大方、毕节、纳雍、黔西、织金、金沙、兴义、开阳、息烽、修文、安顺、盘州等地刺梨分布最密集、产量最高，多分布于海拔1 000～1 600 m的山区和丘陵地带。四川省刺梨主要分布于大巴山南坡的广元、南江、万源和川东南的江津、内江等地区；陕西省刺梨主要分布在秦岭以南的汉中、安康地区，仅汉中地区年产量即约165万t；湖南省刺梨主要分布在湘西地区；湖北省刺梨主要分布在鄂西地区；广西的乐业、南丹和云南部分地区也有大量野生状态的刺梨分布。

刺梨果实味甜酸，含大量维生素，可供食用和药用，还可作为熬糖、酿酒的原料，根煮水可治痢疾；花朵美丽，可栽培供观赏用；枝干多刺，可以为绿篱。

三、刺梨的主要营养成分和活性成分

现代研究表明，刺梨果实富含维生素C、黄酮、多酚、SOD、三萜等成分，其中维生素C、黄酮和多酚含量较高。刺梨营养价值和药用价值极高，其果肉中维生素C的含量居各类水果之冠，100 g果肉中含维生素C 2 054~2 725 mg，比苹果、梨高500倍，比柑橘高100倍，比猕猴桃高9倍；维生素P的含量极高，100 g果肉中含维生素P 5 980～12 895 mg，比柑橘高120倍，比蔬菜高150倍。刺梨还富含维生素B_1、B_2、E、K_1等16种微量元素。

刺梨被誉为“长寿防癌”的绿色珍果，其含有抗癌物质和SOD等抗衰老物质，同时还具有健脾，消食积、饱胀，滋补强肾的作用。所以刺梨的研究与开发利用在国内曾一度掀起高潮，近年来也受到国外的重视，日本、美国尤其重视这一颇有开发价值的野生果树。刺梨的开发前景广阔，应该受到保护和重视。

刺梨的功效最早记载于1690年，《黔书》中写道：“味甘而微酸，食之可以已闷，亦可消滞积”。作为贵州民族药材，刺梨收录于《贵州省中药材、民族药材质量标准》(1994、2003年版)中，具有消食健脾收敛止泻的功效，主要用于治疗积食腹胀、泄泻、止痛等。刺梨的根茎具有治疗急性细菌性痢疾、慢性胃溃疡等作用，在贵州民间有着广泛的应用。在贵州荔波地区，瑶族老百姓常将刺梨根茎煎汤服用来治疗消化系统疾病和带下病症，以及治疗猪、牛、羊等多种畜禽的痢疾泄泻。刺梨根茎抗炎功效的应用在多个民族中有记载：苗族用刺梨根治急性肠炎；土家族用于治胃痛、中暑、食积腹胀、痢疾、肠炎等疾病；布依族用刺梨根入药，添加野荞头、鱼鳅串以适量水煎服，用来治胃痛；仡佬族以刺梨根入药，辅以石榴皮煎水服用(日服3次)治上吐下泻。

四、刺梨中活性成分的提取、纯化与分析

（一）刺梨中化学成分的分析

1. 仪器、试剂与材料

HewiettPakard110 质谱仪，美国惠普公司；BrukerAM-600 MHz 核磁共振测试仪，美国布鲁克公司；倒置荧光显微镜，Nikon 公司；二氧化碳培养箱，ESCO 公司；-80 ℃超低温冰箱，Thermo 公司；多模式酶标仪，PerkinElmer 公司。

柱色谱硅胶（60～100 目，200～300 目，300～400 目），青岛海洋化工厂；Sephdex-LH-20，美国 GE 公司；二甲基亚砜（DMSO），天津市致远化学试剂有限公司；PBS pH7.4 缓冲液、FBS 胎牛血清、DMEM 培养基，默克公司；胰蛋白酶 EDTA，生物工业以色列拜特海姆有限公司；脂多糖（LPS）、噻唑蓝（MTT），默克公司；Dexamethasone，默克公司；NO 检测试剂盒，碧云天生物技术公司。

材料：采自贵州省贵阳市白云区，经贵州中医药大学孙庆文教授鉴定为蔷薇科植物刺梨（Rosaroxburghii）的根茎，凭证标本存于贵州省中国科学院天然产物化学重点实验室功能中心（凭证标本号：CL201901）。细胞株：小鼠单核巨噬细胞（RAW264.7），购买于中乔新舟生物科技公司，在贵州省中国科学院天然产物化学重点实验室功能中心冻存。

2. 实验方法

新鲜刺梨根茎（40 kg）洗净、切碎后，先用 80% 的乙醇浸泡 3 d，再用 80% 的乙醇热回流提取 3 次，每次 2 h，趁热过滤，合并提取液，减压浓缩至无醇味，转移到水浴锅（60 ℃）中浓缩为浸膏（0.65 kg）。对浸膏进行硅胶柱层析分离，选用氯仿：甲醇 =10：1、5：1、1：1、0：1 做洗脱剂，得到 4 个部分，分别为 A 部分 11 g、B 部分 97 g、C 部分 69 g 和 D 部分 263 g。D 部分采用氯仿：甲醇 =6：1 洗脱，得到 D1 和 D2 两个亚流分。

D1 部分用氯仿：甲醇 =8：1 洗脱，减压浓缩、甲醇重结晶得到化合物 5（40 mg）。D2 部分用 Sephdex-LH-20 凝胶色谱柱甲醇洗脱和硅胶柱氯仿：甲醇 =6：1、4：1 洗脱，得到化合物 4（200 mg）、化合物 6（25 mg）和化合物 7（18 mg）。C 部分依次用氯仿：甲醇 =30：1、20：1、10：1 等度洗脱，得到 C1、C2、C3 三个亚流分。C1 部分用氯仿：甲醇 =10：1 洗脱和甲醇重结晶得到化合物 1（65 mg）和化合物 2（42 mg）。C3 部分用氯仿：甲醇 =30：1、20：1 梯度洗脱，重结晶得到化合物 9（16 mg）。B2 部分用氯仿：甲醇 =20：1、10：1 梯度洗脱，重结晶得到化合物 3（35 mg）、化合物 8（26 mg）、化合物 10（15 mg）、化合物 11（23 mg）和化合物 13（15 mg）。A 部分依次用石油醚：乙酸乙酯 =40：1、30：1、20：1 等度洗脱，得到化合物 15（15 mg）、化合物 12（25 mg）和化合物 14

（18 mg）。

3. 实验结果

化合物 1，白色粉末。ESI-MS m/z：673.3[M+Na]+，分子式为 $C_{36}H_{58}O_{10}$。^{1}H NMR（600 MHz，CD_3OD）δ：5.35（1H，d，J=12.0 Hz，glc-1），5.32（1H，brs，H-12），2.52（1H，s，H-18），2.65（1H，m，H-3），1.35（3H，s，CH_3-27），1.20（3H，s，CH_3-29），0.98（3H，d，CH_3-25），0.97（3H，d，CH_3-23），0.92（3H，d，J=9.0 Hz，CH_3-30），0.84（3H，s，CH_3-23），0.75（3H，s，CH_3-24）；^{13}C NMR（150 MHz，CD_3OD）δ：42.5（C-1），67.3（C-2），80.1（C-3），39.6（C-4），49.2（C-5），22.6（C-6），34.2（C-7），41.5（C-8），48.5（C-9），39.4（C-10），24.5（C-11），129.5（C-12），139.5（C-13），42.8（C-14），29.5（C-15），26.5（C-16），48.5（C-17），55.2（C-18），73.5（C-19），43.0（C-20），27.3（C-21），38.5（C-22），29.3（C-23），16.6（C-24），17.2（C-25），19.3（C-26），24.8（C-27），178.5（C-28），27.2（C-29），17.7（C-30），95.6（C-1′），73.5（C-2′），78.6（C-3′），71.3（C-4′），78.5（C-5′），62.5（C-6′）。以上数据与文献（Yuan，et al.，2019）基本一致，故鉴定化合物 1 为刺梨苷。

化合物 2，白色粉末。ESI-MS m/z：673.5[M+Na]+，分子式为 $C_{36}H_{58}O_{10}$。^{1}H NMR（600 MHz，CD_3OD）δ：5.35（1H，d，J=12.0 Hz，glc-1），5.32（1H，brs，H-12），2.50（1H，s，H-18），1.32（3H，s，CH_3-27），1.28（3H，s，CH_3-29），1.15（3H，s，CH_3-25），1.05（3H，s，CH_3-23），0.92（3H，d，J=7.5 Hz，CH_3-30），0.80（3H，s，CH_3-26），0.75（3H，s，CH_3-24）；^{13}C NMR（150 MHz，CD_3OD）δ：48.2（C-1），69.5（C-2），84.2（C-3），39.2（C-4），56.5（C-5），19.7（C-6），34.0（C-7），41.5（C-8），48.6（C-9），40.6（C-10），24.8（C-11），129.5（C-12），139.7（C-13），42.8（C-14），29.5（C-15），26.5（C-16），48.5（C-17），55.0（C-18），73.5（C-19），43.0（C-20），27.3（C-21），36.9（C-22），29.3（C-23），17.6（C-24），16.5（C-25），17.5（C-26），24.9（C-27），178.5（C-28），28.6（C-29），25.2（C-30），95.8（C-1′），73.6（C-2′），78.2（C-3′），71.3（C-4′），78.5（C-5′），62.3（C-6′）。以上数据与文献（李晓强等，2008）基本一致，故鉴定化合物 2 为野蔷薇苷。

化合物 3，白色粉末。ESI-MS m/z：511.2[M+Na]+，分子式为 $C_{30}H_{48}O_5$。^{1}H NMR（600 MHz，CD_3OD）δ：5.30（1H，brs，H-12），3.91（1H，brd，J=18.0 Hz，H-3），3.31（1H，overlop，H-2），2.50（1H，s，H-18），1.35（3H，s，CH_3-27），1.28（3H，s，CH_3-29），1.18（3H，s，CH_3-25），0.98（3H，s，CH_3-23），0.92（3H，d，J=10.5 Hz，CH_3-30），0.85（3H，s，CH_3-26），0.75（3H，s，CH_3-24）；^{13}C NMR（150 MHz，CD_3OD）δ：42.3（C-1），67.2（C-2），80.2（C-3），41.2（C-4），49.3（C-5），24.5（C-6），34.0（C-7），39.3（C-8），48.2（C-9），39.5（C-10），27.2（C-11），129.3（C-12），140.0（C-13），42.8（C-14），29.5（C-15），26.5（C-16），48.5（C-17），55.0（C-18），73.5（C-19），43.0（C-20），19.2（C-21），36.9（C-22），39.0（C-23），29.3（C-24），17.5（C-25），16.6（C-26），27.0（C-27），182.5（C-28），24.9（C-29），16.9（C-30）。以上数据与文献（刘学贵等，2013）基本一致，故鉴定化合物 3 为蔷薇酸。

化合物4，黄色半固体。ESI-MS m/z: 840.6[M-H]⁻，分子式为$C_{31}H_{53}O_{26}$。^{1}H NMR（600 MHz，CD_3OD）δ: 4.45（d，H-1a），3.96（dd，H-2a），3.48（m，H-3a），3.83（m，H-4a），3.95（m，H-5a），3.15（d，H-6a），5.08（d，H-1b），4.03（dd，H-2b），3.45（m，H-3b），3.85（m，H-4b），3.22（d，H-5b），4.63（d，H-1c），3.94（m，H-2c），3.46（m，H-3c），3.75（m，H-4c），3.25（d，H-5c），4.85（brs，H-1d），4.05（dd，H-2d），3.43（m，H-3d），3.73（m，H-4d），3.35（d，H-5d），4.83（brs，H-1e），4.05（dd，H-2e），3.46（m，H-3e），3.73（m，H-4e），3.30（brs，H-5e），4.50（d，H-1f），3.92（dd，H-2f），3.56（m，H-3f），3.60（m，H-4f），3.35（d，H-5f）；^{13}C NMR（150 MHz，CD_3OD）δ: 99.5（C-1a），84.2（C-2a），69.8（C-3a），69.5（C-4a），76.5（C-5a），60.5（C-6a），94.2（C-1b），83.1（C-2b），76.3（C-3b），66.0（C-4b），62.5（C-5b），91.3（C-1c），83.1（C-2c），74.6（C-3c），64.9（C-4c），62.6（C-5c），98.5（C-1d），78.4（C-2d），73.8（C-3d），65.0（C-4d），62.6（C-5d），103.5（C-1e），78.1（C-2e），73.1（C-3e），72.0（C-4e），64.5（C-5e），105.5（C-1f），77.3（C-2f），71.2（C-3f），63.8（C-4f），63.5（C-5f）。以上数据与文献（Ill, et al., 2014）基本一致，故鉴定化合物4为*β-D*-glucopyranosyl-(2a → 1b)-2a-O-*β-L*-arabinopyranosyl-(2b → 1c)-2b-O-*β-L*-arabinopyranosyl-(2c → 1d)-2c-O-*β-L*-arabinopyranosyl-(2d → 1e)-2d-O-*β-L*-arabinopyranosyl-(2e → 1f)-2e-O-*β-L*-arabinopyranoside。

化合物5，黄色粉末。ESI-MS m/z: 289.2[M-H]⁻，分子式为$C_{15}H_{14}O_6$。^{1}H NMR（600 MHz，CD_3OD）δ: 8.03（4H，s，OH×4），4.55（1H，d，*J*=10.5 Hz，H-2），5.95（1H，d，*J*=2.25 Hz，H-6），6.01（1H，d，*J*=2.25 Hz，H-8），6.91（1H，brs，H-2′），6.75（1H，brd，*J*=12 Hz，H-5′），6.81（1H，d，*J*=12 Hz，H-6′），4.05（1H，brs，OH×3）；^{13}C NMR（150 MHz，CD_3OD）δ: 82.5（C-2），68.2（C-3），28.5（C-4），157.3（C-5），95.6（C-6），157.2（C-7），95.2（C-8），157.0（C-9），99.8（C-10），132.0（C-1′），115.5（C-2′），145.4（C-3′），145.3（C-4′），115.3（C-5′），119.3（C-6′）。以上数据与文献（杨秀伟等，2020）基本一致，故鉴定化合物5为儿茶素。

化合物6，黄色针晶。ESI-MS m/z: 919.5[2M+Na]⁺，分子式为$C_{20}H_{16}O_{12}$。^{1}H NMR（600 MHz，DMSO-d_6）δ: 7.55（1H，s，H-5），7.72（1H，s，H-5′），3.95（3H，s，OCH_3），5.00（1H，d，*J*=14 Hz，H-1″）；^{13}C NMR（150 MHz，DMSO-d_6）δ: 113.2（C-1），141.5（C-2），140.1（C-3），152.4（C-4），111.3（C-5），111.3（C-6），158.7（C-7），114.1（C-1′），141.7（C-2′），135.5（C-3′），146.5（C-4′），107.3（C-5′），111.4（C-6′），158.5（C-7′），60.9（C3-OCH_3），102.5（C-1″），72.5（C-2″），75.3（C-3″），69.2（C-4″），65.1（C-5″）。以上数据与文献（孔令义等，2009）基本一致，故鉴定化合物6为3-O-methylellagicacid-4′-O-*β-D*-xylopyranoside。

化合物7，黄色针晶。ESI-MS m/z: 461.2[M-H]⁻，分子式为$C_{21}H_{18}O_{12}$。^{1}H NMR（600 MHz，DMSO-d_6）δ: 7.48（1H，s，H-5），7.60（1H，s，H-5′），3.95（3H，s，OCH_3），5.42

(1H, s, H-1″); ^{13}C NMR(150 MHz, DMSO-d_6)δ: 107.3(C-1), 140.1(C-2), 136.2(C-3), 146.5(C-4), 111.3(C-5), 111.5(C-6), 158.7(C-7), 114.1(C-1′), 141.7(C-2′), 141.6(C-3′), 152.6(C-4′), 111.6(C-5′), 113.0(C-6′), 158.5(C-7′), 60.9(C3-OCH_3), 100.3(C-1″), 70.2(C-2″), 70.5(C-3″), 71.5(C-4″), 69.8(C-5″), 17.8(C-6″)。以上数据与文献(Guan, et al., 2007)基本一致,故鉴定化合物 7 为 3-O-methylellagicacid-4′-O-*α*-*L*-rhamnopyranoside。

化合物 8, 白色粉末。ESI-MS m/z: 511.3[M^+Na]$^+$, 分子式为 $C_{30}H_{48}O_5$。^{1}H NMR (600 MHz, CD_3OD)δ: 5.20(1H, brs, H-12), 4.38(1H, m, H-2), 3.41(1H, overlop, H-3), 2.48(1H, s, H-18), 1.28(3H, s, CH_3-27), 1.06(3H, s, CH_3-29), 0.92(3H, s, CH_3-25), 0.88 (3H, s, CH_3-23), 0.68(3H, s, CH_3-26), 0.82(3H, d, *J*=10.5 Hz, CH_3-30), 0.65(3H, s, CH_3-24); ^{13}C NMR(150 MHz, CD_3OD)δ: 47.5(C-1), 67.2(C-2), 82.5(C-3), 38.9(C-4), 55.2 (C-5), 18.4(C-6), 32.4(C-7), 40.0(C-8), 46.8(C-9), 38.7(C-10), 23.5(C-11), 127.0(C-12), 138.9(C-13), 41.5(C-14), 28.3(C-15), 25.6(C-16), 47.3(C-17), 53.5(C-18), 71.8 (C-19), 41.6(C-20), 26.1(C-21), 37.5(C-22), 29.2(C-23), 16.5(C-24), 16.4(C-25), 18.4(C-26), 24.2(C-27), 179.2(C-28), 26.7(C-29), 17.4(C-30)。以上数据与文献(杨秀伟和赵静, 2003)基本一致,故鉴定化合物 8 为委陵菜酸。

化合物 9, 白色粉末。ESI-MS m/z: 479.4[M^+Na]$^+$, 分子式为 $C_{30}H_{48}O_3$。^{1}H NMR (600 MHz, $CDCl_3$)δ: 4.65(1H, brs, H-29a), 4.52(1H, s, H-29b), 3.10(1H, dd, *J*=11.2 Hz, H-3), 1.65(3H, s, H-30), 0.95(3H, s, H-23), 0.86(3H, s, H-26), 0.78(3H, s, H-25), 0.68 (3H, s, H-24); ^{13}C NMR(150 MHz, $CDCl_3$)δ: 38.5(C-1), 27.2(C-2), 79.3(C-3), 38.5(C-4), 55.2(C-5), 17.9(C-6), 34.5(C-7), 40.5(C-8), 50.3(C-9), 37.2(C-10), 22.5(C-11), 25.7(C-12), 37.3(C-13), 43.0(C-14), 27.2(C-15), 32.2(C-16), 57.8(C-17), 45.5(C-18), 49.6(C-19), 149.7(C-20), 29.0(C-21), 37.5(C-22), 27.5(C-23), 15.2(C-24), 16.0 (C-25), 16.2(C-26), 15.2(C-27), 181.2(C-28), 109.2(C-29), 19.5(C-30)。以上数据与文献(Simin, et al., 2007)基本一致,故鉴定化合物 9 为桦木酸。

化合物 10, 白色粉末。ESI-MS m/z: 495.3[M^+Na]$^+$, 分子式为 $C_{30}H_{48}O_4$。^{1}H NMR (600 MHz, CD_3OD)δ: 5.33(1H, brs, H-12), 3.15(1H, overlop, H-3), 3.10(1H, s, H-18), 1.28(3H, s, CH_3-27), 1.06(3H, s, CH_3-29), 0.92(3H, s, CH_3-25), 1.02(3H, s, CH_3-23), 0.98(3H, s, CH_3-30), 0.78(3H, s, CH_3-26), 0.82(3H, s, CH_3-24); ^{13}C NMR(150 MHz, CD_3OD)δ: 38.5(C-1), 26.8(C-2), 78.6(C-3), 38.5(C-4), 55.5(C-5), 18.4(C-6), 32.8(C-7), 39.5(C-8), 47.6(C-9), 37.2(C-10), 23.9(C-11), 123.5(C-12), 143.5(C-13), 41.5(C-14), 28.3(C-15), 27.5(C-16), 45.5(C-17), 44.2(C-18), 81.3(C-19), 34.9(C-20), 28.5 (C-21), 32.8(C-22), 27.6(C-23), 15.1(C-24), 14.5(C-25), 16.6(C-26), 24.2(C-27), 181.2(C-28), 27.5(C-29), 24(C-30)。以上数据与文献(Xiao, et al., 2011)基本一致,故

鉴定化合物 10 为 spinosicacid。

化合物 11，白色粉末。ESI-MS m/z：511.1[M+Na]$^+$，分子式为 $C_{30}H_{48}O_5$。^{1}H NMR（600 MHz，CD_3OD）δ：5.30（1H，brs，H-12），3.95（1H，brd，J=16.5 Hz，H-3），3.63（1H，m，H-2），2.48（1H，s，H-18），1.28（3H，s，CH_3-27），1.15（3H，s，CH_3-29），1.01（3H，s，CH_3-25），0.96（3H，s，CH_3-23），0.92（3H，d，J=10.5 Hz，CH_3-30），0.78（3H，s，CH_3-26），0.76（3H，s，CH_3-24）；^{13}C NMR（150 MHz，CD_3OD）δ：47.5（C-1），69.5（C-2），84.2（C-3），40.5（C-4），56.5（C-5），19.3（C-6），33.8（C-7），40.5（C-8），48.1（C-9），39.0（C-10），23.9（C-11），124.5（C-12），140.1（C-13），42.5（C-14），29.2（C-15），29.4（C-16），46.1（C-17），45.3（C-18），82.4（C-19），34.0（C-20），29.2（C-21），36.0（C-22），28.7（C-23），17.6（C-24），16.8（C-25），17.4（C-26），24.9（C-27），182.4（C-28），28.5（C-29），24.6（C-30）。以上数据与文献（张永红等，2005）基本一致，故鉴定化合物 11 为 arjunicacid。

化合物 12，白色针晶。ESI-MS m/z：437.5[M+Na]$^+$，分子式为 $C_{29}H_{50}O$。^{1}H NMR（600 MHz，$CDCl_3$）δ：5.15（1H，s，H-6），6.81（1H，d，J=12.0 Hz，H-3），0.85（7H，d，J=6.9 Hz，H-2，H-26，H-9），0.75（1H，d，J=6.4 Hz，H-27）；^{13}C NMR（150 MHz，$CDCl_3$）δ：37.4（C-1），29.8（C-2），71.5（C-3），42.2（C-4），141.1（C-5），121.7（C-6），31.3（C-7），32.5（C-8），50.3（C-9），36.5（C-10），21.3（C-11），39.5（C-12），42.5（C-13），56.6（C-14），24.4（C-15），28.5（C-16），56.2（C-17），12.1（C-18），19.5（C-19），36.3（C-20），18.5（C-21），34.1（C-22），26.2（C-23），46.0（C-24），29.2（C-25），19.6（C-26），19.1（C-27），23.2（C-28），11.8（C-29）。以上数据与文献（黄绿等，2020）基本一致，故鉴定化合物 12 为β- 谷甾醇。

化合物 13，白色粉末。ESI-MS m/z：599.7[M+Na]$^+$，分子式为 $C_{35}H_{60}O_6$。^{1}H NMR（600 MHz，DMSO-d_6）δ：5.35（1H，brs，H-6），4.56（1H，d，J=15 Hz，H-1′）；^{13}C NMR（150 MHz，DMSO-d_6）δ：37.6（C-1），30.3（C-2），78.3（C-3），39.2（C-4），141.1（C-5），122.2（C-6），32.3（C-7），32.1（C-8），50.3（C-9），36.5（C-10），21.3（C-11），39.5（C-12），42.6（C-13），56.5（C-14），24.6（C-17），12.3（C-18），19.2（C-19），36.5（C-20），19.0（C-21），34.3（C-22），26.3（C-23），46.3（C-24），29.5（C-25），19.6（C-26），19.6（C-27），23.5（C-28），12.3（C-29），102.5（C-1′），75.3（C-2′），78.6（C-3′），71.8（C-4′），78.2（C-5′），62.5（C-6′）。以上数据与文献（詹庆丰和夏增华，2005）基本一致，故鉴定化合物 13 为β- 胡萝卜苷。

化合物 14，油状液体。ESI-MS m/z：429.3[M-H]$^-$，分子式为 $C_{29}H_{50}O_2$。^{1}H NMR（600 MHz，$CDCl_3$）δ：2.58（2H，t，J=10.2 Hz，H-4），2.12（3H，s，H-7a），2.06（6H，s，H-5a，H-8a），1.73（2H，m，H-3），1.25（3H，s，H-2a），0.86（3H，d，J=10.2 Hz，H-12′a），0.86（3H，d，J=10.2 Hz，H-13′），0.83（3H，d，J=9.6 Hz，H-4′a），0.82（3H，d，J=9.6 Hz，H-8′a）；^{13}C NMR（150 MHz，$CDCl_3$）δ：145.6（C-9），144.5（C-6），122.5（C-8），121.2（C-7），118.5（C-5），117.3（C-10），74.5（C-2），39.6（C-1′），39.4（C-11′），37.5（C-3′），37.4（C-5′），

37.4（C-7′），37.3（C-9′），32.6（C-4′），32.6（C-8′），31.5（C-3），27.9（C-12′），24.5（C-10′），24.4（C-6′），23.8（C-2a），22.5（C-12′ a），22.6（C-13′），21.2（C-2′），20.5（C-4），19.7（C-4′ a），19.6（C-8′ a），12.3（C-7a），11.5（C-8a），11.2（C-5a）。以上数据与文献（Kyeong, et al., 2013）基本一致，故鉴定化合物 14 为 α-tocopherol。

化合物 15，油状液体。ESI-MS m/z: 389.4$[M^{+}Na]^{+}$，分子式为 $C_{26}H_{54}$。^{1}H NMR（600 MHz，$CDCl_3$）δ: 1.25（54H，m，H-2~25），0.88（6H，t，J=8.4 Hz，H-1、26）；^{13}C NMR（150 MHz，$CDCl_3$）δ: 14.1（C-1、6），22.7（C-2、25），29.5（C-5、22），29.5（C-6~21），31.9（C-3、4）。以上数据与文献（叶凤梅等，2015）基本一致，故鉴定化合物 15 为正二十六烷。

本研究从刺梨的根茎部位分离鉴定出 15 种化合物，包括三萜类（7 种）、鞣花酸类（2 种）、甾醇类（2 种）、黄酮类（1 种）、寡糖类（1 种）、多酚类（1 种）和脂肪烃类（1 种）。其中化合物 4、6、7 为首次从刺梨中分离得到。在刺梨根茎的化学成分中，刺梨苷和野蔷薇苷（化合物 1 和 2）的含量最高，2 种三萜化合物在新鲜药材中达 0.075%。化合物 1 ~ 14 的结构式如图 2.4.1 所示。

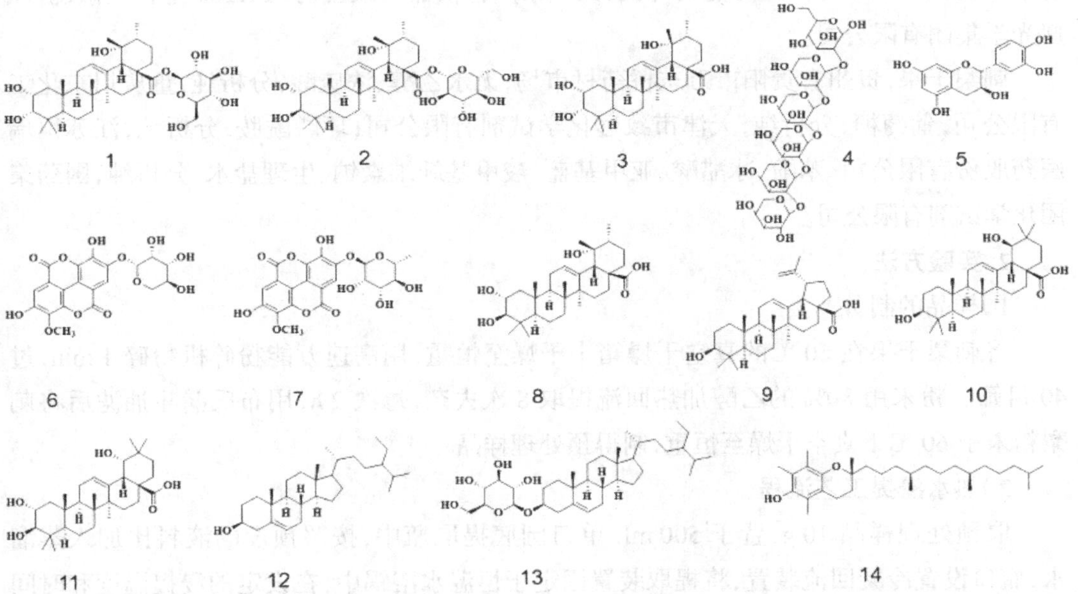

图 2.4.1　化合物 1~14 的结构式

民族药刺梨在贵州省资源最丰富且民间有着广泛的应用。从化合物 1、2、3 的抗炎活性可以看出，刺梨三萜苷元的抗炎活性优于三萜皂苷，进一步证实了刺梨五环三萜 28 位游离羧酸活性较好，该发现与文献报道一致。化合物 1~7 对小鼠巨噬细胞 NO 释放均有比较明显的抑制作用，且呈剂量依赖关系，其中化合物 3、4、5 有较好的体外抗炎活性，略优于地塞米松，化合物 1、2、6、7 表现出一定的抗炎活性。刺梨与蔷薇科属植物金樱子有相似的抗炎作用，而其机理有待进一步深入研究。刺梨三萜作为刺梨根茎的主要活性成分，在增强免疫力、延缓衰老、抗动脉粥样硬化、健胃消食等方面均具有较好的活性。刺梨根茎中的鞣花酸类化合物 6 和 7 的 IC50 分别为 40.83、34.98 μmol/L，抗炎效果相对于刺梨三萜较差，其抗炎机制可能是下调炎症相关因子的基因表达，抑制促炎细胞因子和炎性介质的分泌，从而发挥抗炎作用。鞣花酸类化合物是一种天然的多酚类物质，能滋养肌肤，因此该物质在化妆品的研发中值得关注。本研究显示出三萜类、鞣花酸类、黄酮类和寡糖类化合物是刺梨根茎发挥抗炎作用的主要有效成分，同时验证了刺梨根茎在贵州少数民族区域的民间抗炎功效。

（二）刺梨中水溶性多糖的提取

1. 仪器、试剂与材料

MD spectra MAX-190 型连续波长酶标仪，美国 MD 公司；AL204 型梅特勒电子分析天平，梅特勒·托利多仪器（上海）有限公司；DZF-6021 型真空干燥箱，上海精宏实验设备有限公司；FW100 型高速万能粉碎机，天津泰斯特仪器有限公司；PH100 生物显微镜，凤凰光学集团有限公司。

刺梨干果，贵州省贵阳市万东桥药材市场；无水乙醇、浓硫酸，分析纯，重庆川东化工有限公司；葡萄糖，分析纯，天津市致远化学试剂有限公司；环磷酰胺，分析纯，江苏恒瑞医药股份有限公司；苯酚、冰醋酸、亚甲基蓝、羧甲基纤维素钠、生理盐水，分析纯，国药集团化学试剂有限公司。

2. 实验方法

1）样品的制备

将刺梨干果在 60 ℃的真空干燥箱中干燥至恒重，用高速万能粉碎机粉碎 1 min，过 40 目筛。粉末用 80% 的乙醇加热回流提取 8 次去杂，每次 2 h，用布氏漏斗抽滤后将刺梨粉末于 60 ℃下真空干燥至恒重，制得预处理样品。

2）热水浸提工艺流程

取预处理样品 10 g，置于 500 mL 单口圆底提取瓶中，按照预设的液料比加入蒸馏水，瓶口设置冷凝回流装置，将提取装置固定于恒温水浴锅中，在设定的浸提温度和时间下进行提取。提取完成后抽滤，滤液减压浓缩至一定体积，并根据体积计算加入适量无水乙醇，使样品中乙醇浓度达到 80%，搅拌均匀后，置于 4 ℃的冰箱中静置 12 h。将样品取出，抽滤并用无水乙醇洗涤析出的絮凝物 2 ~ 3 次，将絮凝物在 60 ℃下真空干燥至恒重后得刺梨粗多糖，将粗多糖粉碎后过 160 目筛，密封保存备用。

3）刺梨多糖含量的测定和多糖得率的计算

采用苯酚 - 硫酸法进行刺梨多糖含量的测定。以蒸馏水为空白对照，以葡萄糖为标准品，吸光度为横坐标，葡萄糖质量为纵坐标，在 490 nm 处用连续波长酶标仪测定吸光度，绘制标准曲线（$Y=0.006\,3X+0.041\,5$，$R^2=0.998\,4$）。根据多糖含量计算多糖得率。

$$刺梨多糖得率 =mw/M \times 100\%$$

式中　m——刺梨粗多糖的质量，g；

w——刺梨粗多糖中多糖的含量，%；

M——预处理样品的质量，g。

4）刺梨多糖热水浸提单因素实验

（1）液料比：取样品 10 g，固定浸提时间 2 h、浸提温度 80 ℃、浸提次数 3 次的热水浸提条件，改变液料比（5、10、15、20、25 mL/g），考察液料比对刺梨多糖得率的影响。

（2）浸提时间：取样品 10 g，固定液料比 20 mL/g、浸提温度 80 ℃、浸提次数 3 次的热水浸提条件，改变浸提时间（1、1.5、2、2.5、3 h），考察浸提时间对刺梨多糖得率的影响。

（3）浸提温度：取样品 10 g，固定液料比 20 mL/g、浸提时间 2.5 h、浸提次数 3 次的热水浸提条件，改变浸提温度（50、60、70、80、90 ℃），考察浸提温度对刺梨多糖得率的影响。

（4）浸提次数：取样品 10 g，固定液料比 20 mL/g、浸提时间 2.5 h、浸提温度 80 ℃的热水浸提条件，改变浸提次数（1、2、3、4、5 次），考察浸提次数对刺梨多糖得率的影响。

5）响应面优化刺梨多糖热水浸提实验

根据以上单因素实验及其分析结果，综合考虑，选出对热水浸提刺梨多糖得率影响较大的液料比、浸提时间、浸提温度 3 个因素作为自变量，固定浸提次数 3 次的实验条件，按照 Box-Benhnken 中心组合实验（BBD）原理，以刺梨多糖得率为响应值，利用软件 Design-Expert V8.0.6 进行响应面实验设计和结果分析。

3. 实验结果

（1）随着液料比逐渐增大，刺梨多糖得率以先上升后下降的方式变化。在料液比从 5 mL/g 增大到 20 mL/g 的过程中，刺梨多糖得率呈显著性升高趋势，并达到最高点；之后，随着液料比继续增大，刺梨多糖得率开始显著性下降。这一结果与陈培琳等在优化莲子心多糖提取工艺研究中的结果基本一致。原因可能是随着液料比增大，样品细胞内外的渗透压也随着增大，促进了多糖溶出；而随着液料比进一步增大，单位体积内能耗增加，其他杂质溶出，从而导致多糖得率下降。因此，综合考虑后选择液料比为 15、20、25 mL/g 3 个水平进行响应面实验。

（2）随着浸提时间的增加，刺梨多糖得率在 1 ~ 2 h 内呈缓慢上升趋势，浸提 1 h 与 1.5 h 时，刺梨多糖得率没有显著性升高。浸提 1.5 h 后，刺梨多糖得率开始明显升高，当浸提时间为 2.5 h 时，刺梨多糖得率达到最高点，之后继续延长浸提时间，多糖得率不再继续上升。其原因可能是，当样品在固定条件下浸提 2.5 h 左右时，样品中的刺梨多糖已基本全部溶出或在提取水溶剂中浓度达到动态平衡。这与刘萍等在芋头多糖提取工艺优化研究中得到的浸提时间对多糖得率影响的变化趋势基本一致。因此，综合考虑后选择浸提时间为 2、2.5、3 h 3 个水平进行响应面实验。

(3)浸提温度对刺梨多糖得率的影响比较明显。在浸提温度从 50 ℃升高到 70 ℃的过程中，刺梨多糖得率升高的趋势较缓慢，而随着温度继续升高，刺梨多糖得率开始快速升高，当温度达到 90 ℃的高温时，刺梨多糖得率依旧表现出上升趋势。分析原因，可能是由于样品在 70 ℃以下的低温下溶出效果较差，而随着温度的提升，提取溶剂的热效应作用明显，促进了多糖溶出。但持续的高温提取虽然会提高多糖得率，与此同时也可能导致多糖活性降低及其结构的变化。再者，持续的高温也会导致浸提能耗的增加，进而导致提取成本升高。因此，综合考虑后选择浸提温度为 70、80、90 ℃ 3 个水平进行响应面实验。

(4)在浸提次数从 1 次增加到 3 次的过程中，刺梨多糖得率显著性升高；而在浸提 3 次以后，继续增加浸提次数，刺梨多糖得率均不再升高。说明在浸提 3 次以后，样品中的多糖已基本溶出，继续增加浸提次数只会增加提取工序和后期的处理难度，导致能耗增加和成本上升。因此，经综合分析，确定在接下来的响应面实验中选择浸提次数为 3 次进行刺梨多糖提取优化实验。

根据回归模型预测，在固定液料比 20.22 mL/g、浸提时间 2.64 h、浸提温度 90 ℃、浸提次数 3 次的热水浸提工艺条件下，预测刺梨多糖理论得率为 3.44%。为验证预测结果的可信度，结合实际操作的方便性，选择在液料比 20 mL/g、浸提时间 2.6 h、浸提温度 90 ℃、浸提次数 3 次的条件下进行验证实验。结果表明，在调整的工艺参数条件下，刺梨多糖得率为(3.37 ± 0.03)%(n=3)，与模型预测的刺梨多糖得率契合度为 97.97%。结果虽然略低于预测值，但依旧能说明该回归模型能较好地用于预测热水浸提刺梨多糖的得率。与前期的超声提取刺梨多糖的结果进行对比，传统的热水浸提法虽然提取时间长，但刺梨多糖得率相较于超声提取提高了 54.58%，因而在实际应用中具有一定的优势。

(三)刺梨中植物内源激素的分析

1. 样品的处理

刺梨种子于 2019 年 8 月下旬采自贵州省贵阳市，将采集的种子洗净置于室温下阴干。将种子均匀播于垫有两层滤纸的培养皿中，在 30 ℃的恒温培养箱中培养，每隔 24 h 观察一次并加入适量蒸馏水以保持滤纸湿润，分别在培养 10、20、30 d 后取样，去除种皮，将胚和胚乳磨成液氮粉，对已萌发的种子切除胚根、胚芽，留取胚的部分进行激素测定，样品液氮粉在 −70 ℃的超低温冰箱中保存，直至测定激素含量。各个处理均设 3 个生物学重复。

2. 激素标准溶液的配制

准确称取脱落酸(abscisicacid，ABA)、吲哚 -3- 乙酸(indole-3-aceticacid，IAA)、吲哚 -3- 乙酸甲酯(methyl-indole-3-aceticacid，Me-IAA)、茉莉酸(jasmonicacid，JA)、茉莉酸 - 异亮氨酸(jasmonicacid-isoleucine，JA-Ile)、二氢茉莉酸(dihydrojasmonicacid，H2JA)

和水杨酸（salicylicacid，SA）标准品 10 mg（精确到 0.01 mg），用 100% 的甲醇定容到 100 mL，配制 100 μg/mL 的标准贮备液，并置于 −20 ℃的冰箱中避光密封保存，在质谱分析前用乙腈稀释成不同梯度浓度。激素标准品均购自 Sigma-Aldrich 公司。

3. 样品激素的提取

样品激素提取参照 Kojima 的研究，取出超低温保存的不同萌发天数的刺梨种子胚，用研磨仪（MM400，Retsch）研磨（30 Hz，1 min）至粉末状，准确称取 50 mg（精确至 0.001 g）加入适量内标物，以 $V_{甲醇}:V_{水}:V_{甲酸}=15:4:1$ 进行提取。提取液浓缩后用 100 μL 80% 的甲醇 - 水溶液复溶，过 0.22 μm 的 PTFE 滤膜，置于进样瓶中，用于 UPLC-MS/MS 分析。

4. 超高效液相色谱串联质谱检测

1）超高效液相色谱条件

Waters ACQUITY UPLC HSST3 C18 色谱柱（2.1 mm × 100 mm，1.8 μm）；流动相：水相为超纯水（含 0.05% 的甲酸），有机相为乙腈（含 0.05% 的甲酸）；洗脱梯度：0 min 水/乙腈（体积比）为 95∶5，1 min 为 95∶5，8 min 为 5∶95，9 min 为 5∶95，12 min 为 95∶5；进样量 2 μL，柱温 40 ℃，流速 0.35 mL/min。

2）质谱条件

采用电喷雾离子源（ESI），扫描方式为多反应检测（MRM），温度 500 ℃，质谱电压 4 500 V，帘气（CUR）35 psi，碰撞诱导电离（CAD）参数设置为 medium。在 Q-Trap6500+ 中，离子对根据优化的去簇电压（DP）和碰撞能（CE）进行扫描检测。

5. 激素含量变化分析

1）脱落酸含量变化

脱落酸（ABA）在维持种子休眠过程中起着重要的作用。在刺梨种子萌发过程中 ABA 的含量总体呈下降趋势。萌发 10、20、30 d 的刺梨种子 ABA 含量分别为 91.50、65.85、54.70 ng/g，相邻萌发阶段 ABA 含量差异均达到显著水平（$P<0.05$）。第 10 d 到第 20 d 含量下降 28.03%，到第 30 d 时含量共下降了 40.21%。

2）生长素类含量变化

吲哚 -3- 乙酸（indole-3-aceticacid，IAA）在植物体内普遍存在，IAA 可以促进种子萌发。刺梨种子在萌发 30 d 内 IAA 含量总体呈下降趋势，萌发 10、20、30 d 的刺梨种子 IAA 含量分别为 111.40、84.23、73.47 ng/g，相邻萌发阶段 IAA 含量均差异显著（$P<0.05$）。IAA 含量从第 10 d 到第 20 d 下降 24.39%，到第 30 d 时共下降了 34.05%。

吲哚 -3- 乙酸甲酯（methyl-indole-3-aceticacid，Me-IAA）是一种植物内源性生长素，和生长素类协同调控种子萌发。刺梨种子在萌发 30 d 内 Me-IAA 含量总体呈上升趋势，萌发 10、20、30 d 的刺梨种子 Me-IAA 含量分别为 3.95、5.10、9.43 ng/g，相邻萌发阶段 Me-IAA 含量差异均达到显著水平（$P<0.05$）。第 10 d 到第 20 d 含量上升 25.93%，到第

30 d 时 Me-IAA 含量总体上升了 138.55%。

刺梨种子内 IAA/Me-IAA 含量的比值随萌发时间的变化趋势与 IAA 含量的变化趋势一致，在萌发 30 d 内一直显著下降。

3）茉莉酸类含量变化

大量研究表明茉莉酸类激素也是促进种子休眠的重要激素，且可能与 ABA 存在互作作用。茉莉酸（jasmonicacid，JA）和茉莉酸 - 异亮氨酸（jasmonicacid-isoleucine，JA-Ile）含量均无显著性变化（$P>0.05$），二氢茉莉酸（dihydrojasmonicacid，H2JA）含量总体呈上升趋势。萌发 10、20、30 d 的刺梨种子 H2JA 含量分别为 2.03、2.46、4.80 ng/g。第 10 d 到第 20 d H2JA 含量上升 21.18%，到第 30 d 时上升了 136.29%，每个萌发阶段之间含量差异均达到显著水平（$P<0.05$）。

4）水杨酸含量变化

水杨酸（salicylicacid，SA）是一种萌发促进类激素，刺梨种子在萌发 30 d 内 SA 含量均无显著性变化（$P>0.05$）。萌发 10、20、30 d 的刺梨种子 SA 含量分别为 266.3、241.0、237.7 ng/g。

5）各激素比值变化

种子的萌发受到激素间平衡关系的影响，主要是促进类和抑制类激素之间的平衡，萌发 30 d 内刺梨种子的 IAA/ABA、SA/ABA 呈缓慢上升趋势，上升不显著（$P>0.05$），SA/JA 在第 10 d 到第 20 d 时由 19.795 4 下降至 18.978 9，第 30 d 时比值下降为 17.073 7。

6. 结果与讨论

种子的休眠与萌发并非由单一激素促进或抑制的，而是多种激素共同作用的结果。ABA 主要是促进种子休眠、抑制种子萌发的激素，赤霉素（GA3）是解除种子休眠而促进种子萌发的激素，这两种激素对彼此的生物合成和信号通路产生拮抗作用。ABA 是在种子成熟过程中积累的，在种子成熟后达到最高含量，Andrade 在研究番茄种子萌发的过程中发现种子解除休眠后，ABA 的代谢加剧，含量随着种子萌发时间的延长而降低。付长丽在研究成熟的玫瑰种子无菌催芽时发现其 ABA 含量出现波动下降现象，这与本研究刺梨种子 ABA 含量随萌发时间的延长而降低相符合。除了 GA 和 ABA 之外，种子的休眠和萌发还受到 7 类激素的调控，包括生长素（auxin）、乙烯（ET）、SA、油菜素内酯（BRs）、JA、细胞分裂素（CTKs）。其中生长素是参与细胞生长和分裂的植物激素，也是抑制种子萌发的激素。IAA 是主要的生长素之一，植物通过 IAA、Me-IAA、吲哚 -3- 丁酸（IBA）和 IAA 衍生物之间互相转化维持生长素梯度和稳态。Me-IAA 由 IAA 羧甲基转移酶 IAMT1 酯化而成，IAA 从酸性转化为非极性，可以促进其在细胞膜之间的运输。甲基酯酶 17（MES17）水解 Me-IAA 生成游离的 IAA，使其恢复生物活性。Liu 等发现在对野生型水稻单独施加外源 IAA 时不能降低其发芽率，而同时施用 ABA 和 IAA 显著地抑制了种子萌发，表明 ABA 可能通过生长素信号途径抑制种子发芽。

在本研究中，ABA 和 IAA 的含量都呈下降趋势，说明种子休眠在缓慢解除。而 Me-IAA 含量增多，IAA/Me-IAA 呈下降趋势，可能是种子在萌发过程中有一小部分 IAA 逐渐被酯化为 Me-IAA 来维持生长素梯度和稳态，从而 IAA 含量降低，Me-IAA 含量上升。JA 及其衍生物通过干扰过氧化酶体的三磷酸腺苷（ATP）结合盒转运体和 β 氧化过程来抑制种子萌发。Wang 等发现 ABA 通过促进 JA 的生物合成来协同抑制水稻种子萌发。韩锦峰发现施加低浓度的外源 JA 可以促进烟草种子萌发，也有研究发现植物在抗逆境中 ABA 与 JA 表现出拮抗作用。在本研究中，JA 和 JA-Ile 含量无显著性变化，但是 H2JA 含量在第 20 d 至第 30 d 时快速上升，猜测在促进种子萌发时 H2JA 和 ABA 呈拮抗作用，且较低浓度的 H2JA 促进种子萌发。SA 是调节植物渗透能力的激素，可以诱导植物抵抗生物和非生物胁迫。SA 是一种促进种子萌发的激素，通过 SA 引发技术可以显著促进豆类、玉米和水稻萌发。大量研究发现 SA 对盐胁迫下的草本种子具有一定的促进作用，这种促进作用因胁迫程度不同而存在差异。Nazari 等发现 SA 通过提高甜椒种子与萌发相关的抗氧化酶的活性和降低丙二醛（MDA）含量减小了种子老化对发芽相关性状的影响。彭浩发现 ABA 与 SA 在提高玉米种子和幼苗的抗盐能力方面有相互促进的效果。在本研究中，刺梨种子在适宜萌发且无生物或非生物胁迫的条件下，内源 SA 的含量并无显著性改变，对刺梨种子萌发的作用仍需进一步研究。在种子解除休眠和萌发的开始，起关键作用的是激素间的比例，且主要是萌发促进类和抑制类激素的比例。在本研究中，IAA/ABA、SA/ABA 呈缓慢上升的趋势，但是变化并不显著。而 SA 和 JA 这两种激素变化并不显著，但由于种子中 SA 含量较高，JA 含量较低，导致了 SA/JA 呈下降的趋势，且第 20 d 到第 30 d 时下降较多，推测随着萌发时间的延长，种胚中水分的累积在一定程度上抑制了种子的萌发。综上所述，刺梨种子的萌发是 ABA、IAA、Me-IAA、JA、JA-Ile、H2JA、SA 等多种激素共同作用的结果，仍需进一步研究各激素调控刺梨种子萌发的分子机制，以期为更好地解决刺梨生产中的问题提供科学依据。

（四）刺梨中维生素 C、总黄酮和总多酚的分析

1. 仪器、试剂与材料

SPD-16 型高效液相色谱仪、UV-2600 型紫外分光光度计，日本岛津公司；BSA224S-CW 型分析天平，德国赛多利斯公司；PS-60A 型超声波清洗仪，深圳洁康洗净电器有限公司。

L- 抗坏血酸（批号：C10668131）、没食子酸（批号：C11987274）对照品均购自上海麦克林公司，质量分数≥ 99%；芦丁对照品（批号：H24N9Z75966，质量分数≥ 97%），上海源叶生物科技有限公司；亚硝酸钠（批号：L1904014）、氢氧化钠（批号：G2031120）均购自阿拉丁；硝酸铝（批号：C10094520），上海麦克林；福林酚试剂（批号：J24GS142729），上海源叶生物科技有限公司；甲醇为色谱纯；水为屈臣氏蒸馏水；其余试剂均为分析纯。实验用

“贵农5号”刺梨、野生刺梨的果实样品采自贵州省毕节市金沙、黔西、大方、金海湖新区、纳雍、威宁等县（区），经阮培均研究员鉴定为蔷薇科植物缫丝花 Rosaroxburghii Tratt. 的果实。

2. 实验方法

1）样品的制备

将采集的新鲜果实称重，除去刺梨籽，将果肉切成小块，使用美的 RH311 压汁机充分榨汁，将滤饼再次压榨2次，直至无果汁流出，收集过滤掉果渣的果汁并称重，在 -20 ℃下保存，备用。

2）维生素C含量测定

供试品溶液和对照品溶液的制备：取刺梨果汁样品适量，稀释50倍得到供试品溶液，过0.45 μm 的微孔滤膜；精密称取维生素C对照品适量，加水制成1 mL含1.040 mg维生素C的对照品母液，再用水稀释成浓度为0.104~1.040 mg/mL 的系列对照品溶液。

色谱条件：色谱柱为 Cosmosil C18（250 mm × 4.6 mm，5 μm）柱；流动相为甲醇 -0.1%磷酸溶液（5∶95）；流速为1.0 mL/min；检测波长为242 nm；柱温为30 ℃；进样量为1 μL。

3）总黄酮含量测定

供试品溶液和对照品溶液的制备：取刺梨果汁样品适量，稀释40倍得到供试品溶液；精密称取芦丁对照品适量，加水制成1 mL含1.013 0 mg芦丁的对照品母液，再用水稀释成浓度为0.101 3~1.013 0 mg/mL 的系列对照品溶液。

精密吸取芦丁对照品溶液和刺梨果汁供试品溶液6 mL，置于25 mL量瓶中，加5%的亚硝酸钠溶液1 mL，摇匀，静置6 min，再加10%的硝酸铝溶液1 mL，摇匀，静置6 min，再加4%的氢氧化钠溶液10 mL，用水稀释至刻度，放置20 min，于499 nm下测定吸光度。

4）总多酚含量测定

供试品溶液和对照品溶液的制备：取刺梨果汁样品适量，稀释100倍得到供试品溶液；精密称取没食子酸对照品适量，加水制成1 mL含0.201 0 mg没食子酸的对照品母液，再用水稀释成浓度为0.020 1~0.201 0 mg/mL 的系列对照品溶液。

精密吸取没食子酸对照品溶液和刺梨果汁供试品溶液0.5 mL，分别置于10 mL量瓶中，加入稀释10倍的福林酚试剂2.5 mL，反应5 min，加10%的 Na_2CO_3 溶液2 mL，加水定容，混匀，在室温下避光反应60 min，于760 nm处测定吸光度。

3. 实验结果

不同产地刺梨的维生素C、总黄酮和总多酚含量结果分析如下。取58批刺梨果汁样品溶液适量，按上述方法测定样品中维生素C、总黄酮、总多酚的含量。“贵农5号”刺梨中维生素C平均含量为11.435 8 mg/g鲜果，其中最高的为金沙县长坝镇花滩村产的JS1

号，为 21.634 5 mg/g 鲜果，最低的为黔西县莲城街道办石板社区产的 QX3 号，为 1.106 2 mg/g 鲜果；总黄酮平均含量为 18.851 7 mg/g 鲜果，其中最高的为威宁县草海镇郑家营村产的 WN4 号，为 30.264 4 mg/g 鲜果，最低的为黔西县大关镇前进村产的 QX6 号，为 3.870 3 mg/g 鲜果；总多酚平均含量为 6.540 3 mg/g 鲜果，其中最高的为金沙县安洛乡桂花村产的 JS2 号，为 14.454 8 mg/g 鲜果，最低的为黔西县大关镇前进村产的 QX6 号，为 0.279 3 mg/g 鲜果。野生刺梨中维生素 C 平均含量为 17.135 4 mg/g 鲜果，其中最高的为纳雍县乐治镇堆叉坝村产的 Y-NY6 号，为 37.161 9 mg/g 鲜果，最低的为大方县鼎新乡黑泥村产的 Y-DF 号，为 2.768 7 mg/g 鲜果；总黄酮平均含量为 21.097 5 mg/g 鲜果，其中最高的为纳雍县圈岩乡落拖箐脚产的 Y-NY13 号，为 46.907 5 mg/g 鲜果，最低的为纳雍县水东镇锅嘎村产的 Y-NY8 号，为 7.107 0 mg/g 鲜果；总多酚平均含量为 6.331 1 mg/g 鲜果，其中最高的为金海湖新区小坝镇水井边村产的 Y-JHH4 号，为 12.729 7 mg/g 鲜果，最低的为七星关区清水铺镇大地村产的 YQXG3 号，为 1.125 8 mg/g 鲜果。由维生素 C 总黄酮、总多酚总含量可看出，金沙县安洛乡桂花村产的“贵农 5 号”样品 JS3 总含量最高，达 59.284 8 mg/g 鲜果，纳雍县乐治镇堆叉坝村产的野生刺梨样品 Y-NY6 总含量最高，达 71.366 3 mg/g 鲜果，且野生刺梨三者总含量的平均值明显高于栽培品种。此外，不同产地的“贵农 5 号”和野生刺梨鲜果维生素 C、总黄酮和总多酚含量的变异系数不同，表明不同产地的刺梨鲜果这三类成分的含量存在不同的差异性，且变异系数均在 40%~61%，表明不同产地的样品这三类成分的含量分别具有较大的差异性。

参考文献

[1] 陈珍，陆敏涛，徐方艳，等. 刺梨果酒对高脂诱导肥胖小鼠脂代谢的影响 [J]. 食品工业科技，2022，43（3）：358-366.

[2] 周世敏，欧国腾，牛涛，等. 黔南刺梨产业发展现状分析及对策 [J]. 热带农业科学，2021，41（8）：115-119.

[3] 郎彦城，谢志平. 金刺梨果柄分离试验及有限元分析 [J]. 农业与技术，2021，41（17）：7-10.

[4] 潘雄，邓廷飞，葛丽娟，等. 刺梨果渣资源化利用试验研究 [J]. 农业与技术，2021，41（17）：1-6.

[5] 伍倩，王藜，杨芷欣，等. 典型野生刺梨（Rosa roxburghii Tratt.）灌草丛植物多样性研究 [J]. 安顺学院学报，2021，23（4）：127-131，136.

[6] 郭子義，马政发，杨艺，等. 刺梨果渣对山羊生长性能和血浆脂代谢的影响研究 [J]. 饲料工业，2021，42（15）：53-56.

[7] 方玉梅，韩世明. 刺梨根、茎、叶中黄酮的抗氧化活性 [J]. 北方园艺，2021（14）：51-54.

[8] 王智菲，杨旭. 贵州刺梨特色农产品区块链电商物流金融的发展及其方向选择 [J]. 山西农经，2021（14）：93-94.

[9] 姚小龙，韩磊，刘旭东，等. QuEChERS-UPLC-MS/MS 法同时测定刺梨中 11 种农药残留 [J]. 食品科学，2022，43（16）：309-316.

[10] 蒋洪亮，李跃红，张馨允，等. 不同产地刺梨中总黄酮含量的测定分析 [J]. 低碳世界，2021，11（8）：224-226.

[11] 刘松，周富强，冉菲，等. 微波消解 -ICP-OES 法测定刺梨中 7 种营养元素 [J]. 中国口岸科学技术，2021，3（7）：62-65.

[12] 陈超，谭书明，王画，等. 刺梨及其活性成分对 2 型糖尿病小鼠糖脂代谢的影响 [J]. 食品科学，2022，43（13）：146-154.

[13] 刘雨婷，樊卫国. 刺梨花瓣的营养及保健成分与利用价值 [J]. 中国南方果树，2021，50（4）：153-158.

[14] 唐健波，吕都，潘牧，等. 刺梨水溶性多糖提取工艺优化及其抗肿瘤活性评价 [J]. 食品科技，2021，46（7）：185-193.

[15] 何志伟，于伯华，王涛，等. 喀斯特高原山区刺梨种植空间格局变化与地形土壤影响因素——以贵州省盘州市为例 [J]. 科学技术与工程，2021，21（19）：7956-7964.

[16] 粟艳云. 贵定刺梨产业生产现状、问题及发展对策 [J]. 现代园艺，2021，44（13）：58-59，65.

[17] WANG RUIMIN，HE RUIPING，LI ZHAOHUI，et al. HPLC-Q-Orbitrap-MS/MS phenolic profiles and biological activities of extracts from roxburgh rose（Rosa roxburghii Tratt.）leaves[J]. Arabian journal of chemistry，2021，14（8）.

[18] LI HUAN，FANG WANGYANG，WANG ZE，et al. Physicochemical，biological properties，and flavour profile of Rosa roxburghii Tratt，Pyracantha fortuneana，and Rosa laevigata Michx fruits：a comprehensive review[J]. Food chemistry，2021，366（10）.

[19] 王宏，李登，黄星源，等. 响应面法优化刺梨果酒发酵工艺研究 [J]. 中国酿造，2021，40（6）：124-128.

[20] ZHU JIANZHONG，ZHANG BIN，TAN CHIN PING，et al. Effect of Rosa Roxburghii juice on starch digestibility：a focus on the binding of polyphenols to amylose and porcine pancreatic α-amylase by molecular modeling[J]. Food hydrocolloids，2021，123（46）.

[21] 李健健，尹广鹍，叶双全，等. 基于 UPLC-MS/MS 分析刺梨种子萌发过程中几种内源激素含量变化 [J]. 湖北民族大学学报（自然科学版），2021，39（2）：128-133，138.

[22] 向卓亚，夏陈，邓俊琳，等. 热风干燥法对刺梨果活性成分影响的研究 [J]. 中国食物与营养，2021，27（5）：9-12.

[23] LIU XIAOZHU，LI YINFENG，ZHAO HUBING，et al. Oenological property analysis of selected Hanseniaspora uvarum isolated from Rosa roxburghii Tratt[J]. International journal of food engineering，2021，17（6）：445-454.

[24] WANG LEI，ZHANG PAN，LI CHAO，et al. Antioxidant and digestion properties of polysaccharides from Rosa roxburghii Tratt fruit and polysacchride-iron（Ⅲ）complex[J]. Journal of food processing and preservation，2021，45（7）.

[25] LI YONGFU，YU YUANSHAN，LUO QIQI，et al. Thermally induced isomerization of linoleic acid and α-linolenic acid in Rosa roxburghii Tratt seed oil[J]. Food science & nutrition，2021，9（6）：2843-2852.

[26] 付阳洋，杨敏，汤陆扬，等. 响应面优化无籽刺梨多糖提取工艺及抗氧化活性研究 [J]. 食品与发酵科技，2021，57（2）：66-72.

[27] 梁勇，李良群，王丽，等. 民族药刺梨根茎化学成分及其抗炎活性研究 [J]. 广西植物，2022，42（9）：1531-1541.

第五节　余甘子

一、余甘子概述

余甘子（*Phyllanthus emblica* Linn.）是大戟科叶下珠属植物，乔木，高达 23 m，胸径 50 cm；树皮浅褐色；枝条具纵细条纹，被黄褐色短柔毛。叶片纸质或革质，两列，线状长圆形，长 8 ~ 20 mm，宽 2 ~ 6 mm，顶端截平或钝圆，有锐尖头或微凹，基部浅心形而稍偏斜，上面绿色，下面浅绿色，干后带红色或淡褐色，边缘略背卷；侧脉每边 4 ~ 7 条；叶柄长 0.3 ~ 0.7 mm；托叶三角形，长 0.8 ~ 1.5 mm，褐红色，边缘有毛。

聚伞花序由多朵雄花和 1 朵雌花或全为雄花腋生组成，萼片 6。雄花：花梗长 1 ~ 2.5 mm；萼片膜质，黄色，长倒卵形或匙形，近相等，长 1.2 ~ 2.5 mm，宽 0.5 ~ 1 mm，顶端钝或圆，边缘全缘或有浅齿；雄蕊 3，花丝合生成长 0.3 ~ 0.7 mm 的柱，花药直立，长圆形，长 0.5 ~ 0.9 mm，顶端具短尖头，药室平行，纵裂；花粉近球形，直径 17.5 ~ 19 μm，具 4 ~ 6 孔沟，内孔多长椭圆形；花盘腺体 6，近三角形。雌花：花梗长约 0.5 mm；萼片长圆形或匙形，长 1.6 ~ 2.5 mm，宽 0.7 ~ 1.3 mm，顶端钝或圆，较厚，边缘膜质，多少具浅齿；花盘杯状，包藏子房达一半以上，边缘撕裂；子房卵圆形，长约 1.5 mm，3 室；花柱 3，长 2.5 ~ 4 mm，基部合生，顶端 2 裂，裂片顶端再 2 裂。

余甘子根系发达，可保持水土，作为庭园风景树；树根和叶可供药用，能清热解毒，治皮炎、湿疹、风湿痛等；叶晒干可作为枕芯用料；种子可制肥皂；树皮、叶、幼果可提制栲胶；木材棕红褐色，坚硬，可作为农具和家具用材，又为优良的薪炭柴。

二、余甘子的产地

余甘子系大戟科叶下珠属多年生灌木或小乔木，分布于菲律宾、马来西亚、南美、印度、斯里兰卡、印度尼西亚、中南半岛和中国；在中国分布于江西、福建、台湾、广东、海南、广西、四川、贵州和云南等省区。生长于海拔 200 ~ 2 300 m 的山地疏林、灌丛、荒地或山沟向阳处。喜温暖干热气候，能耐干旱和瘠薄的土壤。为阳性树种，不耐荫蔽。适生土壤为页岩、花岗岩分化的酸性至强酸性土，不适宜钙质土。对土壤肥力要求不高，在肥沃的山地可长成大材，在瘠薄干旱、地表土层冲刷的裸露山坡、石砾地、黏重土壤地也都能生长。

中国云南：在云南南亚热带三江两岸和小流域地区的干旱河谷地区，海拔 500 ~ 2 500 m，年平均温度 20 ℃以上，年降雨量 800 ~ 1 500 mm 的疏林或向阳山坡地，多为野生，人工栽培甚少。

中国广西：多垂直分布在海拔 500 m 以下的低丘，年平均气温 21 ℃以上，年降雨量 1 000 ~ 1 800 mm，能耐干热气候，在年降雨量为 1 000 mm 左右时，年蒸发量为 1 400 ~ 1 900 mm。

余甘子最早来自印度和缅甸，梵语音译为庵摩勒，意为“无垢果”。余甘子最早同佛经一并传入中国，具有古代中印传统文化交流的深刻历史背景。余甘子首载于晋代嵇含的《南方草木状》中，但首次作为药材记载则见于唐代《新修本草》木部中品卷第十三，云“庵摩勒，味苦、甘、寒，无毒。主风虚热气。一名余甘”。《本草图经》云“庵摩勒，余甘子也，生岭南交、广爱等州，今二广诸郡及西川蛮界山谷中皆有之”。可见自古以来余甘子主要产于福建、广东、云南、四川等地。《图经本草》中记载“木高一二丈，枝条甚软。叶青细密。朝开暮敛如夜合，而叶微小，春生冬雕。三月有花，着条而生，如粟粒，微黄。随即结作筵，每条三两子，至冬而熟，如李子状，青白色，连核作五六瓣，干即并核皆裂，俗作果子吠之”，对余甘子的植物形态学进行了详细描述。余甘子在不同的历史时期名称也不相同，易混淆。《中药志》记载“余甘子别名久如拉、菴摩勒（西藏）、昂荆旦、麻甘肥、牛甘子、喉甘子、鱼木果（广西）、橄榄子（四川）、油柑子（广东）”。部分文献中甚至还出现了同名异物现象，例如，余甘子在《滇南本草》中被称为“橄榄”，但《中国药典》2015 年版中记载的橄榄为橄榄科植物橄榄 Canarium album Raeusch. 的干燥成熟果实。它们虽外形类似，但临床疗效相差甚远，不可混用。明代刘文泰的《本草品汇精要》指出，余甘子道地为戎州（四川境内）。《本草纲目》中记载其加工炮制方法为“可蜜渍、盐藏。盐而蒸之尤美”。《晶珠本草》中对其质量进行了最初的认定，认为“果实采自树干者，味不浓，为次品”。从古代文献记载来看，余甘子的道地产区并不明确，对其品质的评价也较模糊。

三、余甘子的主要营养成分和活性成分

（一）余甘子的营养成分和活性成分

余甘子果中含有12种维生素、16种微量元素、18种氨基酸、有机酸、蛋白质、糖等。其中，维生素C含量很高且比较稳定，平均含量是柑橘的100倍、苹果的160倍、猕猴桃的5倍。余甘子能耐受较高的温度和较长时间的干燥，此外，它还含有丰富的单宁，未成熟果实中含量为30%～35%，树皮中为22%～31%，嫩叶中为23%～48%，口感略甜、酸、涩、凉。

余甘子的化学成分多达数百种，主要可分为多酚类、有机酸类、黄酮类、脂肪酸类、还原糖类、多糖类、萜类、甾醇类、挥发油类。其中多酚类化合物占比较大，可达45%（干果）。

1. 多酚类

余甘子含有多种酚类成分，主要包括鞣质、酚酸及其他酚类化合物、黄烷醇及其衍生物等。

1）鞣质类

余甘子中丰富的鞣质类成分赋予其广泛的生理活性，使其在医药、农药、化妆品原料和食品添加剂等方面有着广泛的用途。余甘子果实中的鞣质类成分主要有诃黎勒酸、柯里拉京、诃子次酸和诃子酸等。

2）酚酸及其他酚类化合物

余甘子中酚酸类成分主要有没食子酸、邻苯三酚、没食子酸酯等。

2. 黄烷醇鞣质前体和黄酮类

黄酮类化合物在自然界中分布十分广泛，黄酮类化合物绝大部分是含羟基的黄酮衍生物，黄酮母核上还可以有甲氧基或其他取代基。余甘子中含有多种黄酮类成分和黄烷醇类成分，主要有槲皮素、儿茶素、没食子儿茶素、芦丁、表儿茶素等。黄烷醇类化合物虽然不属于鞣质，但在发生缩合反应后可生成缩合鞣质，氧化后能产生鞣红沉淀，影响其产品澄明度。其中代表性的有没食子儿茶素、儿茶素、表儿茶素等系列化合物。

3. 萜类和甾醇类

余甘子中含有多种萜类和甾醇类化合物，具有较强的抗病毒活性，如phyllaemblicacid及其衍生物phyllaemblicacid methyester、phyllaemblicin A、phyllaemblicin B、phyllaemblicin C、phyllaemblicacid B、羽扇豆醇（lupeol）、*β*-谷甾醇（*β*-sitosterol）。

（二）余甘子的活性作用

1. 抗氧化和抗衰老作用

余甘子抗氧化能力极强，这与其丰富的水解鞣质、有机酸、维生素、多糖、超氧化物歧化酶（SOD）等密切相关。崔炳权等的研究显示，余甘子能显著提高血清和组织中 SOD、GSH-XP 的活性，能显著降低 MDA 和 LPF 含量，具有明显的抗氧化、抗衰老的生理作用。研究发现，emblicanins A、emblicanins B 的 DPPH 清除活性几乎是维生素 C 的 7.86、11.20 倍，而没食子酸、鞣花酸的活性分别是抗坏血酸的 6.25、3 倍。构效研究发现，水解单宁的抗氧化活性随没食子酰基取代数目的增加而升高，R5 取代也可能是增强抗氧化活性的重要因素。水解单宁高度的抗氧化活性与没食子酰基取代数目、取代位置和取代基种类有关。此外，余甘子能有效抑制阿尔茨海默病的发展。根据 Golechham 等的研究结果和其他研究小组的不同研究，余甘子能有效改善和逆转记忆缺陷。Thenmozhiaj 等进行的最新研究支持余甘子治疗阿尔茨海默病的潜力。在 200 mg/kg 剂量的 $AlCl_3$ 中毒 2 个月大雄性 Wistar 大鼠中，乙酰胆碱酯酶活性和淀粉样前体蛋白明显降低，且在一定程度上降低了海马区域和皮层区的 $A\beta42$ 和 β、γ 酶活性。

2. 抗糖尿病及其并发症、抗高血脂作用

研究表明，余甘子在糖尿病和相关代谢并发症的管理中具有良好的效果，能增强胰岛素作用、改善胰岛素抵抗、激活胰岛素信号通路、保护 β 细胞、清除自由基、减少炎症反应和晚期糖基化产物等。一项 21 d 的临床研究表明，余甘子不仅显著降低了糖尿病患者的空腹和餐后 2 h 血糖水平，而且降低了胆固醇和甘油三酯（TG）水平。降糖药物配合余甘子使用能显著增强其对血糖和血脂的控制作用。余甘子给药 12 周后能使患者的血脂、糖化血红蛋白指标显著改善，氧化应激和炎症的生物标志物减少。同时，余甘子的鞣质部分是醛糖还原酶（aldose reductase，AR）的有效抑制剂，其主要成分之一没食子酰葡萄糖类成分具有抑制 AGESs 形成的作用。此外，余甘子显示出明显降低高胆固醇受试者的氧化型低密度脂蛋白水平的作用，并由于潜在的抗氧化特性而阻止动脉粥样硬化的发展。其降血脂活性是抑制肝脏 3- 羟基 3- 甲基戊二酰辅酶 A（HMG-CoA）还原酶和提高卵磷脂 - 胆固醇酰基转移酶（LCAT）的结果。同时，余甘子能显著提高肝脏 PPAR-α 水平，使胆固醇水平下降，可能是由于黄酮类成分抑制了脂质的合成和降解。

3. 抗肿瘤作用

余甘子提取物具有明显的抗肿瘤作用，其鞣质类和酚酸类化合物有抑制肿瘤细胞活性的作用。黄清松等研究发现，余甘子在剂量为 0.06、0.04、0.02 mg/L 时，对致突变剂诱导的小鼠体细胞突变有拮抗作用，其抑制肿瘤细胞 DNA 合成复制和诱导癌细胞凋亡可能是其抗肿瘤的机制之一。没食子酸对肝癌细胞（BEL-7404）具有凋亡活性。研究表明，没食子酸可能阻断了 G2/M 期的细胞周期，Bax 的过度表达和 Bcl-2 的下调导致线粒体膜

电位降低，并触发 caspases 的激活，最终启动细胞凋亡。此外，诃黎勒酸能诱导视网膜母细胞瘤细胞凋亡。Sanchetig 等研究了余甘子对肿瘤的抑制作用，采用 DMBA/巴豆油诱导小鼠皮肤癌变，发现在余甘子组中，肿瘤发生率和乳头状瘤的数量显著降低了。Zhu X. 等发现余甘子提取物能够通过使细胞停滞在 G2/M 期并增加 Fas、FasL 和裂解的 caspase-83 等凋亡标记物触发细胞凋亡来抑制 HeLa 细胞的增殖。崔炳权等对实验结果综合分析，发现中剂量 [30 mg/(kg·d)] 的余甘子提取物对小鼠免疫功能的调节效果较好。它可能通过增强 B 淋巴细胞产生特异性抗体，使血清溶血素含量增加，促进小鼠的体液免疫功能；也可能刺激 T 淋巴细胞转化为致敏淋巴细胞，增强迟发性变态反应，提高巨噬细胞和 NK 细胞活性，促进小鼠的细胞免疫功能，从而提高巨噬细胞活性，促进 T 淋巴细胞增殖，使 NK 细胞活性提高。因此，免疫调节可能是余甘子抗肿瘤的作用机制之一。

4. 抗菌和抗炎作用

余甘子抗菌作用显著，在传统医学中可用于治疗咽喉感染、痢疾、肠胃炎等。其干燥果实的甲醇提取物对葡萄球菌、伤寒杆菌、副伤寒杆菌、大肠杆菌、痢疾杆菌等均有较强的抑制作用。其抗菌活性主要与有机酸、鞣质、皂苷、黄酮、萜类和酚类物质有关。此外，有研究显示余甘子提取物对耐药性疟原虫具有很好的抗疟活性。Gawadsa 等观察到余甘子对恶性疟原虫氯喹敏感株（D6）和氯喹抗性株（W2）有明显的抑制作用，IC50 分别为 4.92、3.1 μg/mL，这表明余甘子在抗耐药性疟疾上具有较好的应用前景。王瑞国等的研究表明余甘子可以降低血清 TNF-α、IL-1β 和血清 NO 水平，改善棉球肉芽肿周围血管的形态，抑制棉球肉芽肿形成。岑志芳等的研究显示，余甘子提取物能显著改善模型大鼠的关节肿胀程度、步态指数等关节炎的症状与指标，同时能显著降低模型大鼠的关节组织 PGE2 与血清 TNF-α 水平。这说明余甘子具有抗炎镇痛作用，其机制可能是抑制局部组织和血清炎症的介质 PGE2 和 TNF-α 的释放。

5. 保肝作用

余甘子具有较强的保肝作用，能修复由酒精、赭曲霉素、CCl_4、二乙基亚硝胺、重金属等诱导的肝损伤。李萍等发现，余甘子对猪血清所致大鼠肝纤维化模型具有较好的抗纤维化作用，其作用机制可能与其减少氧自由基、抑制细胞膜脂质过氧化反应、减少炎症因子释放等有关。酒精引起的肝损伤是由氧化应激引起的，是导致线粒体功能障碍的主要原因。研究余甘子对酒精中毒大鼠原代肝细胞培养和肝毒性的影响，发现余甘子能使血清 TG、SGOT、SGPT、TNF-α 和 IL-1β 水平正常化，并显示剂量依赖性修复肝细胞。类似地，各种研究也揭示了余甘子对肝脏的保护作用，主要由于单宁和黄酮类化合物具有膜稳定性和抗氧化潜力，能够对抗酒精诱导的肝线粒体功能障碍和酶及非酶抗氧化水平、肝结构的改变。同时，余甘子还可减少 Beclin-1 的表达并下调 Bax/Bcl-2 来保留肝脏的自噬和细胞的凋亡。由此看来，余甘子的保肝活性主要归因于其抗炎、抗氧化应激、抗凋亡和抗自噬等特性。

6. 抗疲劳、抗辐射和耐缺氧作用

《本草拾遗》述余甘子"主补益，强气力"，《本草纲目》亦述其"延年长生"。这与余甘子富含维生素、氨基酸、矿物质元素，其果仁富含脂肪酸有关。这些具有良好营养作用的成分与抗氧化、防衰老、提高机体免疫力的成分共同发挥补益、强身、延年益寿的作用。裴河欢等发现，余甘子还具有提高糖原的储蓄量、降低糖原的消耗量、控制脂肪能量的供应、消除致疲劳因子、抗疲劳等作用。

余甘子的成分如表 2.5.1 所示。

表 2.5.1 余甘子成分表

食品中文名	余甘子（油甘子）	食品英文名	fructus phyllanthi
食品分类	水果类及其制品	可食部	80.00%
来源	食物成分表 2009	产地	中国
营养素含量（100 g 可食部食品中的含量）			
能量/kJ	188	蛋白质/g	0.3
脂肪/g	0.1	不溶性膳食纤维/g	3.4
碳水化合物/g	12.4	维生素 C（抗坏血酸）/mg	62
维生素 B_2（核黄素）/mg	0.01	磷/mg	9
烟酸（烟酰胺）/mg	0.5	镁/mg	8
钾/mg	15	铁/mg	0.2
钙/mg	6	锰/mg	0.95
锌/mg	0.1	硒/μg	1.1

四、余甘子中活性成分的提取、纯化与分析

（一）余甘子中粗多酚的提取

1. 仪器、试剂与材料

粉碎机，铭大药材机械设备有限公司；抽滤装置，天津津腾实验设备有限公司；循环式真空泵，巩义市子华仪器有限责任公司；RE-55AA 旋转蒸发器，上海亚荣生化仪器厂；数显恒温水浴锅，常州澳华分析仪器有限公司；电子天平，上海浦春计量仪器有限公司；KDC-210HR 高速冷冻离心机，科大创新股份有限公司；烘箱。

新鲜余甘子，产于广东省惠州市；丙酮、甲醇、无水乙醇、乙酸乙酯均为分析纯，国药集团化学试剂有限公司；无水碳酸钠、$NaH_2PO_4 \cdot 2H_2O$、$Na_2HPO_4 \cdot 12H_2O$ 均为分析纯，广州化学试剂厂。

2. 实验方法

1)余甘子多酚提取工艺

新鲜余甘子→去梗→清水洗净→去核→烘干→粉碎→过60目筛→余甘子粉→浸提→抽滤→离心→上清液→蒸干→烘干→粗多酚。

将新鲜余甘子洗净、处理后,在55 ℃下烘干,粉碎过60目筛。称取5.0 g粉碎的样品置于回流瓶中,加有机溶剂浸提,浸提后进行抽滤,收集滤液,用离心机离心,收集上清液,每份样品浸提3次,合并上清液,转移至旋转蒸发器中蒸干溶剂,烘干蒸馏瓶,冷却称量,减去空蒸馏瓶的质量即为粗多酚的质量。按下式计算粗多酚得率:

$$X=m/m_1$$

式中　X——粗多酚得率;

m——粗多酚的质量,mg;

m_1——余甘子粉末的质量,g。

2)多酚提取工艺单因素实验

采用水浴加热、溶剂提取的方法,在不同溶剂、最佳溶剂的不同浓度、不同提取温度、不同提取时间、不同料液比条件下对余甘子干粉中的多酚进行提取。

(1)最优提取溶剂筛选实验。称取5份5.0 g余甘子粉(干基),分别以60%的甲醇、60%的丙酮、60%的乙醇、60%的乙酸乙酯、水作为提取溶剂,以料液比1∶20混合均匀,在45 ℃下浸提2 h,根据余甘子粗多酚得率确定最优提取溶剂。

(2)不同提取溶剂浓度对比实验。称取5份5.0 g余甘子粉(干基),分别以体积分数为40%、50%、60%、70%、80%的乙醇溶液作为提取溶剂,以料液比1∶20混合均匀,在45 ℃下浸提2 h,根据余甘子粗多酚得率确定最优提取溶剂浓度。

(3)不同提取温度对比实验。称取5份5.0 g余甘子粉(干基),以60%的乙醇溶液作为提取溶剂,以料液比1∶20混合均匀,分别在25 ℃、35 ℃、45 ℃、55 ℃、65 ℃下浸提2 h,根据余甘子粗多酚得率确定最优提取温度。

(4)不同提取时间对比实验。称取5份5.0 g余甘子粉(干基),以60%的乙醇溶液作为提取溶剂,以料液比1∶20混合均匀,在55 ℃下分别浸提1、2、3、4、5 h,根据余甘子粗多酚得率确定最优提取时间。

(5)不同料液比对比实验。称取5份5.0 g余甘子粉(干基),以60%的乙醇溶液作为提取溶剂,分别以料液比1∶10、1∶15、1∶20、1∶25、1∶30混合均匀,在55 ℃下浸提3 h,根据余甘子粗多酚得率确定最优料液比。

3. 实验结果

对余甘子多酚提取率具有影响的几个影响因子按影响大小排序为:提取时间>提取温度>提取溶剂浓度>料液比,提取时间是其中影响最突出的。以多酚提取率为目标,溶剂提取工艺的最佳组合为提取溶剂浓度60%、提取时间3 h、料液比1∶15、提取温度

65 ℃。在此最佳工艺条件下进行 3 次验证实验，得到粗多酚含量分别为：204.98 mg/g、205.78 mg/g、205.85 mg/g。

在不同溶剂的对比实验中，以甲醇、乙醇、丙酮、乙酸乙酯、水这 5 种常用的植物酚类化合物提取溶剂进行对比实验。由于酚类的分子结构比较复杂，分子质量大、羟基数量多，且多以与蛋白质、多糖形成化合物的形式存在，所以纯的有机溶剂或水都不能使蛋白质或其他物质与酚类物质之间的氢键和疏水键发生断裂，因此水和有机溶剂的复合体系最适合酚类的提取。在上述 5 种溶剂中，纯水的提取效果最差，使用乙醇和水的复合体系得到的余甘子多酚提取率最高。在进行提取溶剂浓度、提取温度、提取时间和料液比对余甘子多酚提取率的影响效果的实验时发现，温度升高促使分子热运动速度加快，从而使得酚类物质与蛋白质或其他物质连接的氢键和疏水键容易发生断裂，分子扩散、渗透、溶解速度加快，增加酚类物质的溶出，但若温度太高或者时间太久都会使得多酚被氧化破坏，从而降低余甘子多酚提取率。

（二）余甘子中安石榴苷 B、没食子酸甲酯等成分的分析

1. 仪器、试剂与材料

Waters1525 型高效液相色谱仪；Waters2996 型 DAD 检测器；Empower 软件；自动进样器；微孔滤膜，津腾；注射器，国药集团；离心管，北京汇海科仪科技有限公司；十万分之一电子分析天平（SartoriousBT25S 型），北京赛多利斯仪器有限公司；超声波清洗器（功率：100 W，型号：KQ-500DE），昆山超声仪器有限公司；称量纸，洛阳北方玻璃技术股份有限公司；棕色进样瓶（ThermoScientific），北京汇海科仪科技有限公司。

余甘子药材购自北京藏医院（产地为尼泊尔），经北京中医药大学生药系刘春生教授鉴定为大戟科植物余甘子的干燥果实。没食子酸（CAS No.：149-91-7）、安石榴苷（CAS No.：65995-63-3）、没食子酸甲酯（CAS No.：99-24-1）均购自成都曼斯特生物科技有限公司，贮藏条件：4 ℃，密封，避光保存。老鹳草素（CAS No.：2360976-49-0）、柯里拉京（CAS No.：23094-69-1）、诃子林鞣酸（CAS No.：18942-26-2）、诃黎勒酸（CAS No.：23049-71-5）、鞣花酸（CAS No.：476-66-4）均购自上海源叶生物科技有限公司，贮藏条件：4 ℃，密封，避光保存，纯度为 98%，符合含量测定的要求。

甲醇（Fisher，色谱纯）；蒸馏水（屈臣氏）；其他试剂均为分析纯。

2. 实验方法

1）色谱条件

Diamonsil C18 色谱柱（250 mm × 4.6 mm，5 μm）；柱温 30 ℃；流动相 A（甲醇）-（B）0.2% 的醋酸水溶液；流速 1 mL/min；检测波长 270 nm。

2）供试液的制备

准确称取余甘子药材粉末（过 50 目筛）约 200 mg，转移至 100 mL 锥形瓶中，加入

50% 的甲醇水溶液 50 mL，称重，100 MHz 超声 30 min，补足失量，滤过，取续滤液 2.00 mL，置于 10 mL 棕色量瓶中，加 50% 的甲醇水溶液稀释至刻度线，摇匀，备用，进样前经 0.45 μm 微孔滤膜滤过。

3）线性关系考察

称取没食子酸对照品 2.34 mg、安石榴苷对照品 8.23 mg（其中安石榴苷 A 含量为 35.221%，安石榴苷 B 含量为 63.619%）、没食子酸甲酯对照品 2.33 mg、老鹳草素对照品 8.00 mg、柯里拉京对照品 13.75 mg、诃子林鞣酸对照品 2.74 mg、诃黎勒酸对照品 2.10 mg、鞣花酸对照品 4.50 mg，精密称定，置于 25 mL 棕色量瓶中，加 50% 的甲醇溶解并稀释至刻度线，摇匀作为混合对照品储备液。精密吸取混合对照品储备液 25、50、100、200、400、600、800 μL 置于 1 mL 量瓶中，加 50% 的甲醇稀释至刻度，即得标准系列对照品溶液，进样前经 0.45 μm 滤膜滤过。按照上述色谱条件进样 20 μL，记录色谱峰面积，以浓度为横坐标 X（μg），以峰面积为纵坐标，得到回归方程。回归方程、相关系数和线性范围如表 2.5.2 所示。

表 2.5.2　回归方程、相关系数和线性范围

化合物	回归方程	线性范围/μg	相关系数
没食子酸	Y=2E+06X−30 393	0.094~1.87	0.999 9
安石榴苷 B	Y=2E+06X−77 857	0.10~2.51	0.999 9
没食子酸甲酯	Y=3E+06X−55 968	0.047~1.49	0.999 9
老鹳草素	Y=741 189X−29 791	0.12~3.84	0.999 9
柯里拉京	Y=844 347X−75 313	0.28~8.8	0.999 9
诃子林鞣酸	Y=4E+06X−87 496	0.055~1.75	0.999 9
诃黎勒酸	Y=886 311X−15 698	0.042~1.34	0.999 9
鞣花酸	Y=1E+06X−6 569.3	0.009~2.88	0.999 9

3. 实验结果

称取产地为尼泊尔、广西、新疆、福建、四川、印度、云南、贵州的余甘子药材粉末（过 50 目筛）200 mg，每个产地取 6 份，精密称定，转移至 100 mL 锥形瓶中，加入 50% 的甲醇水溶液 50 mL，称重，100 MHz 超声 30 min，补足失量，滤过，取续滤液 2.00 mL，置于 10 mL 棕色量瓶中，加 50% 的甲醇水溶液稀释至刻度线，摇匀，备用，制备 6 份余甘子药材供试品溶液，进样前经 0.45 μm 微孔滤膜滤过，进行测定。测定结果如表 2.5.3 所示。

表 2.5.3 不同产地的余甘子药材中 8 种成分的含量

产地	含量/%							
	没食子酸	安石榴苷 B	没食子酸甲酯	老鹳草素	柯里拉京	诃子林鞣酸	诃黎勒酸	鞣花酸
尼泊尔	2.50	0.22	0.18	0.56	0.68	0.26	0.90	2.01
广西	1.21	0.12	0.05	0.32	1.08	0.59	0.88	1.12
新疆	1.55	0.05	0.19	0.12	0.33	0.12	0.18	1.88
福建	1.89	0.09	0.12	0.44	1.02	0.23	0.45	1.32
四川	1.33	0.20	0.24	0.81	0.79	0.54	0.21	1.55
印度	1.66	0.51	0.33	0.50	0.65	0.23	0.67	0.98
云南	1.54	0.20	0.12	0.40	1.21	0.20	0.77	0.89
贵州	1.78	0.08	0.25	0.22	0.12	0.13	0.40	1.64

从 6 份样品中各成分的含量可以看出，酚酸类成分没食子酸、鞣花酸含量相对较高，鞣质类成分含量相对较低，其原因可能有两个。其一，没食子酸和鞣花酸本身在药材中含量相对较高。其二，没食子酸和鞣花酸是可水解鞣质类成分的基本结构单元，可水解鞣质类成分不稳定，在酸、碱、酶和受热的条件下容易水解，生成没食子酸、鞣花酸等小的结构单元。需要说明的是由于安石榴苷 A 在药材中信号太低，采用普通液相和紫外检测器不能对其定量，故只定了其余 8 种成分的量，但是后期采用 UPLC-MSn 法对药材的化学成分进行定性分析时，检测到了安石榴苷 A，说明其在余甘子药材中确实存在，只是含量较低。另外，分离富集的余甘子抗癌有效部位中安石榴苷 A 含量显著提高，可以定量。各份样品中每种成分含量的 RSD 值均较小，说明样品制备方法比较可靠，且采用平行操作，各成分差异较小。

（三）余甘子中 1，3，6-O- 三没食子酰基葡萄糖等成分的分析

1. 仪器、试剂与材料

Agilent1200 高效液相色谱仪，美国 Agilent 公司，色谱柱为 Agilent Zorbax C18 键合硅胶柱（150 mm × 4.6 mm，5 μm）；语路超声波清洗机，深圳市即洁超声科技有限公司；DFY-600 摇摆式高速万能粉碎机，永康市速锋工贸有限公司；T-1000 型电子天平，上海浦春计量仪器有限公司；AB265-SMETTLERTOLEDO 十万分之一分析天平，Mettler-tolido-inter National Trade（Shanghai）Co. Ltd。

对照品：焦性没食子酸（PA，批号 TS0905CA14，上海源叶生物科技有限公司）、没食子酸（GA，批号 wkq16081904，四川省维克奇生物科技有限公司）、1，3，6-O- 三没食子酰基葡萄糖（TGG，批号 CFN95043，武汉天植生物技术有限公司）、1，2，3，4，6-O- 五没食子酰基葡萄糖（β-PGG，批号 PRF10011001，成都普瑞法科技开发有限公司）；余甘子（批号 P20180612，安国市旭芳中药材经营有限公司）。

甲醇、乙腈为色谱纯，其余试剂为分析纯，水为超纯水。

2. 实验方法

1）色谱条件

色谱柱：Zorbax C18（4.6 mm × 250 mm，5 μm）；流动相：甲醇（A）-0.1% 磷酸（B），梯度洗脱（0~3 min，2%~5% A；3~10 min，5%~10% A；10~26 min，10%~15% A；26~45 min，15%~26% A；45~75 min，26%~35% A）；流速：1.0 mL/min；检测波长：280 nm；柱温：25 ℃；进样量：10 μL。理论塔板数按焦性没食子酸计算应不少于 3 000。

2）溶液的制备

（1）磷酸缓冲液。

A 液：10 mL 磷酸溶液加水定容至 100 mL；B 液：7.2 g 磷酸氢二钠加水定容至 100 mL。分别取上述不同体积的 A 液和 B 液混合配制成不同 pH 值（2、3、4、5、6、7、8）的磷酸缓冲液。

（2）混合对照品溶液。

分别精密称取各对照品适量，加甲醇定容。各对照品溶液的质量浓度分别为焦性没食子酸 0.229 mg/mL、没食子酸 0.148 mg/mL、1，3，6-O- 三没食子酰基葡萄糖 0.018 mg/mL、1，2，3，4，6-O- 五没食子酰基葡萄糖 0.031 mg/mL。

（3）供试品溶液。

精密称取干燥的余甘子粉末 2 g，精密加 30 mL 70% 的甲醇，超声 60 min，冷却后用甲醇补足减失的质量，过滤，滤液浓缩后用甲醇定容至 25 mL，备用。用移液枪分别移取 1 mL 置于 7 个样品瓶中，再分别加入 1 mL pH 值为 2、3、4、5、6、7、8 的磷酸缓冲液，摇匀静置，即得不同 pH 值下的供试品溶液。

3）线性关系考察

配制不同质量浓度的对照品溶液，依次连续进样，以质量浓度（mg/mL）为横坐标（X）、峰面积为纵坐标（Y）进行线性回归，绘制标准曲线。线性关系考察结果如表 2.5.4 所示。

表 2.5.4　线性关系考察结果

成分	回归方程	相关系数	线性范围/（mg/mL）
PA	Y=3 357.2X+84.156	0.999 6	0.022 9~0.229 0
GA	Y=19 235X+68.557	0.999 1	0.014 8~0.148 0
TGG	Y=71 454X-25.157	0.999 8	0.001 8~0.018 0
β-PGG	Y=15 222X+29.159	0.999 3	0.003 1~0.031 0

3. 实验结果

1)含量测定结果

含量测定结果如表 2.5.5 所示。

表 2.5.5 含量测定结果 单位:mg/g

批次	PA	GA	TGG	β-PGG
P20180612	0.651 3	1.359 0	0.086 4	0.089 2
P20180120	0.690 4	1.351 4	0.084 0	0.093 4
P20181119	0.671 8	1.348 2	0.085 2	0.092 4

2)不同 pH 值下的含量变化(图 2.5.1)

在缓冲液 pH 值为 2~5 的区间,随着 pH 值增大,PA 含量呈逐渐减少的趋势;在 pH 值为 5~6 的区间,随着 pH 值增大,PA 含量呈逐渐增加的趋势;在 pH 值为 6~8 的区间,随着 pH 值增大,PA 含量逐渐减少;当 pH 值为 2 时,在所测 pH 值范围中 PA 含量达到最高。在缓冲液 pH 值为 2~5 的区间,随着 pH 值增大,GA 含量逐渐增加;在 pH 值为 5~6 的区间,随着 pH 值增大,GA 含量急剧减少;在 pH 值为 6~8 的区间,随着 pH 值增大,GA 含量逐渐下降;当 pH 值为 5 时,在所测 pH 值范围中 GA 含量达到最高。在缓冲液 pH 值为 2~4 的区间,随着 pH 值增大,TGG 含量逐渐增加;在 pH 值为 4~8 的区间,随着 pH 值增大,TGG 含量逐渐减少;当 pH 值为 4 时,在所测 pH 值范围中 TGG 含量达到最高。在缓冲液 pH 值为 2~3 的区间,随着 pH 值增大,β-PGG 含量逐渐增加;在 pH 值为 3~5 的区间,随着 pH 值增大,β-PGG 含量逐渐减少;在 pH 值为 5~8 的区间,随着 pH 值增大,β-PGG 含量缓慢增加随后逐渐减少;当 pH 值为 3 时,在所测 pH 值范围中 β-PGG 含量达到最高。

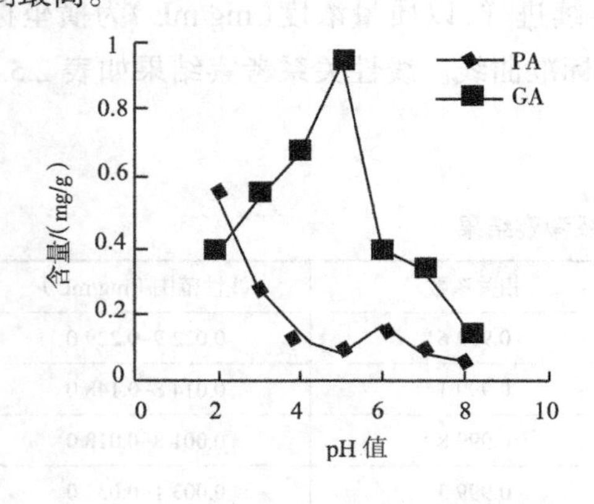

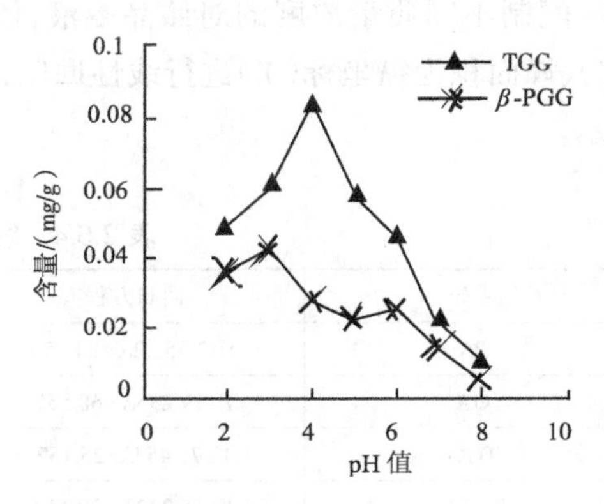

图 2.5.1 不同 pH 值下余甘子中 4 种成分的含量变化

（四）余甘子中没食子酸的分析

1. 仪器、试剂与材料

HP1200 型高效液相色谱仪，包括二极管阵列检测器，美国 Agilent 公司；KQ-400KDE 型高功率数控超声波清洗器，昆山市超声仪器有限公司。

没食子酸标准品（CAS 号 149-91-7，批号 110831-201906），中国食品药品检定研究院，含量以 91.5% 计；鞣花酸标准品（CAS 号 476-66-4，批号 111959-201903），中国食品药品检定研究院，含量以 88.8% 计；甲醇，色谱纯，德国 Merck 公司；其他试剂均为分析纯，水为纯化水。

余甘子提取物由适量余甘子药材加 8 倍量水煎煮 3 次，合并滤液，在 70 ℃下减压浓缩，经喷雾干燥而得。

2. 实验方法

1）供试品没食子酸含量测定

（1）对照品溶液配制。

精密称取没食子酸对照品约 3 mg 置于 10 mL 的棕色量瓶中，用 50% 的甲醇溶解并定容至刻度，即得对照品溶液。

（2）供试品溶液配制。

取供试品约 0.2 g，精密称定，置于具塞锥形瓶中，精密加入 50% 的甲醇 50 mL，称定质量，超声（250 W，40 kHz）提取 1 h，放冷，再称定质量，用 50% 的甲醇补足减失的质量，摇匀，过滤，取续滤液，即得供试品溶液。

（3）没食子酸含量测定。

精密吸取对照品溶液和供试品溶液各 10 μL，注入液相色谱仪测定。根据所得对照品溶液和供试品溶液色谱图中没食子酸的峰面积计算供试品中没食子酸的含量。

2）色谱条件

色谱柱：十八烷基键合硅胶柱（250 mm × 4.6 mm，5 μm）；流动相：以甲醇为流动相 A，以 0.2% 的磷酸溶液为流动相 B。采用梯度洗脱：0 ~ 12 min 流动相 A 由 5% 上升到 17%，流动相 B 由 95% 下降到 83%；12 ~ 17 min 保持 50% 甲醇和 50% 磷酸溶液；17~22 min 保持 5% 甲醇和 95% 磷酸溶液。波长 273 nm；柱温 30 ℃；流速 1.0 mL/min；进样量 10 μL；理论塔板数按没食子酸计不少于 5 000。

3）线性关系考察

以没食子酸对照品的浓度（mg/mL）为横坐标、峰面积为纵坐标，求得回归方程 $Y=556.45X-0.121$，$R^2=0.999\ 9$。结果表明没食子酸在 0.068 4 ~ 0.684 3 mg/mL 的范围内呈良好的线性关系，如图 2.5.2 所示。

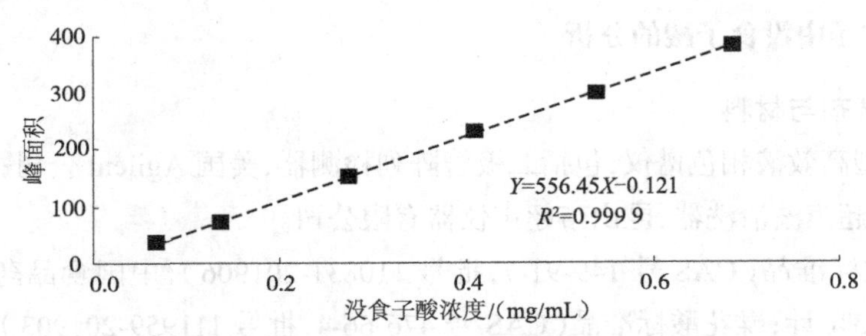

图 2.5.2 没食子酸对照品标准曲线

3. 实验结果

13 批余甘子提取物中没食子酸含量在 2.52% ~ 9.75%,平均值约为 4.6%,宁波产地的余甘子提取物中没食子酸含量偏高,为 8.96% ~ 9.75%;西安 B 产地的余甘子提取物中没食子酸含量最低,约为 2.5%。

参考文献

[1] 王建超,何银莺,刘鑫铭,等. 我国 16 份余甘子种质资源果实的综合品质评价 [J]. 西北农林科技大学学报(自然科学版),2022 ,50(3): 2-12.

[2] 黄浩洲,陈敬财,张定堃,等. 余甘子研究进展及质量标志物预测分析 [J]. 中国中药杂志,2021,46(21):5533-5544.

[3] 刘贤钊,陈炎欢,范汉龙,等. 不同产地的余甘子提取物中没食子酸含量测定 [J]. 现代食品,2021(14): 191-193.

[4] 杨晓琼,何璐,袁建民,等. 余甘子中有效成分与矿质元素含量的相关性研究 [J]. 江西农业学报,2021, 33(7): 38-47.

[5] 滕晓焕,李志军,冯爱娟. 余甘子粗多酚的提取工艺优化研究 [J]. 广州化工, 2021, 49(10): 59-62.

[6] 雷旐,瞿文林,宋子波,等. "热农 1 号"余甘子品种特性和栽培技术要点 [J]. 中国南方果树,2021, 50(1): 121-123, 129.

[7] 黄浩洲,冉飞,谭庆刍,等. 药食同源品种余甘子综合开发利用策略与思路 [J]. 中国中药杂志,2021, 46(5): 1034-1042.

[8] 张倚鸣,陈瑞,王建塔,等. 基于网络药理学的余甘子抗肝炎活性成分及作用机制研究 [J]. 广东化工,2020, 47(21): 56-57.

[9] 吴玲芳,梁文仪,张兰珍. 藏药余甘子主要成分含量测定研究 [J]. 世界科学技术 - 中医药现代化,2020, 22(8): 2857-2863.

[10] 杨崇仁,张颖君. 古代印度三果浆的传入及其影响 [J]. 广西植物, 2021, 41(3): 334-339.

[11] 于丽娟,吴丽华,王金香,等. 余甘子提取物抗氧化能力分析和对酪氨酸酶活性的影

响 [J]. 西南农业学报，2020，33（7）：1435-1440.

[12] 赵春草，符晓晖，杨清云，等. 余甘子总酚提取纯化工艺的研究 [J]. 中成药，2020，42（6）：1410-1415.

[13] 李敏，李欣，杨成梓，等. 基于 MaxEnt 和 ArcGIS 的余甘子生态适宜性区划研究 [J]. 中国中医药信息杂志，2021，28（12）：7-10.

[14] 仇敏，黄浩洲，林俊芝，等. 基于专利视角的余甘子全产业链开发现状分析与评述 [J]. 中草药，2020，51（12）：3355-3364.

[15] 裴河欢，张美凤，李琦. 余甘子药理作用的研究与开发进展 [J]. 当代医药论丛，2020，18（12）：11-13.

[16] 杨晓琼，孔维喜，袁建民，等. 干热河谷特色植物余甘子中没食子酸含量的测定 [J]. 江西农业学报，2020，32（5）：77-82.

[17] 王建超，陈志峰，郭林榕. 我国余甘子种质资源生态分布区域综述 [J]. 东南园艺，2020，8（2）：57-60.

[18] 兰杨，姜红，张仕瑾，等. 余甘子化学成分、药理活性及质量控制提升的研究进展 [J]. 中国药业，2020，29（7）：156-159.

[19] 陈婷. 藏药防治心血管疾病的研究进展 [J]. 中国民族医药杂志，2020，26（1）：42-44.

[20] 黄宽，向润清，林艾和，等. HPLC 法测定不同 pH 条件下余甘子中 4 种成分的含量变化 [J]. 云南中医学院学报，2019，42（6）：14-19.

[21] 王淑慧，程锦堂，郭丛，等. 余甘子化学成分研究 [J]. 中草药，2019，50（20）：4873-4878.

[22] 李琦，孙朋，李静，等. 盐炙对广西余甘子中没食子酸、鞣花酸和表儿茶素含量的影响 [J]. 时珍国医国药，2019，30（9）：2155-2158.

[23] 才让卓玛. 藏药余甘子与诃子化学成分及药理作用的对比 [J]. 当代医药论丛，2019，17（17）：14-15.

[24] 瞿运秋，赵文佳，陈继光，等. 余甘子主要活性成分柯里拉京对 α- 葡萄糖苷酶的抑制活性 [J]. 江苏农业科学，2019，47（14）：206-209.

[25] 杨冰鑫，刘晓丽. 余甘子总多酚的提取及其抗氧化活性研究 [J]. 食品工业科技，2019，40（16）：151-155，162.

[26] 曹波，何绍志，金文洁，等. 余甘子的营养价值及加工利用现状研究 [J]. 现代食品，2019（4）：1-4.

[27] 张文莉，张俊仪，张龙开，等. 高效液相色谱法测定余甘子提取物中没食子酸与鞣花酸含量 [J]. 中国药业，2019，28（2）：26-29.

[28] 周坤，简平，梁文仪，等. 藏药大三果化学成分及药理作用研究进展 [J]. 世界科学技术 - 中医药现代化，2018，20（9）：1608-1614.

[29] 雷娓，瞿文林，金杰，等. 国内余甘子种质资源研究现状 [J]. 热带农业科学，2018，38（9）：40-44.

[30] 唐仕荣，宋慧，陈尚龙，等. 不同方法提取余甘子多酚的抗氧化活性及其指纹图谱分析 [J]. 中国食品添加剂，2018（8）：90-97.

[31] 陈晓丹，张俊仪，林伟斌，等. 余甘子提取物 HPLC 特征图谱研究 [J]. 广东药科大学学报，2018，34（3）：282-287.

第六节 柚子

一、柚子概述

柚 [*Citrus maxima*（*Burm*）Merr.] 是芸香科、柑橘属植物，乔木。其嫩枝、叶背、花梗、花萼和子房均被柔毛，嫩叶通常呈暗紫红色，嫩枝扁且有棱。叶质颇厚，色浓绿，阔卵形或椭圆形，连冀叶长 9～16 cm，宽 4～8 cm，或更大，顶端钝或圆，有时短尖，基部圆，翼叶长 2～4 cm，宽 0.5～3 cm，个别品种的翼叶甚狭窄。

总状花序，有时兼有腋生单花；花蕾淡紫红色，稀乳白色；花萼不规则 3～5 浅裂；花瓣长 1.5～2 cm；雄蕊 25～35 枚，有时部分雄蕊不育；花柱粗长，柱头略较子房大。果圆球形、扁圆形、梨形或阔圆锥状，横径通常在 10 cm 以上，淡黄或黄绿色，杂交种有朱红色的，果皮甚厚或薄，海绵质，油胞大，凸起，果心实但松软，瓢囊 10～15 或多至 19 瓣，汁胞白色、粉红或鲜红色，少有带乳黄色；种子多达 200 余粒，亦有无子的，形状不规则，通常近似长方形，上部质薄且常截平，下部饱满，多兼有发育不全的，有明显纵肋棱，子叶乳白色，单胚。花期 4—5 月，果期 9—12 月。

柚有自花不育倾向，故种植园栽种某一品种（尤其是沙田柚）时，应适当地混种一些酸柚，以提高结果率。柚花有趋于单性花的倾向，即雄蕊不育，即使两性花中的雄蕊也有相当大比例的花粉是发育不全的。据观察，这类花结成的果无子，例如湖南省安江的无核柚。

柚树势高大，树冠开张不抗风，尤其在果实膨大期常受台风威胁，引起大量落果和引发溃疡病，故沿海地区的柚园须配植防护林带。幼年柚树一年可抽梢多次，成年柚树一般每年抽春梢一次；结果母枝以 2 年生以上的春梢无叶梢为主，多生于树冠叶幕层的中内部。果枝 3 月现蕾，5 月上旬陆续开花，5 月下旬开始坐果，10 月中下旬果熟，自开花至果熟一般需 6 个月。柚生长迅速，定植 5～6 年后亩产可达半吨，经济寿命在 80 年以上。孤植的玉环柚有一株结果 624 只，产量达 900 kg 左右的记录。在淳安亦有株产 750 kg 的“香抛王”。

二、柚子的产地与品种

（一）柚子的产地

柚子原产于东南亚，在中国已有3 000多年栽培历史。浙江、江西、广东、广西、台湾、福建、湖南、湖北、四川、贵州、云南等地均有栽种，最北限见于河南省信阳、南阳一带。东南亚各国均有栽种。柚性喜温暖、湿润气候，不耐干旱。生长期最适温度为23～29 ℃，能忍受-7 ℃的低温，在夏季高温下只要保持良好的肥水条件尚无大害。柚需水量大，但不耐久涝，较喜阴，尤喜散射光。浙江省为中亚热带季风气候，特别是东南沿海夏无酷暑、冬无严寒，年平均温度为16～17.8 ℃，年降水量在1 300 mm以上，年平均湿度为80%，无霜期长达322天，尤其适宜柚的栽培与生长。柚具有深根性，要求土层深，对土壤要求不高，在富含有机质、pH值为5.5～7.5的土壤中均可生长。

柚与橘同时见于中国文字记载为公元前3世纪至公元前4世纪，其时长江一带已有橘和柚种植，并都被选为贡品。但是，中国古书记载的柚是否与现今所称的柚属一种植物，曾有争议。田中长三郎以日本一些古书和民间都叫香橙为Yuzu推论中国古代所称的柚是香橙而非后来习称的柚。日语的Yu与汉语的柚同音，Yuzu即汉语的柚子。其实，汉语的柚是柚，日语的Yuzu是日本民间叫的香橙，二者有别。不能因二者同音就硬将中国人指的柚说成日本人叫的香橙，这样推论是不科学的。中日两国的文化交流始于秦汉而盛于汉唐。然而，早在秦汉以前的中国古书中就已有柚的记载了（见公元前3世纪的作品《韩非子》和《吕氏春秋》）。就是说，柚一名先于香橙。

16世纪时，一些医学著作把柚与橙混淆了，将柚误认为酸橙以至宽皮橘类。因而《本草唐本志》（1578年）特为这个问题做了澄清。至于4世纪时裴渊的《广州记》、9世纪时柳宗元的诗文中提到的柚，12世纪时《桂海虞衡志》《岭外代答》等著作中提及的柚无疑都与后来所称的柚同为一个物种，因为中国南方不产香橙。

（二）柚子的品种

柚子品种多，自然、杂交种都有，二者总共不少于100个品种品系。柚依果肉的风味分为酸柚与甜柚两大类，或依果肉的颜色分为白肉柚与红肉柚两大类，也可依果形分为球形与梨形两大类。但不论酸柚还是甜柚都包括白肉与红肉、球形与梨形柚类，甚至还有乳黄色果肉的。红肉柚的果肉呈淡红至紫红色。酸柚的果形通常为扁圆形或圆球形，果皮较厚，含油分较多，果肉酸至甚酸，有的带苦味和麻舌味。酸柚常用作砧木嫁接柚类。由于柚的栽培历史悠久，品种品系繁多，仅简列其中的优良者和个别地区的风土品种。

1. 橘红

又称化州橘红、化州仙橘。果被柔毛，果皮比柚的其他品种厚，果肉浅黄白色，味酸带苦,不堪生食。果期10—11月。主产于中国广东(化州、茂名),广西(博白、陆川等)、湖南(黔阳)也有。橘红的果皮是传统中药,以化州产的著称,化州橘红因而得名。幼果干燥后称为橘胎,花干燥后称为橘花。小暑前采果,经漂浸、晾干、切片、火烘、压平等操作,即得橘红皮。商品中有正毛橘红与副毛橘红之分,前者采自接枝成长的果树,后者出自实生苗或芽接成长的果树。据考证,中国广东的化州橘红始种于梁朝,距今有约1 500年的历史。

2. 沙田柚

果梨形或葫芦形,果顶略平坦,有明显的环圈和放射沟,蒂部狭窄而延长呈颈状,果肉爽脆,味浓甜,但水分较少,种子颇多。果期10月下旬以后,属中熟品种。主产于中国广西(容县、桂林、柳州等地)。富含可溶性固形物和维生素C,是柚类中之优者。有自花不实倾向,故种植园中应间种酸柚,使之行异花授粉,提高结果率。

3. 文旦

果扁圆形,顶部微凹,基部稍狭,蒂部有隆起的脊棱,果皮薄而光滑,油胞小而密,果肉风味略偏酸。主产于福建(漳州一带),台湾、浙江等也有栽种。据《国产录异》载“抛近入贡者皆漳产,名文旦。文旦者,小旦文姓所种,在长泰县溪东,不过四五十树。”

4. 坪山柚

果椭圆形,两肩削,果顶近于平坦,蒂部有凸棱,果皮油胞大,凸起,海绵层和果肉均淡红色,果心空,肉爽脆,水分多,味清甜,酸分低。果期与文旦同。主产于中国福建(漳州一带)。

5. 金香柚

又称长柚、香柚、金瓜柚或慈利甜柚。果椭圆形,果顶平,果基短颈状,果皮光滑,金黄色,颇薄,易剥离,果心大而空,果肉米黄色,柔嫩,甚甜。果期9月下旬。主产于中国湖南(慈利、常德、石门等地)。果皮含油量高,油有特异芳香气味,可做香精油原料。

6. 安江香柚

果圆球形或圆锥形,果顶平坦,果基部狭,蒂部凹陷,四周有隆起的脊棱,果皮厚,油胞大,果心空,果肉白色,爽脆,汁多,甜酸适度,有清香气味。果期约10月下旬。主产于中国湖南(黔阳、邵阳等地)。

7. 金兰柚

果形与沙田柚类似,但果顶部甚短或近于无颈,果顶圆而略平坦,蒂部浅凹陷,四周隆起,果皮较薄,果心小,果肉细嫩,爽口,汁多,味甜带酸,有香气,种子颇多。果期10月下旬至11月。主产于中国江西(双金、水新等地)。金兰柚实生树结出的果特大,重达2 kg,果柄粗壮,果皮平滑而光亮,果肉甚酸,常兼有麻舌感,汁胞有时带淡绿色。广东紫金县群众称之为斗柚。《南越笔记》中提到“一种如斗大者,日斗柚”,很可能即是该种。

8. 桑麻柚

果形似沙田柚，但果基较狭，无颈部或颈部甚短，果顶平坦，有明显的环圈和放射沟，果皮较粗糙，油胞大，果心稍充实，果肉嫩，水分多，甜而偏酸。果期9月中旬至10月上旬，是早熟品种。主产于中国广东。

9. 四季抛

果卵形，果顶圆，常有放射沟，基部狭而圆，油胞小而密，果皮光滑，果肉柔嫩，汁多，甜酸适口，有香气，种子甚少。果期约11月。主产于中国浙江（平阳等地）。

10. 梁平柚

果扁圆形，果顶近于平坦，基部略狭而圆，果皮薄而光滑，颇韧，油胞小而密，瓢囊大小不一，排列不整齐，果肉淡黄白色，柔嫩，水分多，味甜偏酸，有特异香气。果期11月。主产于中国重庆（梁平等地）。

11. 晚白柚

果扁圆至圆球形，果萼大，平贴至稍凹陷，果皮光滑。油胞小而密，果肉淡黄白色，柔嫩，汁多，爽口，有香气。果期12月。主产于中国台湾，福建少量栽种。

此外，各地尚有不少较好的品种品系，例如台湾的麻豆文旦、白柚、斗柚，福建云霄的蜜柚、琯溪蜜柚，广东的胭脂脚桑麻柚、暹罗柚，湖南安江的石榴柚、大庸的菊花心柚，四川的金堂柚、五步柚、蓬溪柚等。

柚的杂交种颇多，较常见的有香圆。香圆的叶形和质地与柚类似，但网状叶脉甚明显，翼叶较狭窄而近似香橙。花序有花少数或单花腋生，花大小如柚花，除花萼裂片顶缘被毛外其余处无毛；雄蕊20～25枚，不同程度地合生成5束；柱头约与子房等大。果扁圆形，少有近圆球形，果顶稍凹陷，有明显的环圈，或有乳头状突，蒂部平坦或微凹，有放射沟，果皮甚粗糙，常呈肉瘤状皱劈或略平滑，淡橙黄色，油胞大，油量多，甚芳香，果皮厚达2 cm或不足1 cm，绵质，稍难剥离，果心疏松或稍充实，果肉淡黄色，甚酸，常带苦味，瓢囊壁颇厚且韧；种子略多，有略明显的脊棱，子叶乳白色，多胚或单胚。果期约11月。主产于中国长江两岸及以南，通常作中药用，用以代枳壳。有细皮香圆（或称滑皮香圆）与粗皮香圆（或称香圆枳壳、粗皮枳壳），后者的香气更浓。Swingle认为香圆是柚与宜昌橙的自然杂交种。综观各器官的形态和果皮的特殊浓郁香气，为柚与香橙的自然杂交种较可能。果皮除含多种芳香油外，尚含生物碱synephrine和N-methyltyramine。

三、柚子的主要营养成分和活性成分

我国柚子栽培历史悠久，广泛分布于福建、江西、广西、四川等省区。柚子因其清爽、酸甜的口感和集药食于一体的特点深受人们喜爱。柚子全身是宝，柚肉、柚皮、柚籽均具有良好的食疗和药疗价值，受到研究者广泛青睐。

（一）柚子的营养成分

1. 膳食纤维

柚子果肉和果皮膳食纤维含量极高，尤其柚皮中膳食纤维含量达到 18%，红心柚皮和白心柚皮膳食纤维含量差异并不明显。陈秀霞通过柚子皮中膳食纤维研究制作高营养纤维面包，经单因素实验和正交实验优化参数，通过感官评价得出最优配方：柚皮粉使用量 6%，白糖使用量 9%，酵母菌使用量 1.2%，水使用量 70%。研制出的高营养纤维面包柚香味独特，组织状态松软，营养价值很高。同时，柚子作为膳食纤维含量较高的水果之一，适宜长期便秘的人群食用，能有效抑制或减少便秘的发生。

2. 蛋白质和氨基酸

蛋白质是人体生命结构物质的重要组成部分。柚子中蛋白质含量高且种类丰富，100 g 果肉中蛋白质含量约为 700 mg。柚子中氨基酸多达 17 种，必需氨基酸约占总氨基酸的 50%，特别是天门冬氨酸含量最高。张任豹等对柚皮中氨基酸的营养成分进行研究，结果表明，柚皮中含量最高的天冬门氨酸占氨基酸总量的 40%，谷氨酸占氨基酸总量的 9%。

3. 脂肪酸

柚子果肉和籽均含脂肪酸，100 g 柚子果肉含脂肪酸 600 mg，大多集中在籽中且以不饱和脂肪酸为主。耿薇等采用气相色谱 - 质谱对柚子籽中脂肪酸的组成进行分析研究，测得柚子籽中不饱和脂肪酸含量为 67.42%，尤其亚油酸含量最高，对预防心血管疾病、降低血胆固醇等功效显著。学龄儿童经常食用柚子，能够生津解渴，有效促进大脑发育，增强记忆力，增强学习效果。

4. 维生素

柚子中维生素种类丰富，如维生素 C、维生素 B_1、维生素 B_2 等，对调节人体的新陈代谢起着重要辅助作用。柚子中维生素 C 含量最高，100 g 果肉中维生素 C 含量约为 60 mg，在保护肝脏方面效果尤为突出。王亮等研究不同条件对柚子汁中维生素 C 稳定性的影响，选择温度、氧气、pH 值和光线等因素进行探讨。结果表明：温度、氧气、pH 值和光线均会对柚子汁中维生素 C 的稳定性产生影响，尤其是温度和 pH 值影响更大，在温度较高、pH 值较高的条件下，柚子汁中的维生素 C 损失严重，稳定性较差。

5. 矿物质

柚子富含钙、磷、铜、铁、锌和锰等元素，特别是钙元素含量约为柑橘的 4 倍，铁元素含量可达 150 mg/kg，镁元素和铜元素含量也较同类水果有明显的优势。庄远红等对不同种类柚子中矿物质含量进行研究，结果表明，黄皮柚子中矿物质含量明显高于其他种类，白皮柚子中矿物质含量最低。因此，在日常生活中可以多摄取黄皮柚子来补充每日所需的矿物质。

6. 植物多糖

柚子富含植物多糖，能清除体内自由基，具有抗氧化、抑菌等作用。王玉芳研究柚皮中的植物多糖对抗肿瘤活性的影响，结果表明植物多糖能促进机体抗体生成，提高机体免疫力，有较明显的抗肿瘤效果。

7. 黄酮类化合物

柚子中黄酮类化合物含量丰富，预防心血管疾病功效显著。冉晓燕等对不同种类柚子中总黄酮含量进行分析研究，结果表明所有品种柚皮中总黄酮含量均高于柚肉中总黄酮含量，尤其是琯溪蜜柚、沙田柚，柚皮中总黄酮含量最高。

（二）柚子的活性作用

1. 抗氧化、防癌功效

柚子含有丰富的植物多糖、黄酮类化合物等，强大的抗氧化系统能有效降低心脑血管疾病发病率，增强机体免疫力。林洁选取抗氧化剂柠檬酸、没食子酸丙酯（PG）、维生素 E 和茶多酚作为对照，研究柚皮中总黄酮对油脂的抗氧化性，结果表明柚皮中总黄酮对橄榄油和紫苏油抗氧化作用显著，抗氧化性能强弱顺序为柠檬酸 > 总黄酮 >PG> 维生素 E 和茶多酚，且彼此之间增效作用显著。

2. 防衰老、美颜功效

柚子中的果胶、黄酮、柚皮苷等成分能清除机体自由基，降低色素沉着，有效减缓皮肤衰老。另外，柚子中的果胶还具有减少低密度脂蛋白、降低动脉粥样硬化发生率的功能。陈琳琳等对西柚、葡萄、柠檬和芦柑 4 种水果清除羟自由基的能力进行分析测定。结果表明，清除羟自由基能力顺序为柠檬、西柚、葡萄和芦柑。柠檬和西柚复配使用时清除羟自由基能力达到最高。

3. 降血糖、抑菌功效

柚皮中的活性物质柚皮苷、多糖对降低血糖、减小血液黏度、抑菌、抑病毒效果良好。覃振林等通过测定患有糖尿病的小鼠给药 7 d 后的体内血糖，研究柚子枫提取物对血糖的影响，结果表明柚子枫提取物对小鼠体内血糖升高具有显著的抑制效果。Falobi 等研究了柚皮苷对胰岛素分泌的影响，结果表明柚皮苷能加速胰岛素分泌，在抗糖尿病方面功效显著，对糖尿病人群是一大福音。

4. 其他保健作用

柚子含有天然叶酸，孕期妇女经常食用可促进胎儿正常生长发育。柚子还富含多种维生素和矿物质，能起到清胃火、健脾胃、润心肺、通利便、抗炎症和止镇痛等功效，在促生长发育、神经调节等方面功效显著。

四、柚子中活性成分的提取、纯化与分析

(一)柚子中黄酮类化合物和类柠檬苦素化合物的分离与纯化

柚子果肉中含有人体必需的营养成分,比如氨基酸、硫胺素、抗坏血酸、胡萝卜素、核黄素、烟酸、钙、铁、磷等,营养价值较高,柚子核中也含有丰富的天然生物活性成分,比如柚子油、黄酮、类柠檬苦素等。

黄酮是植物的次生代谢产物,具有抗氧化和清除自由基、抑制癌细胞生长、抑制血管生长、提高机体免疫力等作用,广泛存在于各类植物中,如柑橘、柚子、葛根、银杏树等。研究表明,来源不同的黄酮提取物组分的含量和性质也不同。据钟红兰等综述报道,柑橘属中存在比较丰富的黄酮类物质,主要分布在成熟果实的种子和果皮中;在柚类的种子中,柚皮苷的含量比柑橘类果实中柚皮苷的含量高很多。Laura Giamperi 等对葡萄柚种子进行提取时发现,葡萄柚种子中柚皮苷含量高达 4 990 mg/kg。

类柠檬苦素是一类三萜类化合物,是对人体健康有益的功能性活性物质,具有抗癌、抗氧化、昆虫拒食等作用。在柚子中,类柠檬苦素主要存在于皮和种子中,在柚籽中主要以糖苷配基和配糖体两种形式存在。配糖体是随着果实的成熟,由糖苷配基在葡萄糖苷转移酶(UDP-D-glucose)的作用下逐渐转化成的。柠檬苦素糖苷配基具有强烈的苦味且不溶于水;柠檬苦素配糖体则溶于水,没有苦味;柠檬苦素(imonin)和诺米林(nomilin)这两种物质都是以糖苷配基的形式存在于植物体内的化合物,具有强烈的苦味,不易溶于水,在成熟的柚子核中含量最高,是导致某些柚子品种具有苦味的重要原因。

1. 提取方法

黄酮类化合物和类柠檬苦素化合物的提取方法主要有溶剂提取法、超声波辅助提取法、超临界流体萃取法、亚临界流体萃取法等。

1)溶剂提取法

使用有机溶剂提取植物中的有效成分是目前比较常用的一种方法,乙醇、甲醇、丙酮等是比较常用的有机溶剂。项飞等用溶剂提取法提取胡柚皮中的黄酮类化合物,用 70% 的乙醇作为提取溶剂,提取温度为 60 ℃,料液比为 1 : 10,提取时间为 100 min,得到黄酮粗品后进行纯化,得到纯度为 70.3% 的黄酮精制品 1.13 mg/g。在黄酮类物质的提取中,虽然甲醇的提取效果优于乙醇,但由于甲醇毒性大,有一定的安全隐患,乙醇具有毒性小、提取的杂质少、沸点适中、易回收、防腐杀菌等特点,所以在实验中通常选用乙醇作为提取溶剂。Liu L. 等用溶剂提取法对柑橘中柠檬苦素的提取工艺进行优化,选择氯仿、丙酮、甲醇、乙醇、乙醚作为提取溶剂进行对比,发现提取效果最差的是乙醚,效果最好的是丙酮和乙醇。当提取条件为用 78% 的乙醇,料液比为 1 : 6, pH 值为 6.5,在 60 ℃下回流 2 h 时,果实中柠檬苦素的提取效果是最佳的。溶剂提取法虽然操作简便,但在实验过程

中需要使用大量的有机溶剂或者有毒试剂，会对产品造成污染，成本高，耗时长。

2）超声波辅助提取法

超声波对一些热敏感性活性物质能有效地保留其结构不致被破坏，其机理是超声波在提取溶剂中产生的空化效应能够破坏植物的组织结构，减小来自植物结构的阻力，使有效成分易于溶出到溶剂中，机械作用加速溶剂的分子运动，加快溶质与溶剂的缓和，热效应使植物组织温度升高，增大有效成分的溶解度。韩晓祥等用超声波辅助提取胡柚皮中的黄酮类化合物，经过实验得到最佳提取工艺条件，料液比 1：12，提取功率 70 W，提取时间 22 min，得到胡柚皮中黄酮平均含量为 3.68 mg/g。纪颖等用超声波辅助提取柚皮中的黄酮类化合物，通过单因素实验和 4 因素 3 水平正交设计，得到最优工艺条件为：料液比 1：30，乙醇的浓度 70%，提取温度 40 ℃，超声时间 25 min。在该条件下进行 4 组实验得到黄酮类化合物的平均提取率为 5.96 mg/g。汤冬梅等采用超声波辅助提取香柚核中的柠檬苦素，提取率达到 6.84 mg/g。最终确定最佳提取工艺条件为：70% 的乙醇，料液比 1：10，超声 30 min，反复提取 2 次。超声波辅助提取相比较溶剂提取工艺，提取时间大大缩短了，且提取效率较溶剂提取法高，提取过程中有效成分的损失程度较小，但使用的提取溶剂依然是有机溶剂或有毒试剂，故仍会对终产物造成一定程度的污染。

3）超临界流体萃取法

超临界流体萃取技术是介于气液之间的一种新型萃取技术，其原理是利用处于临界或者超临界状态的流体，使具有不同化学亲和力和溶解能力的萃取物质在不同的蒸气压力下进行分离、纯化。CO_2 是比较理想的流体萃取剂，对 CO_2 施以一定的压力使其处于超临界状态，即气液之间的相态，这样对物料有较好的渗透性，还能提高物料的溶解能力，使目标物更好地从样品中分离，与传统方法相比有极大的优势。夏其乐采用超临界 CO_2 萃取法提取胡柚皮中的总黄酮，总黄酮得率达到 1.01 mg/g，其最优条件为：萃取温度 45 ℃，压力 35 MPa，先静态萃取 40 min，后动态萃取 60 min，CO_2 流量 3 L/min。Miyakem 等采用超临界流体萃取法，以 CO_2 为流体萃取剂提取柑橘中的柠檬苦素类似物 LG，LG 的提取率达到 65%（1 000 kg 原料），并且产品无臭无菌。YU J. 等对超临界 CO_2 萃取技术提取柚籽中的柠檬苦素类似物的工艺条件进行方法优化，得到在 CO_2 流量为 5.0 L/min，萃取压力为 48.3 MPa，萃取温度为 50 ℃，萃取时间为 60 min 时有最大得率 6.3 mg/g 干种子。超临界流体萃取技术与传统的萃取技术相比，萃取效率高，且能够很好地保持产品的生物活性，无溶剂残留，萃取后溶剂可回收利用，能够保证产品的色味纯正，操作简单。但此法的缺点是萃取物仅限于弱极性或非极性化合物，且设备费用比较昂贵，能耗高，因此目前还未被广泛应用于工业生产过程中。

4）亚临界流体萃取法

亚临界流体萃取技术是在超临界流体萃取技术的基础上进一步优化形成的又一种新型萃取技术，超临界流体萃取技术萃取物的范围是弱极性或者非极性化合物，对大分子或者强极性化合物提取效果不明显，而亚临界流体萃取技术有效地克服了这方面的局限性。目前对用亚临界流体萃取柚子核中的功能性成分的报道还较少，高如意等用亚临界法提取油菜花中的黄酮类物质，以水作为提取溶剂，通过单因素实验和 3 因素 3 水平的正交实验确定最佳提取工艺为料液比 1：25，萃取时间 20 min，萃取温度 120 ℃，萃取压力 1.2 MPa，最终从油菜花中得到的黄酮类化合物得率达到 4.12% 左右。赵利敏等用亚临界流体萃取技术萃取龙虾壳中的虾红素，以丁烷为萃取溶剂，对萃取工艺进行优化，得出最佳萃取工艺条件为萃取时间 50 min，料液比 1：3，萃取温度 45 ℃，萃取压力 0.6 MPa，在该条件下萃取虾红素得率为 24.05 mg/g。采用亚临界流体萃取天然植物中的有效成分，操作简单，提取效率较高，若在柚子核有效成分的提取中应用亚临界流体萃取，能解决使用有机试剂容易残留的问题，还能提高提取效率。

2. 分离、纯化方法

对黄酮类化合物和类柠檬苦素化合物的分离、纯化方法有结晶法、柱层析法、高速逆流色谱法、制备型 HPLC 法。

1）结晶法

结晶法是较早应用的一种纯化技术，此法操作比较简单，且对分离设备要求低，适合工业化生产，其原理是使溶液中的有效成分或者杂质达到过饱和状态后析出晶体。在通常情况下结晶法得到的黄酮苷类化合物和类柠檬苦素化合物产品纯度不高，会带有许多杂质，因此一般在一次结晶后对结晶物进行洗涤后重结晶，重结晶所使用的溶剂一般为水、50% 的乙醇水溶液和异丙醇等，黄酮苷类化合物和类柠檬苦素化合物在不同的溶剂中结晶形状也有差别。邹连生分别采用简单结晶法和分步结晶法对柑橘籽中的类柠檬苦素进行分离、纯化，实验结果表明，分步结晶法的回收率比简单结晶法的回收率高 13%，故采用分步结晶法柑橘籽中的类柠檬苦素得率较高。

2）柱层析法

将固定相装在色谱柱中对样品进行分离的方法都属于柱层析法，其原理是利用不同的活性物质在不同的层析柱中吸附、解吸能力不同而达到分离的目的。工业上比较常用的层析柱有硅胶柱、大孔树脂、凝胶柱等。舒祝明等用大孔树脂吸附法对柚皮中用有机溶剂提取的黄酮类化合物进行分离、纯化，通过几种大孔树脂的分离、纯化对比实验筛选出 HPD-300 型大孔树脂对黄酮的吸附量最高，得出最优的分离条件为 pH 值 4.0，上样量 5 mL/g，流量 $2BV/h$，用体积分数为 70% 的乙醇进行洗脱，洗脱流速 $2BV/h$，得到总黄酮的质量分数达到 76.21%。杨秋明等利用大孔树脂吸附法对柚皮中的柚皮苷和类柠檬苦素化合物通过静态吸附 - 解吸实验进行分离、纯化。通过实验筛选出 D101 大孔吸附树脂对柚皮中的柚皮苷提取效果较好。实验表明，D101 树脂的添加量在 3.0% 时，摇床 180 r/min 振荡 90 min，保持恒温 25 ℃，然后进行动态洗脱重结晶，经过 HPLC 检测，柚皮苷的纯度达到 95.8%，用紫外分光光度法检测，柠檬苦素的纯度达到 90.9%。此法操作简单，样品处理量大，适合大量样品的分离、纯化，但有机物残留高，易污染样品，且由于树脂的生产厂商和生产批次不同，对样品的处理也存在一定的差异性。

3）高速逆流色谱法

高速逆流色谱（HSCCC）是美国 Yoichiro 博士发明的一种新型色谱分离纯化技术。其在天然植物活性成分的分离、纯化中受到了重视并开始应用。一些天然植物活性成分，如黄酮、植物多酚、木脂素、生物碱类等的分离中也运用了 HSCCC 技术，HSCCC 分离、纯化柑橘中的黄酮类化合物也有广泛的报道。Wang 等利用 HSCCC 技术分离、纯化陈皮中的活性成分，得到 4 种 PMFs。张九凯利用 HSCCC 对瓯柑果实中的黄酮类化合物进行分离，得出最佳分离纯化条件为乙酸乙酯、正丁醇、水的比例为 4∶1∶5，上相流速为 20 mL/min，仪器转速为 800 r/min，下相流速为 2 mL/min，在该条件下纯化得率最高。向羽采用 HSCCC 技术分离、纯化柚类果实中的柠檬苦素，得出最佳分离纯化条件为正己烷、正丁醇、水的比例为 2∶1.3∶1.3，上相流速为 20 mL/min，仪器转速为 1 000 r/min，下相流速为 22 mL/min，在此条件下柠檬苦素的纯化效果最好。利用高速逆流色谱法分离、纯化样品，得到的产品纯度高，没有试剂和载体的污染。在制备过程中试剂消耗量小，对样品组分的分离程度高，能够从极其复杂的样品中分离出特定的组分。

4）制备型 HPLC 法

制备型 HPLC（Preparative HPLC，Pre-HPLC）是一种高效分离纯化技术。在制备型 HPLC 之前，常先进行分析型 HPLC 实验，对分析方法进行优化、放大应用到制备型 HPLC 中。在 Pre-HPLC 技术中，一般要先进行样品的前处理，若不进行前处理，容易使分析柱受到污染，所以必须要对样品进行前处理。常用的前处理方法有萃取、过滤、结晶等。万近福用制备型高效液相色谱分离罗布麻花中的黄酮类物质，得出最佳分离条件：用 C18 柱（Merck，250 mm × 25 mm，12 μm），以 0.1% 的甲酸、乙腈和水进行梯度洗脱，在 180 min 内乙腈要从 5% 增加到 50%，流速为 20 mL/min。结合 HPLC-UV-ELSD 进行分析得到罗布麻花中纯度达到 90% 以上的 9 种黄酮类物质。石柳柳采用丙酮提取黑老虎中的倍半萜类化合物后，用制备型高效液相色谱进行分离、纯化，结合 Sephadex LH-20 技术，得到 4 种半萜类化合物。

目前 HSCCC 和 Pre-HPLC 这两种较新型的技术被广泛应用于天然植物中功能性活性物质的分离、纯化，通过这两种技术获得的产物的纯度都比传统的方法高，但二者各有优缺点。比如制备型高效液相色谱的前处理过程较复杂，会造成目标产物的回收率降低，而高速逆流色谱法则避免了样品复杂的前处理过程；制备型高效液相色谱对溶剂的选择范围较小，大部分采用甲醇、乙腈等流动相进行洗脱，柱子都采用 C18、C8 柱，而高速逆流色谱的溶剂选择较多，可以很好地满足纯化要求。

（二）柚子中香豆素类成分的分析

1. 仪器、试剂与材料

Waters ACQUITY Xevo TQ MS 型高效液相色谱仪 - 三重四级杆质谱仪，美国 Waters 公司；BS224S 型电子天平，德国 Sartorius 公司；MM400 型研磨仪，德国 RETSCH 公司；Mix Plus 涡旋混合仪，合肥艾本森科学仪器有限公司；YQ-1000C 型超声波清洗器，上海易净超声波仪器有限公司；Rotavapor R-210 旋转蒸发仪，瑞士 BUCHI 公司；ULUP-Ⅱ型超纯水机，西安优普仪器设备有限公司。8 种香豆素及其衍生物标准物质：香豆素、7- 甲基香豆素、7- 甲氧基香豆素、6- 甲基香豆素、7- 乙氧基 4- 甲基香豆素、环香豆素、醋硝香豆素、双香豆素，纯度均≥ 98%，购于德国 Dr. Ehrenstorfer 公司；甲酸、乙酸铵，均为色谱纯，购于美国 Sigma 公司；甲醇、乙腈、乙酸乙酯、二氯甲烷、正己烷，均为色谱纯，购于美国 Tedia 公司；其余试剂均为分析纯，购于西陇化工股份有限公司；实验用水均为超纯水。

香豆素及其衍生物标准储备液（10.0 mg/mL）：分别准确称取香豆素及其衍生物 0.1 g（精确至 0.1 mg），用少量甲醇溶解后定容至 10 mL 量瓶中，在 −20 ℃下保存。6 份不同产地的柚子，产地分别为广东梅州（沙田柚）、广东化州（化州柚）、浙江苍南（四季柚）、浙江常山（常山胡柚）、福建漳州（琯溪蜜柚）、重庆垫江（垫江白柚），剥去果肉后，将柚子皮置于恒温干燥箱中，在 70 ℃下烘干 24 h，粉碎，过 100 目筛后备用。

2. 实验方法

1）LC-MS/MS 条件

液相色谱条件：Waters XBridge C18 色谱柱（150 mm × 4.6 mm，3.5 μm）；流动相 A 为乙腈，流动相 B 为 0.05 mol/L 的乙酸铵溶液（含 0.1% 的甲酸）；柱温 30 ℃；流速 0.3 mL/min；进样量 10 μL。梯度洗脱条件如表 2.6.1 所示。

表 2.6.1 梯度洗脱条件

时间/min	流动相 A/%	流动相 B/%
0.0	30	70
8.0	50	50
8.1	90	10
13.0	90	10
13.1	95	5
16.0	95	5
16.1	30	70
20.0	30	70

质谱条件：电离方式为电喷雾电离，采用正离子（ESI^+）和负离子（ESI^-）模式扫描，采用多反应监测（MRM）模式进行监测；离子源温度为 500 ℃。采用 ESI^+ 模式时：毛细管电压为 3.5 kV，锥孔气流速为 50 L/h，脱溶剂气温度为 350 ℃，去溶剂气流量为 700 L/h；采用 ESI^- 模式时：毛细管电压为 2.2 kV，锥孔气流速为 50 L/h，脱溶剂气温度为 400 ℃，去溶剂气流量为 800 L/h。

2）样品前处理

准确称取柚子皮粉 5 g（精确至 0.1 mg）置于 100 mL 离心管中，加入 20 mL 甲醇，涡旋混合后，在超声波水浴中超声提取 30 min，以 10 000 r/min 离心 5 min，收集上清液；残渣用 20 mL 甲醇超声提取 2 次，合并上清液，35 ℃旋转蒸发浓缩至 5 mL；浓缩液经 Oasis HLB 固相萃取柱净化，净化液经 0.22 μm 滤膜过滤，滤液供 LC-MS/MS 测定。

3）标准工作曲线的绘制

分别移取香豆素及其衍生物标准储备液（10.0 mg/mL）适量置于 100 mL 量瓶中，用甲醇稀释配制成质量浓度分别为 0.01、0.05、0.10、0.50、1.0 μg/mL 的香豆素及其衍生物标准工作溶液，经 LC-MS/MS 测定，以香豆素及其衍生物标准工作溶液的质量浓度为横坐标，以相对应的色谱峰响应值为纵坐标，绘制标准工作曲线。

3. 实验结果

1）质谱条件的优化

采用注射泵将 1.0 μg/mL 的香豆素及其衍生物单标连续直接进样，采用正、负离子模式进行全扫描，以选择准分子离子（母离子）和电离方式。结果表明：双香豆素和醋硝香豆素在电喷雾负离子（ESI^-）电离方式下，可获得响应值较高的 $[M\text{-}H]^-$ 母离子；香豆素、7- 甲基香豆素、7- 甲氧基香豆素、6- 甲基香豆素、7- 乙氧基 -4- 甲基香豆素、环香豆素在电喷雾负离子（ESI^+）电离方式下，可获得响应值较高的 $[M^+H]^+$ 母离子；采用子离子扫描方式对母离子进行二级质谱分析，通过优化毛细管电压、锥孔电压、碰撞能量等质谱参数，使得 8 种香豆素及其衍生物的母离子和子离子的相对强度达到最大，将响应值最高的子离子设为定量离子，将响应值较稳定的子离子设为定性离子。香豆素及其衍生物标准溶液的质谱总离子流图如图 2.6.1 所示。

2）样品测定

对 6 份不同产地的柚子（沙田柚、化州柚、四季柚、常山胡柚、琯溪蜜柚、垫江白柚）进行测定，柚子皮中均含有一定量的香豆素及其衍生物，这与古淑仪等、王辉等关于柚子皮中香豆素及其衍生物的研究一致。6 种柚子皮中均含有 7- 甲氧基香豆素，且 7- 甲氧基香豆素含量较高，为 11.4～123.7 μg/kg。7- 甲氧基香豆素是具有一定的生物活性的药物，具有平喘、祛痰、镇咳的作用，该成分可能与柚子具有的暖胃、化痰、润化喉咙等食疗作用相关。在所检的 6 种柚子皮中，均未检出香豆素、6- 甲基香豆素、环香豆素、双香豆素。不同品种的柚子皮中含有的香豆素及其衍生物不同，这可能与品种、气候、贮藏时间等因素有关，可为农业废弃物柚子皮的综合开发利用提供科学依据。

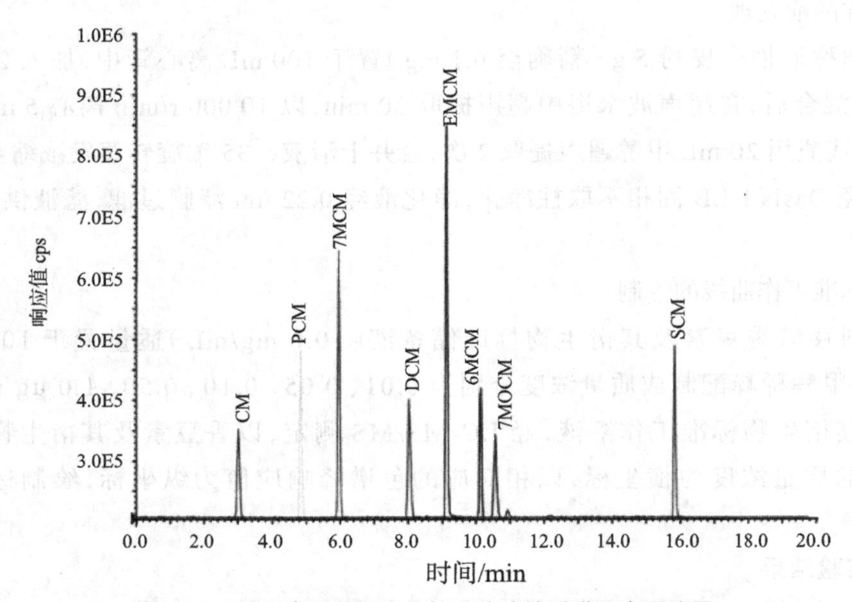

图 2.6.1　香豆素及其衍生物标准溶液的质谱总离子流图

（三）柚子中橙皮苷和柚皮苷的分析

1. 测定范围

本法描述了用高效液相色谱法测定柑橘类水果中橙皮苷和柚皮苷含量的方法，适用于柑橘类水果中橙皮苷和柚皮苷含量的测定。

测定范围：橙皮苷和柚皮苷均为 1～200 mg/L；定量限：橙皮苷和柚皮苷均为 1 mg/kg；检出限：橙皮苷和柚皮苷均为 0.3 mg/kg。

2. 测定原理

试样中的橙皮苷和柚皮苷经有机溶剂热提取，微孔滤膜过滤，高效液相色谱法测定，外标法定量。

3. 试剂和材料

除另有说明外，本法所有试剂均为分析纯，水为 GB/T 6682 规定的一级水。

甲醇（CH_3OH）；二甲基甲酰胺 [（CH_3）$_2$NCOH]；乙酸溶液（CH_3COOH，体积分数 0.5%）：量取 5 mL 乙酸，定容至 1 000 mL；乙酸溶液（CH_3COOH，质量浓度 0.01 mol/L）：

称取 0.600 5 g 乙酸，定容至 1 000 mL；草酸铵溶液 [$(NH_4)_2C_2O_4 \cdot H_2O$，质量浓度 0.025 mol/L]：称取 3.552 8 g 草酸铵，定容至 1 000 mL。

橙皮苷（$C_{28}H_{34}O_{15}$，纯度≥ 99%，520-26-3）；柚皮苷（$C_{27}H_{32}O_{14}$，纯度≥ 99%，10236-47-2）。标准储备溶液：分别称取 120 mg（精确到 0.1 mg）橙皮苷和柚皮苷标准品，溶于 20 mL 二甲基甲酰胺中，用乙酸溶液定容至 100 mL，配制成质量浓度为 1 200 mg/L 的标准储备溶液，于 −20 ℃的冰箱中储存。

4. 仪器和设备

高效液相色谱仪：带紫外检测器；分析天平：感量 0.01 g 和 0.000 1 g；组织捣碎机；水浴锅；滤膜：0.45 μm，水相。

5. 试样制备与保存

果实样品，取可食部分按四分法缩分后切碎，放入组织捣碎机中匀浆后取样。

6. 测定步骤

1）提取纯化

平行称取两份试样，每份试样 10 g（精确到 0.01 g），置于 50 mL 量瓶中，加入 10 mL 草酸铵溶液，然后加入 10 mL 二甲基甲酰胺，均匀混合，加水定容后倒入 100 mL 锥形瓶中，置于 90 ℃的水浴锅中保持 10 min，冷却至室温后取上清液，经滤膜过滤，得到待测液。

2）色谱条件

色谱柱：C18 色谱柱（4.6 mm × 250 mm，5 μm）或性能相当者；流动相：乙酸溶液：甲醇 =65：35；流速：0.80 mL/min；柱温：35 ℃；检测波长：283 nm；进样量：10 μL。

3）标准工作曲线

取标准储备溶液，用乙酸溶液和二甲基甲酰胺（二者体积比为 8：2）稀释配成质量浓度为 1、5、10、15、30、60、120 mg/L 的标准工作溶液。以橙皮苷和柚皮苷的质量浓度为横坐标，相应的积分峰面积为纵坐标，计算标准曲线或求线性回归方程。

4）测定

做两份试样的平行测定。取 10 μL 待测液和相应的标准工作溶液顺序进样，以保留时间定性，以色谱峰面积积分值定量，试样溶液中橙皮苷和柚皮苷的响应值均应在定量测定范围之内。

5）空白实验

除不称取试样外，均按上述步骤进行。

7. 结果计算

试样中橙皮苷或柚皮苷的含量按下式计算：

$$X = \rho Vn/m$$

式中　X——试样中橙皮苷或柚皮苷的含量，mg/kg；

p——样液中橙皮苷或柚皮苷的质量浓度,mg/L;

V——试样提取液最终定容体积,mL;

m——试样的质量,g;

n——稀释倍数。

计算结果保留三位有效数字。

参考文献

[1] 郝元元. LC-MS/MS 法测定柚子皮中香豆素类物质组成及含量 [J]. 食品研究与开发,2019, 40(16): 146-152.

[2] 杨静娴,何娣,丘苑新. 柚子核中功能性成分的分离纯化研究进展 [J]. 广州化工,2019, 47(22): 37-40.

[3] 张浩,安可婧,傅曼琴,等. 不同提取方法与 GC-MS 进样方式对柚皮精油挥发性成分分析结果的影响 [J]. 现代食品科技,2019, 35(1): 264-273, 238.

[4] 方志峰,朱婷,张若杰,等. 广西 9 种主要水果食物营养成分分析及评价 [J]. 应用预防医学,2018, 24(4): 281-284, 287.

[5] 王莹,陈圆,聂倩倩,等. 复合酶法辅助提取柚子皮多糖的工艺优化 [J]. 湖南农业科学,2018(5): 86-88, 91.

[6] 郭畅,傅曼琴,徐玉娟,等. 沙田柚皮精油分子蒸馏分离及成分分析 [J]. 现代食品科技,2018, 34(6):260-266.

[7] 郭畅,傅曼琴,唐道邦,等. 梅州 4 种柚子精油 GC-MS 分析 [J]. 广东农业科学,2018, 45(1): 87-93.

[8] 刘媛洁,张良. 响应面法优化复合酶辅助超声波提取柚子皮总黄酮工艺 [J]. 食品工业科技,2019, 40(23): 143-150.

[9] 李俭,周小娟,钟灶发,等. 南康不同柚子品种果实品质分析 [J]. 安徽农业科学,2019, 47(14): 216-219.

[10] 陈华舟,辜洁,许丽莉,等. 柚子皮果胶快速测定的高光谱成像系统 [J]. 分析试验室,2019, 38(4): 389-394.

[11] 庄远红,刘静娜,费鹏,等. 柚子不同部位多酚和矿物质与抗氧化能力相关性研究 [J]. 食品科学技术学报,2019, 37(2): 82-87.

[12] 万刘静,张利. 柚子皮多糖体外消化抗氧化活性的变化规律 [J]. 食品研究与开发,2021, 42(11): 82-88.

[13] 程毛,邢莉丽,江吉德. 不同干燥方式对柚子皮多糖理化特性及功能活性的影响 [J]. 食品科技,2021, 46(4): 162-167.

[14] 张珊,黄雪松. 高效液相色谱法同时测定柚子中的 4 种黄酮苷和柠檬苦素 [J]. 食品与

机械,2021,37(3):58-63.

第七节　金橘

一、金橘概述

金橘是芸香科(*Rutaceae*)柑橘亚科金柑属金弹种的一个优良品种,果实金黄色,呈卵形或圆形,属于丰产型小灌木。金橘一直被归到柑橘属,在一个世纪前六种亚洲产物种单独列出时,金橘也被列为金柑属。近些年,金柑属(*Fortunella*)被重新命名为圆金柑(*Citrusjaponica*)。常绿小乔木或灌木,叶阔披针形或广椭圆形,茎和枝梢带刺,果倒卵状椭圆形,果皮光滑,金黄色,油胞小而密生,可食。金橘皮嫩脆,咬破皮时喷射而出的油脂清香刺激,不禁使人想起宋朝著名文学家苏轼的咏橘词"香雾噀人惊半破,清泉流齿怯初尝。吴姬三日手犹香。"小叶卵状椭圆形或长圆状披针形,长 4~8 cm,宽 1.5~3.5 cm,顶端钝或短尖,基部宽楔形;叶柄长 6~10 mm,稀较长,翼叶狭至明显。花单朵或 2~3 朵簇生,花梗长稀超过 6 mm;花萼裂片 5 或 4 片;花瓣长 6~8 mm,雄蕊 15~25 枚,比花瓣稍短,花丝不同程度地合生成数束,间有个别离生;子房圆球形,4~6 室,花柱约与子房等长。果圆球形,横径 1.5~2.5 cm,果皮橙黄至橙红色,厚 1.5~2 mm,味甜,油胞平坦或稍凸起,果肉酸或略甜;种子 2~5 粒,卵形,端尖或钝,基部圆。

二、金橘的产地与品种

金橘分为圆金柑、罗浮、金弹、山金柑、长叶金柑和长寿金柑六个品种。加工用的品种主要有圆金柑、罗浮和金弹。我国是金橘的原产地,金橘在我国柑橘区分布范围较广,主要分布在南岭山脉以南的东南沿海省份。我国四大金橘产地为浙江北仑、江西遂川、湖南浏阳和广西阳朔。金橘原产于我国,至今已有 1 700 多年的栽培历史。据明嘉靖浙江志(1552—1566 年)记载:"宁波金豆(即金橘),味甘香,胜于大桔"。据浙江定海县志记载:"金柑出马岙,沙蛟(今宁波大榭)者佳,不可多得"。这是有史可考的关于金橘的最早记载。宁波金橘在国外也有较高的知名度,且历时已久。据 1901 年(明治 34 年)日文版《静冈县庵原安信两郡柑橘调查书》记述,文政壬子年,中国宁波商船在远洲滩航行时遭暴风雨袭击,船底破损,抛锚在静冈县清水港修理,该县折户村开明人士柴田罐左卫门向该船提供生活必需品,得船员馈赠金橘。其后,他把金橘种子播种于该地,数年后结果。这就是宁波金橘传入日本并出名的过程。欧洲的金橘同样引自宁波。英国人福穹于 1449 年来中国采集植物样本,途经宁波穿山见金橘,遂带至欧洲栽培,现多作庭院观赏。现在我国金橘的种植地主要有浙江宁波、福建尤溪、广西融安、江西遂川、湖南浏阳,尤以宁波金橘味佳,畅销长三角地区。

三、金橘的主要营养成分和活性成分

（一）金橘的营养成分

金橘含有丰富的营养成分和生理活性物质。金橘的活性成分主要有挥发油、黄酮类化合物、苷类、柠檬苦素类似物和膳食纤维，具有抗肿瘤作用，能诱发和激活解毒酶谷胱甘肽转移酶的活性，能抑制化学致癌物质的致癌作用。有学者以遂川金柑为研究对象，对其营养成分进行了分析研究，结果表明，金橘的可食率高达96%，营养成分全面丰富，纤维含量为1.7%，矿物质含量为357.75 mg/100 g，其中以K^+、Ca^{2+}和Fe^{2+}居多，β-胡萝卜素含量为205 μg/100 g。金橘还含有丰富的水解蛋白氨基酸，含量高达628.8 μg/100 g，而且人体必需氨基酸比例高。

金橘的成分如表2.7.1所示。

表2.7.1 金橘成分表

食品中文名	金橘	食品英文名	kumquat
食品分类	水果类及其制品	可食部	100.00%
来源	英国食品标准局	产地	英国
营养素含量（100 g可食部食品中的含量）			
能量/kJ	183	蛋白质/g	0.9
脂肪/g	0.5	糖/g	9.3
碳水化合物/g	9.3	膳食纤维/g	3.8
维生素A/μg（视黄醇当量）	30	钠/mg	6
维生素B_1（硫胺素）/mg	0.07	维生素B_2（核黄素）/mg	0.07
维生素C（抗坏血酸）/mg	39	烟酸（烟酰胺）/mg	0.5
磷/mg	49	钾/mg	180
镁/mg	13	钙/mg	25
铁/mg	0.6	锌/mg	0.1
铜/mg	0.11	水分/g	83
锰/mg	0.1	胡萝卜素/μg	175

（二）金橘的活性作用

中医学认为，金橘性温、味甘，入肺、胆经，具有理气解郁和止咳化痰等功效，适用于热病口干、咳嗽痰多等症。金橘果实含丰富的维生素A，可预防色素沉淀，增强皮肤光泽与弹性，减缓衰老，避免肌肤松弛生皱。

金橘亦含维生素P，维生素P是维护血管健康的重要营养素，能增强微血管弹性，故金橘可作为高血压、血管硬化、心脏疾病之辅助调养食物。金橘果实含有丰富的维生素C、金橘苷等成分，对维护心血管功能，防止血管硬化、高血压等疾病有一定的疗效。

但金橘不宜多吃，食用过多的金橘会摄入过多的维生素C，将导致体内代谢的草酸过多，容易引起结石，对口腔和牙齿有一定的伤害；金橘不能与萝卜一起吃，金橘会与萝卜代谢产生的硫氰酸发生反应，加强硫氰酸对甲状腺的抑制作用，从而诱发或导致甲状腺肿；金橘不宜与牛奶一起吃，金橘中的维生素C会与牛奶蛋白发生反应，使牛奶凝固成块，影响消化吸收，还容易引起腹胀、腹痛、腹泻等症状；空腹的时候不要吃金橘，金橘里含有众多果酸，如果在空腹的时候吃金橘，特别是本来肠胃就不好的人，会导致胃部发生不适，甚至会加重胃部疾病。

四、金橘中活性成分的提取、纯化与分析

（一）金橘中金橘苷的提取

1. 仪器、试剂与材料

H-Class超高效液相色谱仪，美国Waters公司；KQ5200E型超声波清洗器，昆山市超声仪器有限公司；CPA225D、BS224S型电子天平，德国Sartorius公司。

金橘，采自广西桂林阳朔，由厦门医学院药学系鲍红娟副教授鉴定为Fortunellamargarita（Lour.）Swingle；金橘苷对照品，批号Q14M10Q73839，纯度>98%，上海源叶生物科技有限公司；甲醇、磷酸，分析纯；乙腈，色谱纯。

2. 实验方法

1）金橘中金橘苷的提取

精密称取金橘粉末0.5 g，按一定料液比加入一定浓度的甲醇，在一定温度下超声处理（900 W，40 kHz）一定时间，过滤，作为样品溶液。

金橘苷的UPLC条件：色谱柱，Waters Acquity UPLC BEH C18（2.1 mm × 100 mm，1.7 μm）；流动相A乙腈，流动相B 0.1%的磷酸水溶液，以0.3 mL/min的流速梯度洗脱（0~5 min，15% A → 45% A）；进样体积2 μL；检测波长333 nm。

2）金橘苷标准曲线的绘制

精密配制得82 μg/mL的金橘苷母液，分别精密吸取0.5、1、1.5、2、2.5 mL稀释至5 mL，得系列标准品溶液。进样分析，以峰面积对质量浓度（mg/mL）进行回归分析。样品的测定：取样品溶液，按上述色谱条件进样分析，记录峰面积，并按下列公式计算金橘苷提取率（mg/g）。

$$金橘苷提取率 = m/M$$

式中　m——样品溶液中金橘苷的测得量，mg；

M——金橘粉末的称样量，g。

3. 实验结果

以单因素考察为基础，利用响应面法设计优化，得到 4 个因素对金橘苷提取率影响的大小依次为甲醇浓度 > 料液比 > 提取时间 > 提取温度。金橘中金橘苷的最佳提取条件为甲醇浓度 90%、料液比 1∶50（g/mL）、提取时间 30 min、提取温度 25 ℃，得金橘苷提取率为 1.451 1 mg/g。

（二）金橘中 β- 胡萝卜素的分析

1. 仪器、试剂与材料

722 型可见分光光度计，上海菁华科技仪器有限公司；RE-5244 旋转蒸发器，上海亚荣生化仪器厂；数字电动移液器，大龙兴创实验仪器有限公司；DHG-9070A 电热恒温鼓风干燥器，上海申贤恒温设备厂。

青金橘果粉，海南南派实业有限公司；丙酮（分析纯），西陇化工股份有限公司；石油醚（分析纯），西陇化工股份有限公司；无水硫酸钠（分析纯），国药集团化学试剂有限公司；β- 胡萝卜素，Sigma 公司。

2. 实验方法

1）样品制备

将若干份等质量的青金橘果粉分别放置于 20、30、40、50、60、70 ℃下 12 h，每隔 1 h 取出一个样品（20 ℃下除外），冷却至室温，待测，共得到 61 个样品。

2）β- 胡萝卜素的提取

称取 5.0 g 青金橘果粉置于锥形瓶中，加入 100 mL 丙酮、石油醚（$V_{丙酮}$ ∶ $V_{石油醚}$=3∶7）混合液，盖上玻璃塞，振荡、静置、过滤，重复提取三次，合并滤液。用旋转蒸发仪将提取液旋转蒸发，收集混合溶剂，得到青金橘果粉胡萝卜素的浓缩液，用石油醚定容到 10 mL。再根据 β- 胡萝卜素分子极性最小，展开速度快的特点，取 0.4 mL 提取液用纸层析法将 β- 胡萝卜素分离，定容到 100 mL，再进行含量测定。

3）β- 胡萝卜素含量的测定

准确称取适量的 β- 胡萝卜素标准样品，用丙酮、石油醚混合液配制 0.50 mg/mL 的标准溶液，并稀释成一系列不同浓度的标准溶液。用分光光度计在 450 nm 处测定吸光度，绘制标准曲线。再取 25 mL 定容好的样品，在 450 nm 处测其吸光度，根据标准曲线 $y = 0.093x + 0.040$，按下式计算青金橘果粉中 β- 胡萝卜素的含量。

$$X = \frac{cVn}{m} \times 25$$

式中 X——样品中 β- 胡萝卜素的含量，mg/100 g；

c——β- 胡萝卜素的浓度，mg/mL；

V——样品溶液的体积，mL；

n——样品溶液的扩大倍数；

m——样品的质量，g。

3. 实验结果

61 个青金橘果粉样品中 β- 胡萝卜素含量的测定结果如表 2.7.2 所示。从表中可知，当热处理时间相同时，随着温度的升高，β- 胡萝卜素含量逐渐降低，变化较大；同时，随着时间的延长，β- 胡萝卜素含量逐渐降低，但变化不大。

表 2.7.2 青金橘果粉样品中 β- 胡萝卜素含量的测定结果 单位：mg/100 g

时间/h	20 ℃	30 ℃	40 ℃	50 ℃	60 ℃	70 ℃
1	1.5	1.18	1.41	1.13	0.97	0.31
2	1.5	1.59	1.27	1.12	0.65	0.31
3	1.5	1.14	1.42	0.61	0.67	0.49
4	1.5	1.47	1.35	0.88	0.54	0.22
5	1.5	1.46	0.65	0.60	0.51	0.48
6	1.5	1.08	0.78	0.70	0.84	0.65
7	1.5	1.12	1.24	0.89	0.53	0.67
8	1.5	1.20	1.53	0.95	0.99	0.74
9	1.5	1.03	1.09	0.86	0.54	0.63
10	1.5	0.98	1.13	0.59	0.38	0.93
11	1.5	1.43	1.20	0.97	0.76	0.20
12	1.5	1.23	1.01	0.73	0.82	0.54

（三）金橘中精油的提取

1. 仪器、试剂与材料

NaCl（分析纯），天津大茂试剂厂；水蒸馏提取器，南昌大学玻璃仪器厂；WN-200 中药粉碎机，浙江兰溪伟能达电器有限公司；0412-1 离心机，上海手术器械厂；电炉，WYA-2W；阿贝折射仪，上海精密科学仪器有限公司。

金橘，由遂川新鹭酒业有限公司提供。

2. 实验方法

1）金橘果皮预处理

用水清洗金橘果皮表面的泥沙等杂物，晾干，将金橘皮剥下，置于自然通风处晾干。

2）提取工艺流程

准确称取处理后的金橘皮→按料液比加水→蒸馏器提取→静置→离心→精油成品。

3）操作要点

称取 16～20 g 金橘皮，置于 500 mL 圆底烧瓶中，加入一定量的蒸馏水，按实验装置图搭好装置，开启冷凝水，开始进行加热提取，经过冷凝得到油水混合物，待油分体积不再增大的时候读取示数，待冷却后进行离心分离，取上层离心液，即得到金橘精油。

3. 实验结果

通过实验得到水蒸气蒸馏法提取金橘精油的最优工艺条件为破碎度 24 目，提取助剂 NaCl 的质量浓度 1%，提取时间 2 h。实验所得金橘精油为黄色澄清液体，具有新鲜金橘皮的特征香气，研究表明水蒸气蒸馏法提取得到的金橘精油的外观、色泽、香气良好，折光率在 1.472 0～1.475 0。

（四）金橘中精油的分析

1. 仪器、试剂与材料

7890A/5975C-GC/MSD 气相色谱 - 质谱联用仪，美国安捷伦公司；数显恒温水浴锅，江苏省金坛市荣华仪器制造有限公司。

无水乙醚（分析纯），天津市福晨化学试剂厂；无水硫酸钠（分析纯），广州化学试剂厂。青金橘 2019 年 4 月购买于海南省海口市桂林洋农贸市场。

2. 实验方法

1）青金橘果皮精油的提取

将青金橘洗净晾干，剥果皮称重得 237.220 g，将果皮置于圆底烧瓶中，加入石油醚浸没果皮，然后分 3 次超声共 2 h，取 3 次超声的浸出液进行旋蒸浓缩，得到黄绿色具有柑橘类芬芳的油状液体，称重计算其产率。

2）青金橘果皮精油 GC-MS 条件

石英毛细管柱 HP-FFAP（30 m × 0.25 mm，0.25 m），程序升温：柱初温 50 ℃，以 5 ℃/min 升到 260 ℃，运行时间 52 min，载气 He（99.99%），柱流量 1.0 mL/min，进样口温度 320 ℃，柱箱最高温度 325 ℃，分流比 10：1，滞留时间 1.371 9 min，通过面积归一化进行定量。MS 条件：EI 源，电子能量为 70 eV，离子源温度为 230 ℃，四级杆温度为 150 ℃，溶剂延迟 2.00 min，全扫描（scan）采集模式，质量扫描范围为 35～650 amu。

3. 实验结果

实验采用超声波辅助有机溶剂提取法从青金橘果皮中提取精油，精油提取率为 1.38%，采用 GC-MS 联用技术对青金橘果皮精油的成分进行鉴定，确定了其中 49 种化合物，占挥发油总量的 87.54%，柠檬烯含量最高，达 51.06%。

（五）金橘中挥发性成分的分析

1. 仪器、试剂与材料

GC-MS 2010 plus 气相色谱 - 质谱联用仪（配有电子轰击离子源、四级杆质量分析器、GC-MS Solution 数据处理系统），日本岛津公司；NIST05 版质谱图库；57330U 型手动 SPME 进样器、57300U 型 100 μm PDMS 萃取纤维头、20 mL 带聚四氟乙烯瓶盖的样品瓶，美国 Supelco 公司；DHG9070 A 恒温箱，上海一恒科学仪器公司。

采集的金橘样本用自来水冲洗干净，拭去表面的水分，用可封口的保鲜样品袋封装，放入冰箱中在 4 ℃下冷藏保存待测。

2. 实验方法

1）顶空固相微萃取

将 100 μm PDMS 固相微萃取纤维头安装于手动 SPME 进样器上，在气相色谱进样口于 250 ℃下老化 30 min。选取完好的金橘鲜果于组织捣碎机中搅拌匀浆，称取匀浆液 4.5 g，置于 20 mL 配有聚四氟乙烯胶垫的样品瓶中，拧紧瓶盖，于 50 ℃下平衡 30 min。然后使老化后的固相微萃取纤维头穿过隔膜垫进入密封样品瓶，推出萃取头，在 50 ℃下顶空萃取 30 min。萃取完成后，将固相微萃取装置迅速插入 GC 进样器，在 250 ℃下解吸 2.0 min。

2）气相色谱 - 质谱条件

色谱柱：RTX-5MS 石英毛细管柱；升温程序：60 ℃保持 3 min，以 3 ℃/min 的速率升至 110 ℃，以 5 ℃/min 的速率升至 200 ℃，以 10 ℃/min 的速率升至 280 ℃，保持 10 min；载气为氦气（99.999%），流量 1.84 mL/min，压强 30 kPa，隔膜吹扫 3.0 mL/min；分流比 10：1。电子轰击（EI）离子源；电子能量 70 eV；传输线温度 230 ℃；离子源温度 200 ℃；检测电压 0.96 kV；质量扫描范围 18~450 amu；溶剂截流 1.5 min；记录范围 2~50 min。

3）测定方法

用 GC-MS 2010 plus 气相色谱 - 质谱联用仪测定，通过 GC-MS Solution 色谱工作站数据处理系统检索 NIST05 版质谱图库，结合人工谱图解析，确认各化学成分；定性分析后通过 GC-MS Solution 色谱工作站数据处理系统按面积归一化法进行定量分析，求出各化学成分的百分含量。

3. 实验结果

对鉴定出的 39 种化学成分进行归类分析，发现金橘的挥发性成分中有萜烯类物质 24 种（95.5%）、酯类物质 8 种（3.54%）、醇类物质 1 种（0.05%）、醛类物质 1 种（0.13%）、烷类物质 5 种（0.42%）。金橘鲜果有独特的香味，这与它含有大量的萜烯类、酯类物质相关。*β*- 月桂烯具有令人愉快的甜香气息，是一些香料的主要成分。*D*- 柠檬烯含量最高（82.23%），是金橘的主要挥发性成分，它的药理活性较强，有显著的抗菌、镇咳、祛痰、平喘的作用。*D*-柠檬烯能促使括约肌松弛而使胆内压降低，有利于结石排出。这些与金橘具有镇咳、平喘、祛痰和治疗支气管炎的功效相符。

（六）金橘中脂肪酸的提取与分析

1. 仪器、试剂与材料

FE-46SV 旋转蒸发仪，天津市泰斯特仪器有限公司；SQP/PRACTUM224-1CN 电子天平，奥多利斯科学仪器（北京）有限公司；SHS-TETD 循环水真空泵，上海亚荣生化厂；DFY-300 高速万能粉碎机，温岭市林大机械有限公司；Trace 1310 ISQ 气相色谱-质谱联用仪，赛默飞世尔科技（中国）有限公司。

青金橘，市售；正己烷、石油醚、无水乙醚、乙酸乙酯、硫代硫酸钠等，分析纯。

2. 实验方法

1）原料预处理

将青金橘的籽取出，洗净，在 50 ℃的烘箱中烘 24 h，粉碎，过孔径为 0.425 mm 的筛后，置于干燥器中，备用。

2）有机溶剂法提取青金橘籽油工艺

准确称量青金橘籽粉→加入溶剂，加热回流抽提→抽滤→真空浓缩，回收溶剂→烘干至恒重→ 称量青金橘籽油，计算提取率。

3）青金橘籽油脂肪酸组成测定

甲酯化：采用 GB 5009.168—2016《食品安全国家标准 食品中脂肪酸的测定》中的酯交换法进行。色谱条件：色谱柱，TG-5MS 型毛细管柱（30 m × 0.25 mm，0.25 μm）；升温程序，80 ℃保持 1 min，再以 10 ℃/min 升至 200 ℃，然后以 5 ℃/min 升至 250 ℃，最后以 2 ℃/min 升至 270 ℃，保持 3 min；进样口温度，280 ℃；检测器温度，290 ℃；载气（He）流速，1.2 mL/min；进样量，1 μL；分流比，10∶1。质谱条件：电子轰击（EI）离子源；电子能量 70 eV；质量扫描范围 30～400 amu。

4）数据处理

采用 Excel 2013 和 Origin 9.0 软件对实验数据进行分析和作图。实验均重复 3 次，取平均值。

3. 实验结果

以正己烷作为提取溶剂提取得到的青金橘籽油翠绿透明，无杂质，且得率较高。通过单因素实验得到的最佳提取条件：以正己烷为提取溶剂，料液比 1∶7（g/mL），提取温度 60 ℃，提取时间 90 min，浸提 3 次。在该条件下，青金橘籽油提取率为 33.8%。

参考文献

[1] 李俊，傅曼琴，徐玉娟，等. 融安金桔不同生长期果实品质特性比较 [J]. 现代食品科

技,2021, 37(2): 138-146.
[2] 黄华花,王晓莹,吕诗诗,等. 响应面法优化金橘中金橘苷的提取工艺 [J]. 粮食与油脂,2020, 33(5): 97-100.
[3] 刘欣,马金爽,张晓青,等. 基于近红外技术快速检测青金桔果粉中β-胡萝卜素含量 [J]. 海南师范大学学报(自然科学版),2018, 31(3): 264-269.
[4] 陈金印,郭成志,刘后根,等. 遂川金柑营养成分的分析研究 [J]. 江西农业大学学报, 1998(4): 44-47.
[5] 张蕾,余雯,周晓晴,等. 水蒸馏法提取金桔精油的工艺研究 [J]. 江西食品工业, 2010(3): 16-19.
[6] 苏妙铃,杨健妮,周秀悄,等. 青金桔果皮精油成分的 GC-MS 分析 [J]. 广州化工, 2020,48(10): 89-93.
[7] 申明月,黄莉鑫,唐炜,等. 金桔挥发油化学成分 GC-MS 分析及清除 DPPH 自由基活性的研究 [J]. 食品科技,2017, 42(3): 294-298.
[8] 王青松,郑联合,张红建,等. 有机溶剂法提取青金桔籽油及其理化性质测定 [J]. 粮食与油脂,2021, 34(3): 38-42.
[9] 谢妍纯,陈仲娜,林晓珊,等. 金桔不同果实部位的香气分析及天然风味金桔香精的调配技术 [J]. 饮料工业,2019, 22(5): 50-55.
[10] 孙梦,上官海燕,王磊,等. 青金桔色素的提取及其理化性质的研究 [J]. 广州化工, 2019, 47(18):66-70.
[11] 赵清刚. 广西:桂林脆皮金桔丰产顺销 [J]. 中国果业信息,2017, 34(12): 43.
[12] 宋莎娜,米娜,许立拔,等. 金桔精油化学成分 GC-MS 分析及其对小鼠急性毒性 [J]. 国际药学研究杂志,2017, 44(5): 461-465.
[13] 吴伦忠,韦勋海,龙鸿鹄,等. 融安滑皮金桔果形指数设计研究初报 [J]. 中国园艺文摘,2017, 33(2): 35-36.
[14] 段宙位,窦志浩,何艾,等. 青金桔皮中多酚的提取及其抗氧化性研究 [J]. 食品工业科技,2015, 36(10): 244-248.

第八节　甘蔗

一、甘蔗概述

甘蔗(*Saccharum officinarum*),甘蔗属,多年生高大实心草本。甘蔗是一种一年生或多年生热带和亚热带草本植物,属 C4 作物。圆柱形茎直立、分蘖、丛生、有节,节上有芽;节间实心,外被蜡粉,有紫、红或黄绿色等;叶子丛生,叶片有肥厚、白色的中脉;大型圆锥花序顶生，小穗基部有银色长毛，长圆形或卵圆形颖果细小。

甘蔗根状茎粗壮发达，秆高 3~6 m，直径 2~5 cm，具 20 ~ 40 节，下部节间较短而粗大，被白粉。叶鞘长于节间，除鞘口具柔毛外余无毛；叶舌极短，生纤毛，叶片长达 1 m，宽 4 ~ 6 cm，无毛，中脉粗壮，白色，边缘具锯齿状粗糙。大型圆锥花序长 50 cm 左右，主轴除节具毛外余无毛，花序以下部分不具丝状柔毛；总状花序多数轮生，稠密；总状花序轴节间与小穗柄无毛；小穗线状长圆形，长 3.5 ~ 4 mm；基盘具长于小穗 2 ~ 3 倍的丝状柔毛；第一颖脊间无脉，不具柔毛，顶端尖，边缘膜质；第二颖具 3 脉，中脉成脊，粗糙，无毛或具纤毛；第一外稃膜质，与颖近等长，无毛；第二外稃微小，无芒或退化；第二内稃披针形；鳞被无毛。

二、甘蔗的产地与品种

甘蔗为喜温、喜光作物，需年积温 5 500~ 8 500 ℃，无霜期 330 d 以上，年均空气湿度 60%，年降水量 800 ~ 1 200 mm，日照 1 195 h 以上。根据甘蔗生长、产量形成、糖分含量与气候的关系，提出以日平均气温≥ 20 ℃的活动积温和决定甘蔗能否越冬、长年生长的主要因子年极端最低气温（T_m）作为甘蔗气候区划指标，划分了以下四个甘蔗种植气候区：积温在5 000 ℃以上，T_m≥2 ℃，为最适宜气候区；积温在 4 000 ~ 5 000 ℃，-5 ℃≤ T_m ≤ -2 ℃，为适宜气候区；积温在 3 000 ~ 5 000 ℃，-5 ℃≤ T_m ≤ -2 ℃，为次适宜气候区；积温在 3 000 ~ 4 000 ℃，-8 ℃≤ T_m ≤ -2 ℃，为可种植气候区。这四个甘蔗种植气候区都在中亚热带、南亚热带和热带季风气候区，其中最适宜气候区基本上都位于北纬 24° 以南。

（一）甘蔗的产地

甘蔗主要分布在北纬 33° 与南纬 30° 之间，以南北纬 25° 之间面积比较集中。甘蔗原产于印度，现广泛种植于热带和亚热带地区，种植面积最大的国家是巴西，其次是印度，中国位居第三，种植面积较大的国家还有古巴、泰国、墨西哥、澳大利亚、美国等。

中国的主产蔗区主要分布在北纬 24° 以南的热带、亚热带地区，包括广东、台湾、广西、福建、四川、云南、江西、贵州、湖南、浙江、湖北、海南等 12 个省、自治区。20 世纪 80 年代中期以来，中国的蔗糖产区迅速向广西、云南等西部地区转移，至 1999 年广西、云南的蔗糖产量已占全国的 70.6%（不包括台湾省）。随着生产技术的发展，甘蔗在中国的中原地区也有分散性大棚种植（如河南、山东、河北等地）。

（二）甘蔗的品种

甘蔗按用途可分为果蔗和糖蔗。果蔗是专供鲜食的甘蔗，它具有较易撕、纤维少、糖分适中、茎脆、汁多味美、口感好、茎粗、节长、茎形美观等特点。糖蔗含糖量较高，是制糖的原料，且因为皮硬，纤维粗，口感较差，一般不市售鲜食，只是在产区偶尔鲜食。甘蔗的品种主要有下列几种。

1. 白甘蔗

茎秆实心，节多明显，叶线状剑形，叶缘有矽质微细锯齿。外皮绿色，质地粗硬，不适合生吃，产量高，含糖量高，是制糖的主要来源。

2. 黑甘蔗

株高 200 ~ 250 cm，表皮紫黑色，用途广泛，销售极畅，既可作为水果生食，又是蔗汁饮料、冰糖、味精等的原料。

3. 红甘蔗

茎秆表皮为墨红色，节多明显。内皮维管束为淡黄色，水分多，糖度较低，茎粗皮脆。茎肉富纤维质，多汁液，清甜嫩脆，甜而不腻。此品种群相对少见。

4. 上高紫皮甘蔗

属果蔗，品种群有拔地拉、果蔗一号。果皮为紫皮，果肉松脆，渣少汁多。横切面直径为 4 ~ 5 cm，高达 1.5 m 以上。多作为水果供食。

三、甘蔗的主要营养成分和活性成分

（一）甘蔗的营养成分

现代医学研究表明，甘蔗中含有丰富的糖分、水分，此外，还含有对人体新陈代谢非常有益的维生素、脂肪、蛋白质、有机酸、钙、铁等物质，如天门冬素、天门冬氨酸、谷氨酸、丝氨酸、丙氨酸、缬氨酸、亮氨酸、色氨酸、赖氨酸、羟丁氨酸、谷氨酰胺、脯氨酸、酪氨酸、胱氨酸、苯丙氨酸、γ- 氨基丁酸等氨基酸，延胡索酸、琥珀酸、甘醇酸、苹果酸、柠檬酸、草酸等有机酸，维生素 B_1、B_2、B_6、C。榨去汁的甘蔗渣中含有对小鼠艾氏癌和肉瘤 180 有抑制作用的多糖类。甘蔗不但能给食物增添甜味，而且可以提供人体所需的营养和热量。甘蔗主要用于制糖，表皮一般为紫色和绿色，也有红色和褐色，但比较少见。

甘蔗汁的成分如表 2.8.1 所示。

表 2.8.1　甘蔗汁成分表

食品中文名	甘蔗汁	食品英文名	sugarcane juice
食品分类	饮料类	可食部	100.00%
来源	食物成分表 2009	产地	中国
营养素含量（100 g 可食部食品中的含量）			
能量/kJ	273	锰/mg	0.8
脂肪/g	0.1	蛋白质/g	0.4
碳水化合物/g	16	不溶性膳食纤维/g	0.6
钠/mg	3	维生素 A/μg（视黄醇当量）	2

续表

维生素 B_2(核黄素)/mg	0.02	维生素 B_1(硫胺素)/mg	0.01
烟酸(烟酰胺)/mg	0.2	维生素 C(抗坏血酸)/mg	2
钾/mg	95	磷/mg	14
钙/mg	14	镁/mg	4
锌/mg	1	铁/mg	0.4
硒/μg	0.1	铜/mg	0.14

(二)甘蔗的营养价值

甘蔗是水果中唯一的茎用水果,也是水果中含纤维(包括非膳食纤维)最多的水果。甘蔗含糖量高,浆汁甜美,被称为“糖水仓库”,可以给食用者带来甜蜜的享受,并提供相当多的热量和营养。

甘蔗汁多味甜,营养丰富,被称作果中佳品,有人称:“秋日甘蔗赛过参”。甘蔗的营养价值很高,含有的水分比较多,含糖量比较丰富,主要是蔗糖、葡萄糖和果糖。此外,甘蔗还含有人体所需的其他物质,如蛋白质、脂肪、钙、磷、铁。另外,甘蔗还含有天门冬氨酸、谷氨酸、丝氨酸、丙氨酸等多种有利于人体的氨基酸,维生素 B_1、维生素 B_2、维生素 B_6、维生素 C、苹果酸、柠檬酸、琥珀酸、延胡索酸、烟酸、乌头酸、甲基延胡索酸、甘醇酸等。甘蔗的含铁量在各种水果中雄踞“冠军”宝座,有“补血果”的美称。

1. 铁

甘蔗含铁量丰富,铁对缺铁性贫血有一定的治疗作用。因此,甘蔗也被人们称为“补血果”。

2. 多糖

甘蔗含糖多,甘蔗糖类有抑制癌细胞的作用。

3. 纤维

甘蔗含纤维多,在反复咀嚼时就像用牙刷刷牙一样,把残留在口腔和牙缝中的垢物一扫而净,从而能提高牙齿的自洁和抗龋能力。因此,甘蔗是口腔的清洁工。

4. 碳水化合物

甘蔗中富含碳水化合物,可为机体补充充足的热能,对防治低血糖有较好的效果。

5. 有机酸

甘蔗含水量高,且含多种有机酸成分,能清凉解暑,消除疲劳。

6. 维生素 C

维生素 C 是心血管的保护神,心脏病患者的健康元素。维生素 C 还可以有效地抑制皮肤黑色素的形成,消除皮肤色斑,润泽皮肤。

7. 钙

甘蔗中含钙，钙是人体的生命之源，能够促进骨骼生长发育，尤其适合儿童和老年人。

8. 维生素 B_1

甘蔗含维生素 B_1，能促进新陈代谢，消除疲劳感。

9. 维生素 B_2

甘蔗中含有维生素 B_2，缺乏维生素 B_2 会得口角炎、唇炎、眼结膜炎和阴囊炎等。

10. 苹果酸

甘蔗中含有苹果酸，苹果酸可以稳定血糖，预防老年糖尿病。

11. 氨基酸

氨基酸是合成人体蛋白质、支援新陈代谢、参与人体生命活动不可缺少的基础物质，对促进健康有正面效用。甘蔗浓缩汁中氨基酸含量丰富且种类齐全，有人体所需的十几种氨基酸，氨基酸的含量在 900~1 450 mg/100 g，氨基态氮的含量为 112.4~163.9 mg/100 g。在所有氨基酸中，天门冬氨酸的含量最高，达到 679.33 mg/100 g，其次是谷氨酸，为 102.3 mg/100 g，其他氨基酸的含量在 30 mg/100 g 以下，其中半胱氨酸的含量最低。这些氨基酸的存在提高了甘蔗浓缩汁的营养价值。

四、甘蔗中活性成分的提取、纯化与分析

（一）甘蔗中正二十六烷醇等多廿烷醇的分析

多廿烷醇（policosanol）是由多种长链脂肪族伯醇（C_{20}~C_{36}）组成的混合物。据报道，该类化合物具有减少血小板聚集和内皮损伤、降低胆固醇、抗炎等多种生理活性，特别是能有效降低高胆固醇血症患者的总胆固醇和低密度脂蛋白胆固醇含量，并提高高密度脂蛋白胆固醇含量，减少动脉粥样硬化和冠心病发病的危险，且安全性非常好。因此，多廿烷醇是一种预防和治疗高胆固醇血症和其他一些心血管疾病的安全、有效药物。多廿烷醇绝大部分以脂肪酸酯的形态存在于蔗蜡、蜂蜡等天然产物中，在一些食物的叶、果实和种子中也广泛存在。中国甘蔗品种多，种植面积大，因此蔗蜡资源丰富，是制备多廿烷醇的优质天然原料。

1. 仪器、材料与试剂

Perkin Elmer Claru S680 气相色谱仪。

粗蔗蜡原料，在广东省翁源县甘蔗场未收割的甘蔗上，直接用砂纸现场刮取 22、356 和 727 这 3 种甘蔗的蜡质，存放于事先准备的样品袋中。将砂纸浸泡在无水乙醇中，将蔗蜡从砂纸上刷下，减压浓缩蒸去乙醇，在烘箱中于 60 ℃下干燥 4 h，得 3 种蔗蜡样品，分别命名为 22 号、356 号和 727 号。

正二十六烷醇、正二十八烷醇、正三十烷醇、正三十二烷醇（均为分析纯），Adamas 试剂公司；其余化学试剂均为分析纯。

2. 实验方法

1）蔗蜡的精制

称取 5 g 粗蔗蜡，置于 50 mL 圆底烧瓶中，加入 25 mL 95% 的乙醇，升温至 90 ℃待粗蔗蜡完全溶解，并在此温度下保持回流 1 h。静置冷却后溶液分层，倾倒出上层析出物，抽滤并用 95% 的冷乙醇洗涤 2～3 次，收集固体于 60 ℃下烘干 6 h，得灰白色精制蔗蜡。

2）蔗蜡的皂化和萃取

称取 1 g 精制蔗蜡，加入圆底烧瓶中，加入 15 mL 无水乙醇和 0.14 g NaOH，在 90 ℃下搅拌回流 4 h 后至皂化结束。待反应液冷却至 60 ℃时，向其中加入 30 mL 石油醚搅拌萃取 40 min 后，加入同体积的预先加热到 60 ℃的蒸馏水，继续搅拌 20 min。分出石油醚层，减压旋蒸去除石油醚，得多廿烷醇粗品。

3）粗醇的脱色和精制

取 1 g 粗醇置于 50 mL 圆底烧瓶中，加入 30 mL 无水乙醇后升温至 80 ℃，待粗醇全部溶解后回流搅拌 20 min。加入 50 mg 活性炭，继续回流搅拌 5 min 脱色，趁热过滤，用 70 ℃的热乙醇洗涤活性炭 2～3 次。将母液浓缩至 20 mL，缓慢冷却，析出白色固体，为精制多廿烷醇。

4）气相色谱分析条件

FID 火焰离子化检测器，HP-5（30 m × 320 μm × 0.25 μm）毛细管柱；分流进样器温度 280 ℃，气化室温度 300 ℃，检测器温度 300 ℃；程序升温：初始温度 180 ℃，保持 2 min，以 10 ℃/min 升至 260 ℃，保持 12 min；载气（N_2）流速 45.0 mL/min，氢气（H_2）流速 40.0 mL/min，助燃气（air）流速 450 mL/min；进样量 5 μL；峰面积定量法。

5）标准溶液的配制

称取 20 mg 正二十六烷醇、20 mg 正二十八烷醇、30 mg 正三十烷醇和 40 mg 正三十二烷醇标样，分别加入 10 mL 量瓶中，用 $CHCl_3$ 溶解定容，制得 2 mg/mL 的正二十六烷醇、2 mg/mL 的正二十八烷醇、3 mg/mL 的正三十烷醇和 4 mg/mL 的正三十二烷醇标准溶液。分别移取 0.10、0.25、0.50、1.00 和 2.00 mL 4 种烷醇标准溶液置于 10 mL 量瓶中，用 $CHCl_3$ 定容，配制混合标准溶液，浓度梯度如表 2.8.2 所示。

表 2.8.2 混合标准溶液浓度梯度

项目	标准溶液浓度/（μg/mL）				
	1	2	3	4	5
二十六烷醇	20	50	100	200	400
二十八烷醇	20	50	100	200	400

续表

项目	标准溶液浓度/(μg/mL)				
	1	2	3	4	5
三十烷醇	30	75	150	300	600
三十二烷醇	40	100	200	400	800

6)多廿烷醇样品的分析

将制得的3种多廿烷醇分别溶于$CHCl_3$,配制成500 μg/mL的样品,用GC检测3次,取平均值。根据出峰时间、积分面积和标准曲线确定其高级脂肪醇的种类和含量。

7)多廿烷醇的成分分析

所得结果以“平均值 ± 标准差”表示。利用SPSS 20.0软件对数据进行方差分析(ANOVA)、LSD、S-N-K和Tukey s-b检验等统计分析。

3. 测定结果

1)3种精制蔗蜡的产率

蔗蜡主要由蜡状类脂物和脂肪状类脂物组成,其中蜡状类脂物垂直立于甘蔗茎、节的表皮上,而脂肪状类脂物则存在于甘蔗茎的内部,是植物细胞原生质的主要组成成分。在蜡状类脂物的收集过程中,一些机械杂质、灰尘、泥土等也会进入样品,因此需要对其进行精制。首先将粗蔗蜡溶于乙醇,在回流温度下搅拌充分溶解,冷却析出,收集最上层的蔗蜡,去除烧瓶最底部的机械杂质、滤泥灰质和胶质以及中间层的蔗脂。3种蔗蜡中22号蔗蜡产率最高,为83.7%,727号为80.6%,356号最低,为79.7%,可以看出3个品种的精制蔗蜡产率相差不大。精制后蔗蜡由褐色变为灰白色。

2)蔗蜡的皂化、萃取和粗醇的脱色、精制

精制蔗蜡中主要为由长链一元脂肪醇与长链脂肪酸所形成的烷基酯。在皂化过程中,烷基酯水解得到相应的一元脂肪醇,即为多廿烷醇;相应的脂肪酸则与过量的碱形成羧酸盐溶于乙醇-水溶剂中。皂化结束后,用石油醚萃取、浓缩,得多廿烷醇粗品,得率在42.5%~50.2%,其中22号得率最高。对粗品进行活性炭脱色和冷却结晶处理,得精制多廿烷醇,其为白色固体,得率在45.6%~50.3%,其中727号得率最高,为50.3%。

3)精制多廿烷醇中各高级脂肪醇的混合标准曲线

以各高级脂肪醇为横坐标,气相色谱峰面积为纵坐标绘制标准曲线,得各烷醇的回归方程:正二十六烷醇,$y = 4\,403.1x - 9\,884.2$,$R^2 = 0.999\,9$;正二十八烷醇,$y = 4\,145.7x - 5\,516.5$,$R^2 = 1$;正三十烷醇,$y = 4\,992.9x - 14\,040$,$R^2 = 0.999\,8$;正三十二烷醇,$y = 5\,132.1x - 14\,095$,$R^2 = 0.999\,7$。

4)3种多廿烷醇样品的分析

3种精制烷醇中均未检测到正三十二烷醇;3种精制烷醇中正二十六烷醇、正二十八烷醇和正三十烷醇的总含量均占样品的 80% 以上，其中 356 号比例最高，为 89.18% ± 1.52%。3 种精制烷醇中均含有少量正三十烷醇，比例约为 4%；3 种精制烷醇中正二十六烷醇和正二十八烷醇含量较高，其中以正二十八烷醇为主要成分，22 号和 727 号中正二十六烷醇和正二十八烷醇含量相近（$P>0.05$），356 号中正二十六烷醇、正二十八烷醇和正三十烷醇含量最高，显著高于 22 号和 727 号（$P<0.05$）。3 种精制烷醇中正二十六烷醇、正二十八烷醇和正三十烷醇含量比值相近，约为 4∶16∶1。具体结果如表 2.8.3 和表 2.8.4 所示。

表 2.8.3　脂肪醇含量和比例

项目	22 号		356 号		727 号	
	含量/（μg/mL）	比例/%	含量/（μg/mL）	比例/%	含量/（μg/mL）	比例/%
正二十六烷醇	84.75 ± 1.36b	16.97 ± 0.27	91.16 ± 1.24a	18.22 ± 0.25	84.94 ± 0.19b	16.99 ± 0.38
正二十八烷醇	310.94 ± 5.27b	62.19 ± 1.05	334.33 ± 6.18a	66.87 ± 1.24	307.92 ± 0.32b	61.58 ± 0.06
正三十烷醇	19.57 ± 0.28b	3.91 ± 0.06	20.47 ± 0.16a	4.09 ± 0.03	19.14 ± 0.00b	3.83 ± 0.00
正三十二烷醇	未检出	未检出	未检出	未检出	未检出	未检出
总含量	415.39 ± 6.91	83.08 ± 1.38	445.91 ± 7.58	89.18 ± 1.52	412.00 ± 0.13	82.40 ± 0.03

注：字母 a、b 表示 $P<0.05$ 时的差异显著性。

表 2.8.4　方差分析

项目	组别	平方和	df	均方	F	P
正二十六烷醇	组间	2.055	2	1.027	22.538	0.016
	组内	0.137	3	0.046		
	总数	2.191	5			
正二十八烷醇	组间	33.442	2	16.721	18.996	0.020
	组内	2.641	3	0.880		
	总数	36.082	5			
正三十烷醇	组间	0.073	2	0.037	25.870	0.013
	组内	0.004	3	0.001		
	总数	0.077	5			

从 3 种广东产的甘蔗（22、356 和 727 号）的表皮和茎上直接刮取粗蔗蜡，以蔗蜡为原料，通过乙醇热回流、冷却，粗蔗蜡的各成分被冷却析出，去除机械杂质、滤泥灰质和胶质等成分，蔗蜡产率在 79.7%~83.7%。蔗蜡通过皂化、萃取、脱色、精制等步骤制得精制多廿烷醇，得率在 45.6%~50.3%。

（二）甘蔗叶中阿拉伯糖和木糖的分析

1. 仪器、材料与试剂

有机玻璃离子交换柱，金三阳水处理科技江苏有限公司；SGD-Ⅳ型全自动还原糖测定仪，山东科学院生物研究所；高效液相色谱仪，浙江大学智达信息工程有限公司；Rezex RCM-Monosaccharide Ca^{2+} 色谱柱（带钙型保护柱），广州菲罗门仪器有限公司；20 柱连续色谱 Septor Ⅸ 转盘系统，三达膜环境技术股份有限公司。

甘蔗叶，采自广西南宁蔗田。

活性干酵母，安琪酵母股份有限公司；离子交换树脂，江苏苏青水处理有限公司；硫酸、氢氧化钠等，均为分析纯。

2. 实验方法

1）实验工艺路线

甘蔗叶粉碎→热水预处理→稀硫酸水解→水洗回收糖→第一次脱色→第一次浓缩→第二次脱色→第一次离子交换→第二次浓缩→第二次离子交换→第三次浓缩→结晶→分离→木糖母液（→木糖）→稀释→脱色→离子交换→浓缩→连续色谱分离（→木糖）→结晶→阿拉伯糖。

2）测定方法

总可溶性固形物含量测定采用手持式折光仪；电导率和 pH 值测定按照说明书进行；透光度测定采用分光光度法；高效液相色谱采用面积归一法进行纯度检验。以超纯水为流动相，柱温 75 ℃，检测器温度 35 ℃，流速 0.6 mL/min，进样量 20 μL。样品经 0.45 μm 滤膜过滤后进样。

3）组分收率的计算方法

$$收率=(M_1\times C_1\times A_1)\div(M_0\times C_0\times A_0)\times 100\%$$

式中　M_1——分离后阿拉伯糖（木糖）组分溶液的质量；

C_1——分离后阿拉伯糖组分（木糖）的折光浓度，%；

A_1——分离后阿拉伯糖组分（木糖）的纯度，%；

M_0——分离前料液的质量；

C_0——分离前料液中阿拉伯糖（木糖）组分的折光浓度，%；

A_0——分离前料液中阿拉伯糖（木糖）组分的纯度，%。

4）烘干后产品得率的计算方法

$$收率=M_1/M_0\times 100\%$$

式中　M_1——烘干后阿拉伯糖（木糖）晶体的质量；

M_0——木糖母液的质量。

5)甘蔗叶木糖母液的预处理

(1)稀释。在 45 ℃下,搅拌器转速 120 r/min,用纯水将黏稠的木糖母液稀释至折光浓度为 20% 左右。

(2)发酵去除葡萄糖。将活性干酵母粉按照 0.2% 的比例加入稀释后的木糖母液中,发酵至葡萄糖含量 1% 以下,发酵后的料液用布氏漏斗真空抽滤回收酵母,收集过滤液备用。

(3)脱色。按过滤液质量的 0.5% 添加粉末活性炭,脱色温度 80 ℃,保温时间 30 min,脱色完毕用布氏漏斗真空抽滤,得到脱色液。脱色后的料液指标:透光率≥ 85%。

(4)离子交换。对脱色液用离子交换柱进行净化处理,离子交换柱的顺序为弱阴离子交换树脂柱、强阳离子交换树脂柱、强阴离子交换树脂柱。出料要求:折光率≥ 15%,透光率≥ 95%,电导率≤ 10 μS/cm,pH=5~ 7。

(5)真空浓缩。用旋转蒸发仪对上述离子交换后的溶液进行真空蒸发浓缩,温度 80 ℃,转速 25 r/min,浓缩至折光率 40%~45%。

6)连续色谱分离

采用 20 根柱的 Septor Ⅸ 连续移动床设备分离母液,柱子中共装填色谱层析树脂 16 L。

把连续移动床的 20 根树脂柱分为 4 个区,每个区实现不同的功能。其中第Ⅰ区 1# ~ 5# 柱为洗脱区,用于洗脱已经分离出来的 *L*- 阿拉伯糖;第Ⅱ区 6#~10# 柱为二级分离区,主要用于提高 *L*- 阿拉伯糖的纯度、浓度;第Ⅲ区 11# ~ 15# 柱为一级分离区,主要用于分离出 *D*- 木糖;第Ⅳ区 16 #~ 20# 柱为水洗回收区,用于提高 *D*- 木糖的浓度。第Ⅳ区的出水可以回用于第Ⅰ区作为进水。

待分离的物料从第Ⅲ区进入系统,液流从左到右推动结合力弱的 *D*- 木糖组分迁移,而树脂柱则由右向左逆向移动,夹带结合力强的 *L*- 阿拉伯糖组分逆向移动,从而实现分离。经过第Ⅱ区和第Ⅲ区的分离,基本实现 *L*- 阿拉伯糖和 *D*- 木糖的分离, *D*- 木糖从第Ⅲ区流出,而 *L*- 阿拉伯糖则在树脂柱的逆向运动作用下被带到第Ⅰ区。*L*- 阿拉伯糖到达第Ⅰ区后,在洗脱水的推动力作用下流出。*D*- 木糖进入第Ⅳ区后,经过反复上下柱,实现 *D*- 木糖组分的浓缩,出水可返回第Ⅰ区循环利用。

以料液处理量和产品的浓度、纯度、收率等为考察指标,经过反复验证,系统运行稳定后,确定最佳的转盘周期、各区域流速等参数。将实验结果汇总后,计算各组分的纯度和收率。

7)*L*- 阿拉伯糖的结晶与木糖的回收

使连续移动床收集的 *L*- 阿拉伯糖组分溶液通过 0.22 μm 微膜过滤,用旋转蒸发仪一步蒸发为折光浓度 83% 的糖浆,导入立式结晶器中,经降温结晶,离心分离、干燥得到外观洁白、流动性好、结构松散的结晶性 *L*- 阿拉伯糖粉末。将过滤后的糖浆导入立式结晶器中进行循环水冷却降温结晶，使木糖析出，最后经三足离心机分离、干燥得到结晶性木糖粉末。参数控制：木糖糖浆导入完毕后，降温结晶，离心分离、烘干，得到结晶性粉末状的木糖产品。采用高效液相色谱面积归一法测定 *L*- 阿拉伯糖和木糖产品的纯度。

3. 测定结果

以硫酸为酸化剂水解蔗叶，硫酸浓度 1.2%、固液比 1：8、水解时间 120 min、水解温度 123 ℃，离心后的水解液经过脱色、离子交换、浓缩、结晶等多步分离纯化工序，制备出外观洁白、晶体均匀一致、流动性好的木糖晶体，产品得率为 7.14%，经高效液相色谱检测，木糖产品的纯度为 99.93%。

利用连续色谱分离系统（Septor Ⅸ）分离蔗叶提取液的木糖结晶母液，以钙型树脂为分离剂，纯水为洗脱液，分离温度为 60 ℃，搅拌器转速为 214 r/min，浓缩液进料流速为 10.0 mL/min，木糖流出时的流速为 15.0 mL/min，*L*- 阿拉伯糖的流速为 13.0 mL/min，补水流速为 18.0 mL/min。1# ~ 5# 洗脱区流速为 73.0 mL/min，6#~ 10# 二级分离区流速为 60.0 mL/min，11# ~ 15# 一级分离区流速为 70.0 mL/min，16# ~ 20# 水洗回收区流速为 57.0 mL/min。*L*- 阿拉伯糖和 *D*- 木糖得到了最佳分离，组分纯度分别达到 90.41% 和 92.07%，组分得率分别为 93.69% 和 92.12%。分别结晶后进行高效液相色谱分析，*L*- 阿拉伯糖产品纯度为 99.93%，木糖产品纯度为 99.95%。从甘蔗叶木糖母液中结晶出来的阿拉伯糖晶体相对于母液来说，得率为 5.5%；从甘蔗叶木糖母液中结晶出来的木糖晶体相对于母液来说，得率为 22%。

参考文献

[1] 谭俊杰. 中国甘蔗生产成本结构分析及国际竞争力比较 [J]. 农业与技术，2018，38（21）：161-164.

[2] 张跃彬，吴才文. 国内外甘蔗产业技术进展及发展分析 [J]. 中国糖料，2017，39（3）：47-50.

[3] 王继华，商贺阳，杨少海. 我国甘蔗养分高效利用的研究进展 [J]. 中国糖料，2018，40（6）：66-68，72.

[4] AO J H，CHEN Z J，WU M，et al. Phosphorus fractions of red soils in Guangdong Province of South China and their bioavailability for five crop species [J]. Soil science，2014，179（10-11）：514-521.

[5] 张娜，张天财. 不同施肥处理对果蔗商品性及经济效益的影响 [J]. 福建农林科技，2010（1）：71-72.

[6] 韦欣海. 甘蔗种植的高产技术及实施要点 [J]. 南方农业，2018，12（12）：29-30.

[7] 吴圣进，蓝福生，罗洁，等. 广西主要蔗区土壤和植株养分状况的调查研究 [J]. 广西植物，1998，18（3）：291-297.

[8] 黄清铧，黄俊生，黄冬婷，等. 3 种不同甘蔗品种蔗蜡中多廿烷醇分离及其成分 [J]. 食品工业，2020，41（11）：161-164.

[9] LIU A M，WU Q H，GUO J C，et al. Statins：adverse reactions，oxidative stress and metabolic interactions[J]. Pharmacology and therapeutics，2019（195）：54-84.

[10] ISHAKAA，IMAMMU，MAHAMUD R，et al. Characterization of rice bran wax policosanol and its nanoemulsion formulation[J]. International journal of nanomedicine，2014，9（1）：2261-2269.

[11] 李雪靖，王梅. 多廿烷醇临床应用研究进展 [J]. 临床合理用药杂志，2016，9（17）：172-173.

[12] CHO K H，YADAV D，KIM S J，et al. Blood pressure lowering effect of Cuban policosanol is accompanied by improvement of hepatic inflammation，lipoprotein profile，and HDL quality in spontaneously hypertensive rats[J]. Molecules，2018，23（5）.

[13] DUNFORD N T，IRMAK S，JONNALA R. Pressurised solvent extraction of policosanol from wheat straw，germ and bran[J]. Food chemistry，2010，119（3）：1246-1249.

[14] ALBARELLI J Q，SANTOS D T，MEIRELES M，et al. Thermo-economic evaluation of a new approach to extract sugarcane wax integrated to a first and second generation biorefinery[J]. Biomass and bioenergy，2018（119）：69-74.

[15] 鞠娜，常志东，黄敏章，等. 由甘蔗制糖滤泥浸取天然高级烷醇 [J]. 过程工程学报，2008，8（4）：731-735.

[16] 陈赶林，郭海蓉，张思原. 从蔗渣中提取蔗蜡和蔗脂的研究 [J]. 广西蔗糖，2004（4）：26-30.

[17] 陈赶林，林波，莫磊兴，等. 天然蔗蜡脂产物的超声波辅助提取与分析 [J]. 西南农业学报，2011，24（1）：376-379.

[18] 宋宁宁，郭海蓉，陈赶林，等. 酯交换法从蔗蜡中提取高碳脂肪醇的研究 [J]. 食品研究与开发，2008，29（6）：28-30.

[19] 侯宗福，邓丹雯，张彬，等. 以蔗蜡为原料制备及纯化二十八烷醇 [J]. 食品与发酵工业，2007（2）：82-84.

[20] LOEZA-CORTE J M，VERDE-CALVO J R，CRUZ-SOSA F，et al. L-arabinose production by hydrolysis of mesquite gum by a crude extractwith α-L-arabinofuranosidase activity from Aspergillus niger[J]. Revista mexicana de ingenieria quimica，2007，6

（3）：259-265.

[21] KIM K S，MOON C W，PARK J I，et al. Enantiopure synthesis of carbohydrates mediated by oxyselenenylation of 3，4-dihydro-2H-pyran[J]. Journal of the chemical society，2000，31（33）：1341-1343.